普通高等教育"十三五"规划教材

机器人控制技术基础

——基于Arduino的四旋翼飞行器设计与实现

徐振平　编著

国防工业出版社

·北京·

内 容 简 介

本书采用 Arduino 单片机的硬件和软件，结合网上公开的四旋翼飞行器源代码，系统介绍了机器人制作的基础技术。其主要内容包括机器人通用的输入输出设备、传感器及其滤波技术、机器人位姿分析、控制技术以及与计算机通信的串口技术、综合应用的 GPS 技术，并分析了四旋翼飞行器源代码的文件构成和相关制作技术等。

本书可作为高等院校对单片机有一定了解和初步掌握 C++语言相关的工程类专业学生的教材，也可供对机器人有兴趣的人员进行学习和开发。

图书在版编目(CIP)数据

机器人控制技术基础：基于 Arduino 的四旋翼飞行器
设计与实现/徐振平编著 . —北京：国防工业出版社，
2017.4
普通高等教育"十三五"规划教材
ISBN 978-7-118-11007-4

Ⅰ.①机… Ⅱ.①徐… Ⅲ.①智能机器人—机器人控
制—高等学校—教材 Ⅳ.①TP242.6

中国版本图书馆 CIP 数据核字(2017)第 055821 号

※

国防工业出版社出版发行
(北京市海淀区紫竹院南路 23 号 邮政编码 100048)
腾飞印务有限公司印刷
新华书店经售

*

开本 787×1092 1/16 印张 20¼ 字数 472 千字
2017 年 4 月第 1 版第 1 次印刷 印数 1—4000 册 定价 48.00 元

(本书如有印装错误，我社负责调换)

国防书店：(010)88540777　　　　　发行邮购：(010)88540776
发行传真：(010)88540755　　　　　发行业务：(010)88540717

前　　言

机器人是新时期的一个经济增长点，让机器人技术深入人们的日常生活，当代大学生和机器人爱好者责无旁贷。本书将计算机技术、自动控制技术、电子制作技术和机械与材料工程等相关知识结合起来。只要懂 C++语言，就可以学习本书，进而开发出自己所需要的机器人。

机器人控制技术是一门综合知识应用的学科。首先在自动控制原理理论方面，涉及Laplace 变换与控制系统的稳定性、准确性和快速性的分析以及系统校正的知识，需要有一套对这些知识加以系统理解和综合应用的代码；其次在机械与材料工程方面，涉及机械零部件的制作和组合，需要加上智能化的单片机对机械系统进行控制；最后在电子制作技术方面，不仅需要掌握电路的设计与布线以及传感器校准等知识，同时也需要进行计算机语言的优化编程。在计算机编程方面，需要将控制系统和各种硬件编程有机地结合起来才能发挥优势。Arduino 系统集成了硬件和软件两个方面，可以输入/输出数字信号和模拟信号，能与传感器、上位机通信方便，操作简单，采用独特的配置函数和循环函数进行编程，不需要操作系统支持，对深入理解控制理论的实现非常有益。

对于机器人系统，本书选用四旋翼飞行器，首先得益于该机器人不但已经应用于社会生产的多个方面，而且也是广大青少年及航模爱好者之首选。本书力图将这些零散的知识集中起来，有机组合，让读者对机器人控制技术有一个综合、深入的理解，为进一步的创新开发打好基础。

飞控代码更新日新月异，作者经历了 1.8 版~2.4 版的更替，通过将所学的机器人技术和计算机技术结合起来，写了这本书，与大家分享。飞行机器人只是机器人的一个方面，但机器人系统的基础开发是近似的，可以触类旁通有利于于其他机器人的开发。

本书分为十章，第一章对机器人的分类、组成、应用以及技术参数进行了简要的阐述，因为主要针对四旋翼飞行器，所以对四旋翼的部件也进行了简介；第二章对 Arduino 单片机的硬件和软件知识进行了详细的讲述，并对硬件和软件所结合的寄存器及中断进行列表，方便读者查阅；第三章机器人的输入和输出讲解了遥控和电机的应用代码以及单片机资源的运用；第四章是传感器数据的获取及其校准，涉及传感器通信的 I2C 协议和与飞控有关的陀螺仪、加速度传感器、磁场传感器及气压测高仪等传感器；第五章主要对遥控、电机以及传感器数据的滤波处理进行详细介绍，除了平滑滤波算法外，还讲解了 Kalman 滤波和互补滤波器等；第六章对机器人的运动学、微分学、动力学理论进行了讲解，然后在飞控的姿态计算中加以运用，为了改进算法，最后还对四元数进行了讲解；第七章是机器人控制技术基础，讲述了 Laplace 变换、传递函数的建立过程以及控制系统的稳定性、准确性和快速性的分析以及系统的 PID 校正的知识，并对飞控中的 PID 算法进行了详细注解；第八章是机器人与计算机通信的串口协议的介绍，包含了串口协议的底层开发以及串口协议在单片机端和计算机端(采用 Java 编写)的应用;第九章对 GPS 模块的应用进行系统介绍,包括 GPS 的原理,飞控中程序的介绍和其模块程序在飞控主函数中的作用;第十章注解了机械臂和飞控的源代码以及介绍了相关的航模知识。

本书的编写参考了网上论坛的讨论,并得到了老师和学生大力支持。徐雄和肖辉参与了四旋翼飞行器制作,董瑞智参与了 Arduino 硬件和软件、传感器、GPS 的编写,郭顺杰参与了 I2C 协议、串口协议的编写,李泽文参与了绪论和航模知识介绍的编写,朱应成参与了滤波算法列举和机械臂控制代码的编写。同时,得到了长江大学机器人协会、文汉云的国家自然科学基金面上项目"随钻测量井下网络化光纤传感器及信息传输关键技术研究"(编号 41372155)和长江大学博士启动基金"随钻电阻率测井解析算法研究"(编号 801160010123)的大力支持,在此一并表示衷心的感谢!

本书主要是对四旋翼飞行器的代码进行解读和注释,注释的过程也是一个学习的过程,作者在编写的过程中学到了很多知识,所以贡献出来与大家分享。由于作者知识和语言表达能力有限,不妥之处,敬请读者谅解,也欢迎大家来信提出宝贵意见,不胜感激。联系方式:Email:xzp18@ sohu. com。

目　　录

第一章 绪 论

提起机器人,大多数人会觉得它像电影里的一样,外观像人但比人拥有特殊能力的铁怪物。其实简单来说,机器人是一种能够进行编程并在自动控制下执行某些操作和移动作业任务的机械装置。按照结构形态、负载能力和动作空间划分,它可分为超大机器人、大型机器人、中型机器人、小型机器人和超小型机器人;按照开发内容和目的划分,可分为工业机器人(Industrial Robot,如焊接、喷漆、装配机器人)、操纵机器人(Teleoperator Robot,如主从手、遥控排险、水下作业机器人)和智能机器人(Intelligent Robot 如演奏、表演、下棋、探险机器人)。

特种机器人、微型机器人和微动机器人是目前机器人发展的重要方向。其中:特种机器人(Special Robots),如航天飞机上的机械手、海洋探测机器人、军用机器人、防核防化机器人、爬壁机器人、微小物体操作机器人等;微型机器人(Micro-robots)体积小,如管道机器人、血管疏通机器人;微动机器人(Micro-movement Robots)动作小、精度高,如细胞切割机器人、微操作和微装配机器人等。

机器人研究与应用在各个方面,机器人技术主要涉及计算机技术、自动控制技术、机械工程、电子信息技术等专业的知识。尽管机器人的涉及面广、种类和功能又各不相同,但现在应用最多的工业机器人都有一个共同的特点,其核心都主要由执行机构、驱动和传动装置、传感器和控制器四大部分构成,见图1.1。

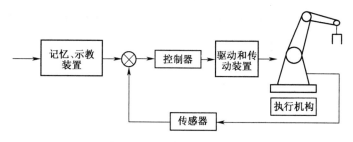

图 1.1 工业机器人系统结构

执行机构:机器人的足、腿、手、臂、腰及关节等,它是机器人运动和完成某项任务所必不可少的组成部分。

驱动和传动装置:用来有效地驱动执行机构的装置,通常采用液压、电动和气动,有直接驱动和间接驱动两种方式。

传感器:是机器人获取环境信息的工具,如视觉、听觉、嗅觉、触觉、力觉、滑觉和接近觉传感器等,它们的功能相当于人的眼、耳、鼻、皮肤及筋骨。

控制器:是机器人的核心,它负责对机器人的运动和各种动作控制及对环境的识别。

1. 机器人的组成

不论工业机器人还是其他方面的机器人,其核心组成都是相同的,均由机械硬件部分、电子硬件部分、控制部分和底层软件部分组成。每部分有各自的特点,但又紧密联系,相互协调完成任务。

1) 机器人的机械硬件部分

机械系统又称为操作机构或执行机构系统,不论外观是什么样的机器人,都是由一系列连杆、关节或其他形式的运动附件所组成。机械系统通常包括机座、立柱、臂关节、腕关节和手部等。工业机器人的机械系统由机身、手臂、末端执行器三大部件组成,每一大部件都有若干自由度,构成一个多自由度的机械系统。若机身具备行走机构,便构成行走机器人;若机身不具备行走及腰转机构,则构成单机器人臂(Single Robot Arm)。手臂一般由上臂、下臂和手腕组成。末端执行器是直接装在手腕上的一个重要部件,它可以是两手指或多手指的手爪,也可以是喷枪、焊枪等作业工具。机器人机械结构部分较多且较复杂,所以在安排这些部件时不仅要符合载重、灵活、平稳的要求,还必须考虑能源通常采用蓄电池等情况。

2) 机器人的电子硬件部分

机器人的电子硬件部分主要是组成该机器人的电子元器件。其主要包括电动机及其驱动装置、传感器等感知装置、单片机等嵌入式微处理器。

电动机及其驱动装置主要指驱动机械系统的驱动装置。根据驱动源的不同,驱动系统可以分为电动、液压、气动以及它们结合起来应用的综合系统。驱动系统可以与机械系统直接连接,也可以通过同步带、链条、齿轮、谐波传动装置等与机械系统间接相连。

传感器等感知系统由内部传感器模块和外部传感器模块组成,获取内部和外部环境状态中有意义的信息。智能传感器的使用提高了机器人的机动性、适应性和智能化水平。人类感知系统对感知外部世界的信息是及其灵巧的,然而对于一些特殊的信息,传感器要比人类的感知系统更加有效。随着科学技术的发展,传感器被做得更加精确化、小型化,在一块感知系统中,需要大量用到基于 MEMS 的传感器。

单片机等嵌入式微处理器是作为机器人控制核心的载体,它与人脑或计算机中的 CPU 具有等同的地位,具有存储、运算、处理等功能,在机器人中通常用到的有 Arduino 单片机、Pic 单片机、STM32 单片机等。

3) 机器人的控制部分

机器人的控制系统是机器人的核心,控制系统的任务是根据机器人的作业指令程序以及从传感器反馈回来的信号,支配机器人的执行机构完成规定的运动和功能。若工业机器人不具备信息反馈特征,则为开环控制系统;若具备信息反馈特征,则为闭环控制系统。

控制系统根据控制原理可分为程序控制系统、自适应性控制系统和人工智能控制系统。程序控制系统,这种系统的设定值是变化的,但它是时间的已知函数,即设定值按人规定的时间程序性地变化,如程序控制机床的控制系统的输出量应与给定的变化规律相同,这类系统在间歇生产过程中应用比较普遍,如多种液体自动混合加热控制就属此类,其组成项目有开关信号、输入回路程序控制器、输出回路和执行机械等组成部份;自适应性控制系统是不断地测量系统的输入、状态、输出或性能参数,逐步了解和掌握对象,更新系统的控制结构和参数,根据控制运动的形式可分为点位控制和轨迹控制;人工智能控制系统是将模糊逻辑控制、模糊预测控制神经网络控制和基于知识的分层控制等技术应用于控制系统,使控制系统具有自适应、自学习和自组织的能力。但不论什么样的分类,它们对底层的要求均满足机体平衡、动作平滑及反应迅速、精确等特点,在底层的控制中多采用 PID 控制,应用上位机可以增加人工智能等复杂的控制。

4) 机器人的底层软件部分

机器人的底层软件部分主要是对机器人进行开发,完成对信号的检测、传输和 PID 控制等。

机器人的开发语言是在单片机等嵌入式微处理器上进行编码的,所以通常采用类 C/C++等语言,当然也有用其他语言编写的,并不是仅限于此。

对信号的检测、传输等是通过对传感器采集的数据进行处理,然后进行通信。机器人的通信分为:单片机与传感器的通信,通常采用 I2C 协议;单片机与上位机(如 ARM)的通信,通常采用串口协议、Zigbee 协议等;单片机与输入设备的通信,通常采用无线通信协议,如 PPM 遥控器、Zigbee 协议等。通过传输数据的反馈操作,对机器人进行更加平稳的控制。

2. 机器人的上位机算法

当机器人处理一些问题时,有时会遇到一些比较复杂的算法,若机器人终端处理不了或需要的存储空间比较大,则需要机器人终端将需要处理的数据通过通信手段传送到上位机服务器(如计算机),由上位机服务器对其进行处理,然后将处理好的数据传回机器人内,再进行下一步操作。

3. 机器人的应用

研制机器人的最初目的是帮助人们摆脱繁重的劳动或简单重复的工作,以及替代人类到有辐射等危险环境中进行作业,因此机器人最早在汽车制造业和核工业领域得以应用。随着机器人技术的不断发展,工业领域的焊接、喷漆、搬运、装配和铸造等场合,已经开始大量使用机器人。另外,在军事、海洋探测、航天、医疗、农业、林业甚至服务娱乐行业,也都开始使用机器人。

从机器人的用途来分,可以分为军用机器人和民用机器人两大类。

军用机器人主要用于军事上代替或辅助军队进行作战、侦察、探险等工作。根据不同的作战空间,可分为地面军用机器人、空中军用机器人(即无人飞行器)、水下军用机器人和空间军用机器人等。军用机器人的控制方式一般有自主操控式、半自主操控式、遥控式等多种方式。

在民用机器人中,各种生产制造领域中的工业机器人在数量上占绝对多数,成为机器人家族中的主力军;其他种类的机器人也开始在不同的领域得到研究、开发和应用。总体看来,若按用途分,民用机器人可以分为以下几个主要类别。

1) 工业机器人

制造工业部门应用机器人(工业机器人)的主要目的在于削减人员编制和提高产品质量。与传统的机器相比,它具有两个主要的优点:

(1) 生产过程的几乎完全自动化。

(2) 生产设备的高度适应能力。现在工业机器人主要用于汽车工业、机电工业(包括电信工业)、通用机械工业、建筑业、金属加工、铸造以及其他重型工业和轻工业部门。

2) 服务型机器人

服务型机器人是一种半自主或全自主工作的机器人,它完成的是有益于人类健康的服务工作,但不包括那些从事生产的设备。

服务型机器人有医用机器人、送信机器人、导游机器人、加油机器人、建筑机器人、农业及林业机器人等。其中,爬壁机器人既可用于清洁,又可用于建筑。服务型机器人尚处于开发及普及的早期阶段。

4. 四轴飞行器

四轴飞行器(Quadrotor)也称四旋翼飞行器。四轴飞行器的四个螺旋桨都是电动机直连的简单机构,十字形的布局允许飞行器通过改变电动机转速获得旋转机身的力,从而调整自身姿态。因为它固有的复杂性,历史上从未有过大型的商用四轴飞行器。近年来得益于微机电控制技术的发展,稳定的四轴飞行器得到了广泛的关注,应用前景十分可观。

四轴飞行器应用广泛,在机器人的研究中具有代表性。通过对四轴飞行器的研究分析,能了解和掌握机器人控制的原理方法。而且,四轴飞行器对外的拓展功能十分强大。它还深受 DIY 爱好者的青睐,表 1.1 是四轴需要 DIY 的零件。

表 1.1　四轴需要 DIY 的零件

动力总成	无刷电动机(4 个)
	电子调速器(俗称电调,4 个)
	螺旋桨(4 个,需要 2 个正桨,2 个反桨)
控制系统	飞行控制器(俗称飞控)
	遥控器(四通道以上遥控器)
动力储备	电池
	充电器
传感器	陀螺仪
	加速度传感器
	磁场传感器
	气压测高仪
	可选的 GPS 等传感器
结构件	机架

四轴飞行器具有以下特点:

首先,它有相对简单的机械构造。正因为简单,所以安全指数大大提高。无论是作为航空模型还是作为遥控平台,安全永远是第一位的。

其次,有相对稳定性较高。飞行姿态平滑稳定,机械振动尽可能地减小,这是四轴飞行器的又一魅力,装载图像设备再好不过了。

第三,相对成本低廉。花尽可能少的钱获取最大的性价比是我们追求的境界,这为工业开发其商业用途奠定了必要的基础。

四轴飞行器是电子工业高速发展的产物,也局限了它的超越性的成长。其局限性包括:有效载荷是它的一大瓶颈;有限的飞行时间又是它的致命不足;抗风能力表现脆弱也是大家有目共睹的事实。当然,这些都会随着技术的发展而逐步改善。

还有,单就操纵性能和视觉效果看,传统的遥控直升机要比四轴飞行器更震撼!本书以四轴飞行器为基础对机器人进行讲解。四轴飞行器公开的源代码见网页 http://www. multiwii. com/wiki/index. php? title=Main_Page。

5. 机器人的技术参数

(1) 自由度。自由度是指描述物体运动所需的独立坐标数。机器人的自由度表示机器人动作灵活的尺度,一般以轴的直线移动、摆动或旋转动作的数目来表示,手部的动作不包括在内。

机器人的自由度越多,就越能接近人手的动作机能,通用性就越好;但是自由度越多,结构越复杂,对机器人的整体要求就越高,这是机器人设计中的一个矛盾。

工业机器人的自由度一般多为 4~6 个,7 个以上的自由度是冗余自由度,用来避障碍物。

(2) 工作空间。机器人的工作空间是指机器人手臂或手部安装点所能达到的所有空间区域,不包括手部本身所能达到的区域。机器人所具有的自由度数目及其组合不同,其运动图形也不同;而自由度的变化量(即直线运动的距离和回转角度的大小)则决定着运动图形的大小。

(3) 工作速度。工作速度是指机器人在工作载荷条件下、匀速运动过程中,机械接口中心或工具中心点在单位时间内所移动的距离或转动的角度。

确定机器人手臂的最大行程后,根据循环时间安排每个动作的时间,并确定各动作同时进行或顺序进行,就可确定各动作的运动速度。分配动作时间除考虑工艺动作要求外,还要考虑惯性和行程大小、驱动和控制方式、定位和精度要求。

为了提高生产效率,要求缩短整个运动循环时间。运动循环包括加速启动、等速运行和减速制动三个过程。过大的加减速度会导致惯性力加大,影响动作的平稳和精度。为了保证定位精度,加减速过程往往占去较长时间。

(4) 工作载荷。工作载荷是指机器人在规定的性能范围内,机械接口处能承受的最大负载量(包括手部),用质量、力矩、惯性矩来表示。

负载大小主要考虑机器人各运动轴上的受力和力矩,包括手部的重量、抓取工件的重量,以及由运动速度变化而产生的惯性力和惯性力矩。一般低速运行时,承载能力大。为安全考虑,规定在高速运行时所能抓取的工件重量作为承载能力指标。

目前使用的工业机器人,其承载能力范围较大,最大可大 9kN。

(5) 控制方式。控制方式是指机器人用于控制轴的方式,是伺服还是非伺服,伺服控制方式是实现连续轨迹还是点到点的运动。

(6) 驱动方式。驱动方式是指关节执行器的动力源形式。

(7) 精度、重复精度和分辨率。

精度:一个位置相对于其参照系的绝对度量,指机器人手部实际到达位置与所需要到达的理想位置之间的差距。机器人的精度主要依存于机械误差、控制算法误差与分辨率系统误差。机器人的精度=1/2 基准分辨率+机构误差。

重复精度:在相同的运动位置命令下,机器人连续若干次运动轨迹之间的误差度量。

5

如果机器人重复执行某位置给定指令,它每次走过的距离并不相同,而是在一平均值附近变化,该平均值代表精度,而变化的幅度代表重复精度。

分辨率:指机器人每根轴能够实现的最小移动距离或最小转动角度。精度和分辨率不一定相关。一台设备的运动精度是指命令设定的运动位置与该设备执行此命令后能够达到的运动位置之间的差距,分辨率则反映了实际需要的运动位置和命令所能够设定的位置之间的差距。分辨率分为编程分辨率与控制分辨率,统称为系统分辨率。编程分辨率是指程序中可以设定的最小距离单位,又称基准分辨率。控制分辨率是位置反馈回路能够检测到的最小位移量。它们的关系如图 1.2 所示。

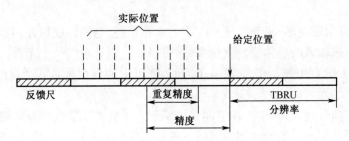

图 1.2　分辨率、精度和重复精度的关系

工业机器人的精度、重复精度和分辨率是根据其使用要求确定的。机器人本身所能达到的精度取决于机器人结构的刚度、运动速度控制和驱动方式、定位和缓冲等因素。

（8）重复定位精度。重复定位精度是关于精度的统计数据。

（9）工作范围。工作范围是指机器人手臂末端或手腕中心所能到达的所有点的集合,也称工作区域。

（10）最大工作速度。最大工作速度是指主要自由度上最大的稳定速度或手臂末端最大的合成速度。

（11）承载能力。承载能力是指机器人在工作范围内的任何位置所能承受的最大质量。

第二章　Arduino 语言及单片机介绍

作为四旋翼飞行机器人里的核心控制部分,Arduino 单片机起着重要的作用。对其语言和各部分的学习不仅有助于对机器人控制部分的深入理解,而且对其进一步的开发与拓展十分必要。

本章介绍制作机器人常采用控制芯片 Arduino 的硬件、软件部分(开发环境、开发程序)和硬软件结合的寄存器和中断。

Arduino 的硬件部分包括不同类型开发板,以及开发板的外部特性。主要介绍 Arduino 外接设备的端口,包括数字引脚、模拟引脚、串行通信、外部中断、PWM 输出、SPI 通信、TWI 通信等。

Arduino 的软件部分包括对开发环境的熟悉和各种语法函数的理解与应用,并通过两个普遍的例子对上述语法函数进行运用,从而可以知道 Arduino 的编程框架结构和语句的使用,并通过串口监视器对其执行结果进行显示。

接着对寄存器及其功用进行介绍,寄存器的详细使用方法将在后文第三章第一节中详细给出。最后讲解了中断的工作过程。

第一节　Arduino 简介

Arduino 是一款便捷灵活、方便上手的开源电子原型平台,它是一块单板的微控制器和一整套的开发软件,包含硬件(各种型号的 Arduino 板)和软件(Arduino IDE)。硬件包括一个以 Atmel AVR 单片机为核心的开发板和其他各种 I/O 板。软件包括一个标准语言开发环境和在开发板上运行的烧录程序。其核心是一块单片机芯片,包括处理器、RAM、EEPROM 或闪存和输入/输出的 I/O 引脚。

Arduino 构建于开放的源代码 Simple I/O 介面版,并且具有使用类似 Java、C 语言的 Processing/Wiring 开发环境。主要包含两个主要的部分:一个是硬件部分,即用来做电路连接的 Arduino 电路板;另一个是计算机中的程序开发环境 Arduino IDE。用户在 IDE 中编写程序代码,并且将程序下载到 Arduino 电路板后,程序便会告诉 Arduino 电路板要做些什么。那么 Arduino 有哪些用途呢? 由于 Arduino 还具有输入输出的引脚,其输入可以是数字信号(开或关)或模拟信号(电压值),这样就可以连接很多不同的传感器来感知外界信息,如光、温度、声音……,输出也可以是数字或模拟信号,所以可以拓张其硬件对外界进行控制,如灯、马达……。这样就可以实现对外界的感知和控制。板子上的微控制器可以通过类 C 语言来编写程序,编译成二进制文件,烧录进微控制器。对 Arduino 的编程是利用 Arduino 编程语言(基于 Wiring)和 Arduino 开发环境(基于 Processing)来实现的。基于 Arduino 的项目,可以只包含 Arduino,也可以包含 Arduino 和其他一些在 PC 上运行的软件,它们之间进行通信(比如 Flash,Processing,MaxMSP)来实现。

Arduino 已经广泛应用于包括四轴飞行器等简易机器人的自动控制系统之中。

第二节　Arduino 的硬件部分

提到 Arduino，大多数人想到的都是小型、长方形的（很可能是蓝色的）PCB（Printed Circuit Board，印刷电路板），即 I/O 电路板，如图 2.1 所示。

图 2.1　Arduino 实物图

I/O 电路板传统上是基于 Atmel 的 AVR ATmega8 及其后续型号的。I/O 电路板上有串口、电源电路、扩展插槽和其他一些必要的原件。图 2.2 为 I/O 电路板简化的方框图。

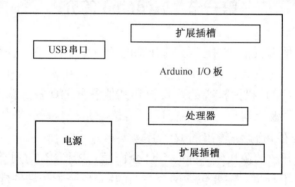

图 2.2　Arduino 电路板简化的方框图

Arduino 的系列包括 Arduino Duelimanove、Arduino Nano 、Arduino mini、LilyPad Arduino 、Arduino Uno、Arduino Mega2650 等。由于 Arduino Uno 不仅是目前最新、最通用的产品系列，而且能兼容其他的开发板，因此本节重点介绍 Arduino Uno。

Arduino Uno 是 2011 年 9 月 25 日在纽约创客大会（New York Maker Faire）上发布的。型号名字 Uno 是意大利语"一"的意思，表示 Arduino1.0 版本，即 Uno Punto Zero（意大利语的"1.0"）版。之前的版本，编号为 0001~0022，被认为是 Alpha 版或预先发布版。它的硬件尺寸属于旧版，与之前的 Arduino 板最大的差异在于它不是使用 FTDI USB-to-Serial 串行驱动芯片，而是采用 ATmega8U2 芯片进行 USB 到串行数据的转换。

1. 处理器

Arduino Uno 的核心是 Atmel AVR ATmega328,是一个黑色、长方形、两侧各有一排引脚的塑料块。它实质上就是单芯片的计算机,封装了中央处理单元(CPU)、内存阵列、外围设备和时钟。ATmega 328 的框架图如图 2.3 所示。

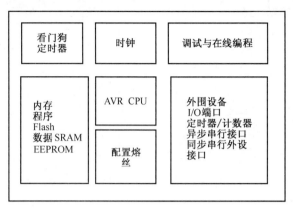

图 2.3　ATmega328 的框架图

ATmega328 芯片是从最初的 Arduino 用的处理器 ATmega8 发展过来的,比之前的型号内存更大,片内外围设备功能更多,同时功耗更小。ATmega328 处理器可以在很宽的供电电压下工作,从 1.8~5.5V 都可以,因此很适合用于电池供电的应用程序。在最低供电电压下,处理器最高只能在 4MHz(每秒 400 万个周期)的时钟频率下工作。供电电压提高到 2.7V,时钟频率就可以提高到 10MHz。如果要以最高的 20MHz 的时钟频率工作,芯片至少需要 4.5V 的供电电压。Arduino I/O 电路板供给 ATmega328 芯片的是 5.0V,因此它可以工作在最高 20MHz 以内的任何时钟频率上。

2. 各端口介绍

Arduino 对外界的感知和控制是通过各端口的外接设备来实现的,因此有必要对各端口进行详细的了解,以便后续进一步学习。

Arduino Uno 包括:13 个数字引脚 0~13,模拟引脚 A0~A5(为区分数字引脚,在引脚前面加 A),串行通信 0、1(0 作为 RX,接收数据,1 作为 TX,发送数据),外部中断 2、3,PWM 输出 3、5、6、9、10、11,SPI 通信 10(SS)、11(MOSI)、12(MISO)、13(SCK),板上 LED13,TWI 通信 A4(SDA)、A5(SCL),如图 2.4 所示。

其中各种图形代表意义:

▭:端口引脚。

▭:A/D 转换模拟输入引脚。

⬠:引脚变化中断。

▭:功能引脚。

⬡:Arduino 实际引脚。

▱:串口引脚。

◇:PWM 引脚。

9

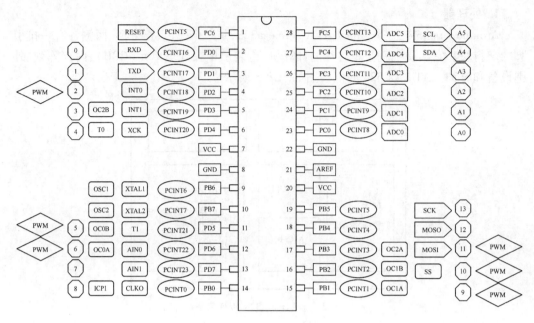

图 2.4　Arduino 的端口图

各引脚基本功能介绍：

VCC：芯片供电（片内数字电路电源）输入引脚，使用时连接到电源正极。

GND：芯片接地引脚，使用时共地。

端口 B(P7,…,P0)：端口 B 作为 8 位双向 I/O 口，具有可编程上拉电阻。其输出缓冲器具有对称的驱动特性，可以输出和吸收大电流。作为输入使用时，若内部上拉电阻使能，端口被外部电路拉低时将输出电流。在复位过程中，若系统时钟还未起振，端口 B 处于高阻状态。

端口 C(P5,…,P0)：端口 C 作为 A/D 转换器的模拟输入端。端口 C 为 7 位双向带内部上拉电阻的 I/O 端口（每个选定位）。该 PC5,…,PC0 输出缓冲器具有对称的驱动特性。作为输入，如果上拉电阻被激活，端口 C 被外部拉低，将输出电流。在复位过程中，若系统时钟还未起振，端口 C 处于高阻状态。

端口 D(P7,…,P0)：端口 D 为 8 位双向带内部上拉电阻的 I／O 端口（每个选定位）。该端口 D 输出缓冲器具有对称的驱动特性。作为输入，如果上拉电阻被激活，端口 D 被外部拉低时将输出电流。在复位过程中，若系统时钟还未起振，端口 D 处于高阻状态。

AVcc：AVcc 端口 C 和片内 ADC 模拟电路电源输入引脚。不使用 ADC 时，该引脚应直接与 VCC 连接。使用 ADC 时，应通过一个低通电源滤波器与 VCC 连接。

AREF：使用 ADC 时，可作为 A/D 的模拟基准输入引脚。

3. 引脚特殊功能介绍

（1）B、C、D 三个端口均标注为 PCINT，说明三个端口的引脚都可作为电平变化引起中断，中断的概念将在本章第五节介绍。数字 I/O 端口（D0~D13）和模拟 I/O 端口（A0~A5）已经在前面作了介绍。

（2）作为功能引脚，见表 2.1。

表 2.1 Arduino 的端口功能表

端口引脚	引脚功能(注:T/C 表示定时/计数器)
PB0	CLKO(系统时钟分频输出) ICP1(T/C1 输入捕获输入引脚)
PB1	OC1A(T/C1 输出比较 A 匹配输出)
PB2	OC1B(T/C1 输出比较 B 匹配输出) SS(SPI 总线主机输入/从机选择引脚)
PB3	OC2A(T/C2 输出比较 A 匹配输出)
PB6	XTAL1(反向振荡放大器与片内时钟操作电路的输入端) TOSC1(定时振荡器引脚 2)
PB7	XTAL2(反向振荡放大器的输出端) TOSC2(定时振荡器引脚 1)
PD2	INT0(外部中断 0 的输入)
PD3	INT1(外部中断 1 的输入) OC2B(T/C2 输出比较 B 匹配输出)
PD4	XCK(USART 外部时钟输入/ 输出) T0(T/C0 外部计数器数输入)
PD5	T1(T/C1 外部计数器数输入) OC0B(T/C0 输出比较 B 匹配输出)
PD6	AIN0(模拟器比较正输入) OC0A(T/C0 输出比较 A 匹配输出)
PD7	AIN1(模拟器比较负输入)

CLKO/ICP1——端口 B,Bit0

CLKO:系统时钟分频输出。

ICP1:输入捕获引脚。PB0 作为 T/C1 的输入捕获引脚。

OC1A——端口 B,Bit1

OC1A:输出比较匹配 A 输出。PB1 引脚作为 T/C1 输出比较 A 外部输入。在该功能下,引脚作为输出(DDB1 置 1)。在 PWM 模式的定时器功能中,OC1A 引脚作为输出。

OC1B/SS——端口 B,Bit2

OC1B:输出比较匹配 B 输出。PB2 引脚作为 T/C1 输出比较 B 外部输入。在该功能下,引脚作为输出(DDB2 置 1)。在 PWM 模式的定时器功能中,OC1B 引脚作为输出。

OC2A——端口 B,Bit3

OC2A:输出比较匹配 A 输出。PB3 引脚作为 T/C2 输出比较 A 外部输入。在该功能下,引脚作为输出(DDB3 置 1)。在 PWM 模式的定时器功能中,OC2A 引脚作为输出。

XTAL1/TOSC1——端口 B,Bit6

XTAL1:片内反向振荡放大器和内部时钟操作电路的输入端。

TOSC1:定时振荡器引脚1。当寄存器 ASSR 的 AS2 位置1,使能 T/C2 的异步时钟,引脚 PB6 与端口断开,成为振荡器放大器的反向输出。在这种模式下,晶体振荡器与该引脚相联,该引脚不能作为 I/O 引脚。

XTAL2/TOSC2——端口 B,Bit7

XTAL2:片内反向振荡放大器的输出端。

TOSC2:定时振荡器引脚2。当寄存器 ASSR 的 AS2 位置1,使能 T/C2 的异步时钟,引脚 PB7 与端口断开,成为振荡器放大器的反向输出。在这种模式下,晶体振荡器与该引脚相联,该引脚不能作为 I/O 引脚。

INT0——端口 D,Bit2

INT0:外部中断0。PD2 引脚作为 MCU 的外部中断源。

INT1/OC2B——端口 D,Bit3

INT1:外部中断1。PD3 引脚作为 MCU 的外部中断源。

XCK/T0——端口 D,Bit4

XCK:USART 外部时钟。数据方向寄存器(DDB0)控制时钟为输出(DDB0 置位)还是输入(DDB0 清零)。只有当 USART 工作在同步模式时,XCK 引脚激活。

T0:T/C0 计数器源。

T1/OC0B——端口 D,Bit5

T1:T/C1 计数器源。

OC0B:输出比较匹配 B 输出。PD5 引脚作为 T/C0 输出比较 B 外部输入。

在该功能下引脚作为输出(DDD5 置1)。在 PWM 模式的定时器功能中,OC0B 引脚作为输出。

AIN0/OC0A——端口 D,Bit6

AIN0:模拟比较输入。配置该引脚为输入时,切断内部上拉电阻,防止数字端口功能与模拟比较器功能相冲突。

OC0A:输出比较匹配 A 输出。PD6 引脚作为 T/C0 输出比较 A 外部输入。在该功能下引脚作为输出(DDD6 置1)。在 PWM 模式的定时器功能中,OC0A 引脚作为输出。

AIN1——端口 D,Bit7

AIN1:模拟比较负输入。当该引脚为输入时,切断内部上拉电阻,防止数字端口功能与模拟比较器功能相冲突。

(3)串口功能,见表2.2。

表2.2 串口功能表

端口引脚	引脚功能
PB3	MOSI(SPI 总线的主机输出/从机输入信号)
PB4	MISO(SPI 总线的主机输出/从机输入信号)
PB5	SCK(SPI 总线的串行时钟)
PC4	SDA(两线串行总线数据输入/输出线)
PC5	SCL(两线串行总线时钟线)
PD0	RXD(USART 输入引脚)
PD1	TXD(USART 输出引脚)

MOSI——端口 B,Bit3

MOSI：SPI 通道的主机数据输出,从机数据输入端口。工作于从机模式时,不论 DDB3 设置如何,这个引脚都将设置为输入。当工作于主机模式时,这个引脚的数据方向由 DDB3 控制。设置为输入后,上拉电阻由 PORTB3 控制。

MISO——端口 B,Bit4

MISO:SPI 通道的主机数据输入,从机数据输出端口。工作于从机模式时,不论 DDB4 设置如何,这个引脚都将设置为输出。当工作于主机模式时,这个引脚的数据方向由 DDB4 控制。设置为输出后,上拉电阻由 PORTB4 控制。

SCK——端口 B,Bit5

SCK:SPI 通道的主机时钟输出,从机时钟输入端口。工作于从机模式时,不论 DDB5 设置如何,这个引脚都将设置为输入。工作于主机模式时,这个引脚的数据方向由 DDB5 控制。设置为输入后,上拉电阻由 PORTB5 控制。

SDA——端口 C,Bit4

SDA:两线串行接口数据引脚。当寄存器 TWCR 的 TWEN 位置 1 使能两线串行接口,引脚 PC4 就不与端口相联,而成为两线串行接口的串行数据 I/O 引脚。在该模式下,引脚处使用窄带滤波器抑制低于 50 ns 的输入信号,且该引脚由斜率限制的开漏驱动器驱动。当该引脚使用两线串行接口,仍可由 PORTC4 位控制上拉电阻。

SCL——端口 C,Bit5

SCL:两线串行接口时钟引脚。当 TWCR 寄存器的 TWEN 位置 1 使能两线串行接口,引脚 PC5 就不与端口连接,而成为两线串行接口的串行时钟 I/O 引脚。在该模式下,在引脚处使用窄带滤波器抑制低于 50 ns 的输入信号,且该引脚由斜率限制的开漏驱动器驱动。当该引脚使用两线串行接口,仍可由 PORTC5 位控制上拉电阻。

RXD——端口 D,Bit0

RXD:USART 的数据接收引脚。当使用了 USART 的接收器后,这个引脚被强制设置为输入,此时 DDD0 不起作用。但是 PORTD0 仍然控制上拉电阻。

TXD——端口 D,Bit1

TXD:USART 的数据发送引脚。当使能了 USART 的发送器后,这个引脚被强制设置为输出,此时 DDD1 不起作用。

（4）PWM 信号引脚:PB1、PB2、PB3、PD4、PD5、PD6 均为 PWM 引脚。下面介绍 PWM 原理。

脉冲宽度调制(Pulse Width Modulation,PWM)简称脉宽调制。它是利用微处理器的数字输出来对模拟电路进行控制的一种非常有效的技术,广泛应用于测量、通信功率控制与变换等许多领域。PWM 是一种模拟控制方式,根据相应载荷的变化来调制晶体管栅极或基极的偏置,从而实现开关稳压电源输出,这种方式能使电源的输出电压在工作条件变化时保持恒定。

PWM 是一种对模拟信号电平进行数字编码的方法。通过高分辨率计数器的使用,方波的占空比被调制用来对一个具体模拟信号的电平进行编码。PWM 信号仍然是数字的,因为在给定的任何时刻,满幅值的直流供电要么完全有(ON),要么完全无(OFF)。电压源或电流源是一种通(ON)或断(OFF)的重复脉冲序列被加到模拟负载的。通的时候即直流供电被加到负载上的时候,断的时候即供电被断开的时候。只要带宽足够,任何模拟值都可以使用 PWM 进行编码。

PWM 通过调整输出信号占空比,从而达到改变输出平均电压的目的。占空比可由式(2.1)计算(图 2.5):

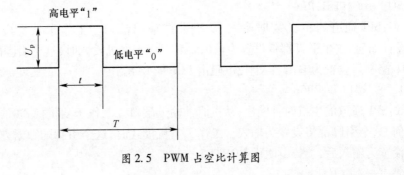

图 2.5 PWM 占空比计算图

$$\overline{U} = \frac{t}{T} \times U_{\mathrm{p}} \tag{2.1}$$

式中:$\overline{U}$ 为 T 内的平均电压;U_{p} 为脉冲电压幅度;t/T 为 PWM 的占空比,决定平均电压的大小。

4. 引脚的实际应用

图 2.6 是飞控的硬件连接图:

Ⅰ区接电源、外部设备串口通信(LCD 通信)、USB 转串口 FDTI(程序烧写,传感器静态校准);

Ⅱ区接遥控通信设备;

Ⅲ区接电动机,针对不同飞控模式,利用不同的引脚接无刷电动机、舵机;

Ⅳ区是 I2C 通信管脚,接 I^2C 协议的传感器;

Ⅴ区接摄像头云台控制;

Ⅵ区接 LED 状态灯、蜂鸣报警器、LIPO 电池及信息显示。

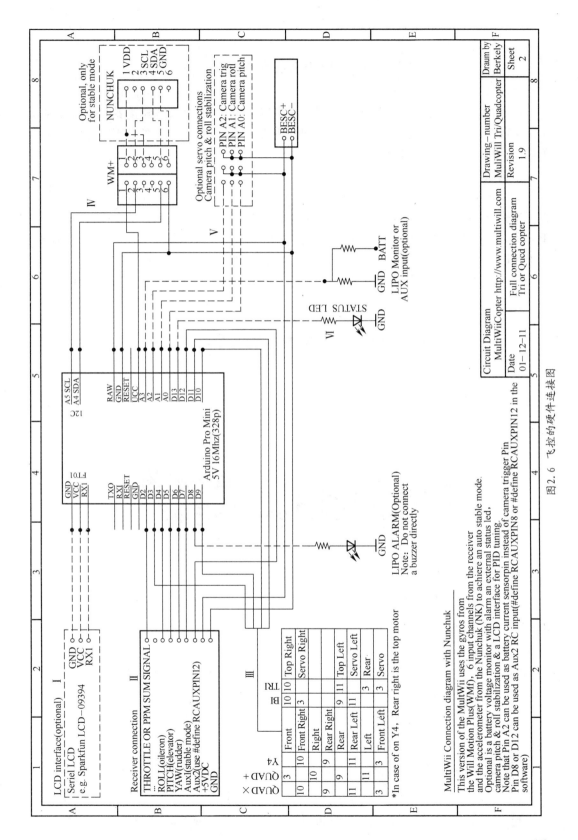

图 2.6 飞控的硬件连接图

15

第三节 Arduino 的软件部分

在 Arduino 中,程序就像神经网络一样,连接着 Arduino 这个大脑和拓展的外部器件,从而实现各种各样的功能。要想更好地实现各种控制,除了解其硬件的外部特性外,还必须掌握它的开发环境和编程语言。

1. 开发环境

Arduino 语言的开发工具为 Arduino IDE,它可以在 Windows、Macintosh OSX、Linux 三大主流操作系统上运行,而其他的大多数控制器只能在 Windows 上开发。Arduino IDE 基于 Processing IDE 开发,对于初学者来说极易掌握,同时有着足够的灵活性。Arduino 语言基于 Wiring 语言开发,是对 AVRGCC 库的二次封装,不需要太多的单片机基础、编程基础,简单学习后即可快速地进行开发。Arduino 语言的开发工具在 https://www.arduino.cc/网站可以下载,软件开发界面如图 2.7 所示。

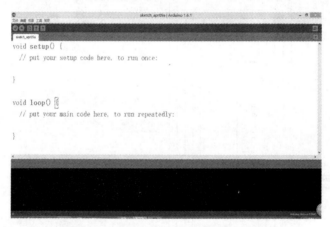

图 2.7 Arduino 1.6.1 软件开发界面图

其中的六个常用功能按钮如下:

:新建程序(用于生成一个新的空白架构,可以在里边输入代码,IDE 会提示输入文件名和文件存储位置(如果可能尝试用默认的位置),然后提供一个空白的构架用于写代码)。

:打开程序(在程序构架单中显示已存在的构架的列表,就像例子架构那样,可以使用不同的外围设备运行这些程序)。

:保存程序(用于存储架构窗口中的代码到文件中。一旦存储完成,当前代码窗口的底部会显示一个 Done Saving 信息)。

:编译(将所写的语言程序编译成 Arduino 板子可运行的程序)。

:上传(加载当前架构窗口中的代码到用户的 Arduino 中)。

:串口监视器(显示从用户的 Arduino 开发板(USB 口或串口)输出的串口数据,也

16

可以通过串口监视器向 Arduino 传送数据）。

菜单栏包括文件、编辑、项目、工具、帮助,常用且重要的是项目里的导入库以及工具菜单。工具菜单见图2.8。

自动格式化	Ctrl+T
项目存档	
修正编码并重新加载	
串口监视器	Ctrl+Shift+M
串口绘图器	Ctrl+Shift+L
开发板: "Arduino/Genuino Uno"	▶
端口: "COM3 (Arduino/Genuino Uno)"	▶
编程器: "USBtinyISP"	▶
烧录引导程序	

图 2.8 工具菜单选项

工具→开发板:选择单片机板的类型(常用板型有 Duemilanove、Uno、Nano、Mini、Leonardo、Mega、Due,根据自己所用板型进行选择)。

工具→端口:选择烧写程序的端口号(根据 Arduino 板子所接端口进行选择,端口选择不正确则无法下载程序)。

工具→串口监视器:调试程序的输出一般使用串口输出,可以通过串口监视器观测结果。

工具→串口绘图器:最新推出的功能,可以对串口输出的数据直接绘图,简捷直观。

2. Arduino 语言介绍

1) 关键字

if:条件判断。

if...else:条件选择结构。

for:构成 for 循环语句。

switch case:多分支选择结构。

while:循环语句。

do...while:while 循环的变体,也是循环语句。

break:提前终止循环。

continue:提前结束本次循环。

return:获得函数返回值。

goto:无条件转移语句。

2) 变量类型

(1) 常量。

HIGH | LOW:表示数字 I/O 口的电平,HIGH 表示高电平(1),LOW 表示低电平(0)。

INPUT | OUTPUT:表示数字 I/O 口的方向,INPUT 表示输入(高阻态),OUTPUT 表示输出(AVR 能提供5V 电压 40mA 电流)。

true | false: true 表示真(1),false 表示假(0)。

17

（2）数据类型，见表 2.3。

表 2.3　Arduino 语言的数据类型

类　型		字节	范围
boolean	布尔类型	1	false or ture
char	字符类型	1	−128~127
byte	字节类型	1	0~255
int	整数类型	2	−32768~32768
unsigned int	无符号整数类型	2	0~65535
long	长整数类型	4	
unsigned long	无符号长整数类型	4	
float	浮点类型	4	
double	双精度浮点类型	4	
string	字符数组型		
array	数组类型		
void	无类型		

3）重要函数

（1）I/O 类型。

① 数字 I/O。

pinMode(pin, mode)：数字 I/O 口输入输出模式定义函数。pin 表示 0~13, mode 表示 INPUT 或 OUTPUT。

digitalWrite(pin, value)：数字 I/O 口输出电平定义函数。pin 表示 0~13, value 表示 HIGH 或 LOW。例如，定义 HIGH 可以驱动 LED。

int digitalRead(pin, value)：数字 I/O 口读输入电平定义函数。pin 表示 0~13, value 表示 HIGH 或 LOW。例如，HIGH 可以读数字传感器。

② 模拟 I/O

int analogRead(pin)：模拟 I/O 口读函数。pin 表示 0~5（大部分 Arduino 板为 0~5，Mini 和 Nano 从 0~7, Mega 从 0~15），从指定的引脚读取数据值，返回从 0~1023 的整数值。如可读模拟传感器（10 位 AD, 0~5V 表示为 0~1023）。

analogWrite(pin, value)：PWM 数字 I/O 口 PWM 输出函数。从一个引脚输出模拟值（PWM），可用于让 LED 以不同的亮度点亮或驱动电动机以不同的速度旋转。analogWrite( ) 输出结束后，该引脚将产生一个稳定的特殊占空比方波，直到下次调用 analogWrite( ) 函数（或在同一引脚调用 digitalRead( ) 或 digitalWrite( )）。PWM 信号的频率大约是 490Hz。analogWrite( ) 函数与模拟引脚、analogWrite( ) 函数没有直接关系。pin 用于输入数值的引脚。value 表示占空比，在 0（完全关闭）~255（完全打开）之间。

③ 扩展 I/O。

shiftOut(dataPin, clockPin, bitOrder, value)：SPI 外部 I/O 扩展函数，通常使用带 SPI 接口的 74HC595 做 8 个扩展，将一个数据的一个字节一位一位地移出，从最高有效位（最左边）或最低有效位（最右边）开始。依次向数据脚写入每一位，之后时钟脚被拉高或拉低，指示刚才的数据有效。dataPin 为数据口，clockPin 为时钟口，bitOrder 为数据传输方向

18

（MSBFIRST 高位在前，LSBFIRST 低位在前），value 表示所要传送的数据（0~255），另外还需要一个 I/O 口做 74HC595 的使能控制。

shiftIn(dataPin,clockPin,bitOrder)：SPI 内部 I/O 扩展函数，将一个数据的一个字节一位一位地移入，从最高有效位（最左边）或最低有效位（最右边）开始。对于每个位，先拉高时钟电平，再从数据传输线中读取一位，再将时钟线拉低。dataPin 为输出每一位数据的引脚（int），clockPin 为时钟脚，当 dataPin 有值时此引脚电平变化（int），bitOrder 为输出位的顺序，最高位优先或最低位优先。

unsigned long pulseIn(pin,value)：脉冲长度记录函数，返回时间参数（μs）。pin 表示 0~13，value 为 HIGH 或 LOW。如 value 为 HIGH，那么当 Pin 输入为高电平时，开始计时；当 Pin 输入为低电平时，停止计时，然后返回该时间。

（2）函数类型。

① 时间函数。

unsigned long millis()：返回时间函数（单位：ms），该函数是指当程序运行就开始计时并返回记录的参数，该参数溢出大概需要 50 天时间。

unsigned long micros()：返回时间函数（单位：μs）。

delay(ms)：延时函数（单位：ms）。70 分钟溢出清零。

delayMicroseconds(μs)：延时函数（单位：μs）。

② 数学函数。

min(x,y)：求最小值。

max(x,y)：求最大值。

abs(x)：计算绝对值。

constrain(x,a,b)：约束函数。下限 a，上限 b，x 必须在 a，b 之间才能返回。

map(value,fromLow,fromHigh,toLow,toHigh)：约束函数，value 必须在 fromLow 与 toLow 之间和 fromHigh 与 toHigh 之间。

pow(base,exponent)：开方函数。base 的 exponent 次方。

sq(x)：平方。

sqrt(x)：开根号。

③ 三角函数。

sin(rad)：正弦函数。

cos(rad)：余弦函数。

tan(rad)：正切函数。

④ 随机数函数。

randomSeed(seed)：随机数端口定义函数。seed 表示度模拟口 analogRead(pin)函数。

long random(max)：随机数函数。返回数据大于等于 0，小于 max。

long random(min,max)：随机数函数。返回数据大于等于 min，小于 max。

⑤ 外部中断函数。

attachInterrupt(interrupt,mode)：外部中断只能用到数字 I/O 口 2 和 3。interrupt 表示中断口初始 0 或 1，表示一个功能函数。mode：LOW 为低电平中断，CHANGE 只要有变化就触发中断，RISING 为上升沿中断，FALLING 为下降沿中断。

detachInterrupt(interrupt):中断开关。interrupt=1,开;interrupt=0,关。

⑥ 中断使能函数。

interrupt():使能中断。

noInterrupt():禁止中断。

⑦ 串口收发函数。

Serial begin(speed):串口定义波特率函数。speed 表示波特率,如 9600,19200 等。

int Serial available():判断缓冲器状态。

int Serial read():读串口并返回收到参数。

Serial flush():清空缓冲器。

Serial print(data):串口输出数据。

Serial println(data):串口输出数据并带回车符(换行)。

3. 程序构架及范例

1)结构

(1)声明变量及接口名称(例如:int val;int ledPin=13;),在此声明的变量都是全局变量,在整个程序执行的过程中一直起作用。

(2)void setup()。在程序开始时调用,函数内放置 Arduino 板的初始化程序,包括初始化变量、管脚接口模式、启用库等(例如:pinMode(ledPin,OUTPUT);)。在调试程序的过程中,因为没有显示器,必须通过串口传给 PC,所以在 setup()函数里一般有串口的初始化。

(3)void loop()。在 setup()函数之后,即初始化之后,loop()函数会循环执行。使用它可以控制 Arduino。这部分的程序会一直重复执行,直到 Arduino 开发板电源关闭。对于 C++语言,一个局部变量一旦离开它的作用域,这个变量也就不存在了,loop()函数里面的局部变量一旦离开 loop()函数也会消失,因此为了保持变量的值,可以采用静态变量,也就是在 loop()里在声明这个变量的前面加上 static,并赋以初值,如果不赋初值,则默认为 0,如"static int i=0"。

Arduino 程序主要是开发机器人程序的,要涉及自动控制,自动控制通用的方法是 PID 控制,在求取积分和微分的过程中需要用到时间函数,Arduino 程序的时间函数非常丰富,有微秒的也有毫秒的。下面是典型的时间函数的用法。

```
void loop()
{
  uint16_t currenttime;
  static uint16_t lasttime=0;
  currenttime=micros();
  deltatime=currenttime-lasttime;
  lasttime=currenttime;
}
```

Arduino 软件是和硬件紧密相关的,包括外部设备,但是外部设备的生产厂家众多,虽然有 ISO 国际标准化组织的标准,但是生产出来的硬件细节还是会有所不同,因此会有不同的外部设备处理程序。为了使开发的机器人软件更具普适性,需要把这些代码融合到 Arduino 软件里。同样,机器人的工作模式、不同的控制方法、传感器的有无等都需要做相同的处理。处理的办法是预定义、预编译,在编译的时候,编译程序会自动地只编译满足条件的语句。预定义、预编译所对应的语句是：

```
#define
#ifdefine
#else
#endif
#ifndefine
#else
#endif
```

下面通过例子来说明 Arduino 程序的编译过程以及实现对外部器件控制的方法。串口程序用来说明一个 Arduino 程序的框架由哪几部分构成,串口监视器的例子用来说明如何挑错。

2）简单示例程序

下面进行一个简单的程序测试：Digital Output 输出实验。其功能是使 PIN13 脚上的 LED 灯闪烁。

```
int ledPin = 13; //设定控制 LED 的数字 IO 脚
void setup()
{
    pinMode(ledPin, OUTPUT); //设定数字 IO 口的模式,OUTPUT 为输出
}
void loop()
{
    digitalWrite(ledPin, HIGH); //设定 PIN13 脚为 HIGH = 4V
    delay(1000);//设定延时时间,1000 = 1s
    digitalWrite(ledPin, LOW); //设定 PIN13 脚为 LOW = 0V
    delay(1000); //设定延时时间
}
```

Arduino 的每一个程序中都必须有 setup()、loop()函数,在 setup()函数中设定数字 I/O 口的模式,在 loop()函数中定义 PIN13 端口,通过延时函数来控制亮灭间隔的时间。

3）串口监视器

串口监控器是一个免费的多功能串口调试和串口监控软件。它集数据发送、数据接收、数据分析等众多功能于一身。在开发串口通信软件,或开发硬件通信设备过程中,常常需要一个串口调试工具对数据流进行显示、分析、测试,以调试程序运行结果的情况。串口监控器是一个满足这样测试过程的串口通信软件,它能够以多种方式显示、接收、分析通信数据;能够以多种灵活方式发送数据;功能强大,操作简便。针对串口监视器的程序在第三章第三节中进行演示介绍。

第四节 AVR 寄存器介绍

寄存器和硬件直接相关,寄存器是硬件和软件结合的媒介,软件对硬件的操作往往是

通过读写寄存器来实现的。例如：

TCCR0、TCCR1、TCCR2 分别为 Timer0（定时/计数器 0）、Timer1、Timer2 的寄存器，在飞控程序中可用来控制 PWM 信号，进而达到控制油门、翻转、俯仰角度、方向偏转多个参数。

OCR0、OCR1、OCR2 均是输出比较寄存器，通过波形的起始时间和终止时间的比较计算出占空比的值，进而达到控制电动机的转速。

USART 串口相关寄存器：

UDR：接收数据缓冲寄存器、发送数据缓冲寄存器。

UCSRA：USART 控制和状态寄存器 A。

UCSRB：USART 控制和状态寄存器 B。

UCSRC：USART 控制和状态寄存器 C。

此外，寄存器还包括状态寄存器、操作寄存器等，由图 2.9 可见寄存器的重要作用。

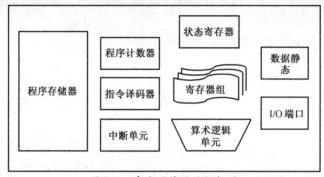

图 2.9　寄存器作用的框架图

对寄存器的叙述采用寄存器表（表 2.4），以便查阅、理解和归类。

表 2.4　寄存器表

寄存器名	寄存器位名		寄存器说明
	寄存器位说明		
SREG	I｜T｜H｜S｜V｜N｜Z｜C		状态寄存器 SREG
	I:全局中断使能 T:位复制存储位 H:半进位标志位，表示算术运算发生了半进位 S:符号位，S 为负数标志 N 与 2 的补码溢出标志 V 的异或 V:2 的补码溢出标志位 N:负数标志位 Z:零标志位 C:进位标志位		
OSCCAL	CAL7｜CAL6｜CAL5｜CAL4｜CAL3｜CAL2｜CAL1｜CAL0		振荡器标定寄存器 OSCCAL
	OSCAL 数值　最小频率，标称频率的百分比(%)　　最大频率，标称频率的百分比(%) 0x00　　　　　50　　　　　　　　　　　　　　100 0x7F　　　　　75　　　　　　　　　　　　　　150 0xFF　　　　100　　　　　　　　　　　　　200		
MCUCR	SM2｜SE｜SM1｜SM0｜ISC11｜ISC10｜ISC01｜ISC00		MCU 控制寄存器 MCUCR

寄存器名	寄存器位名		寄存器说明
	SM2:0	休眠模式	
	000	空闲模式（停止 CPU_clk 和 FLASH_clk）	
	001	ADC 噪声抑制模式（停止 IO_clk CPU_clk 和 FLASH_clk）	
	010	掉电模式（停止所有时钟，只有异步模块可以继续工作）	
	011	省电模式	
	100	—	
	101	—	
	110	Standby 模式（仅在使用外部晶振和谐振器时，Standby 模式才可用）	
	111	扩展 Stabdby 模式	
	SE	休眠使能	
	ISCx1:0	说明	
	00	INTx 为低电平产生中断请求	
	01	INTx 上的任意跳变产生中断请求	
	10	INTx 上的下降沿产生中断请求	
	11	INTx 上的上升沿产生中断请求	
MCUCSR	｜ JTD ｜ ISC2 ｜ — ｜ JTRF ｜ WDRF ｜ BORF ｜ EXTRF ｜ PORF ｜		MCU 控制和状态寄存器 MCUCSR
	JTD	禁止 JTAG 接口	
	ISC2	中断 2 触发方式控制位（0——下降沿中断，1——上升沿中断）	
	JTRFJTAG	复位标志	
	WDRF	看门狗复位标志	
	BORF	掉电检测复位标志	
	EXTRF	外部复位标志	
	PORF	上电复位标志	
GICR	｜ INT1 ｜ INT0 ｜ INT2 ｜ — ｜ — ｜ — ｜ IVSEL ｜ IVCE ｜		通用中断控制寄存器
	INT1	使能外部中断请求 1	
	INT0	使能外部中断请求 0	
	INT2	使能外部中断请求 2	
	IVSEL	中断向量选择	
	IVCE	中断向量修改使能	
GIFR	｜ INTF1 ｜ INTF0 ｜ INTF2 ｜ — ｜ — ｜ — ｜ — ｜ — ｜		通用中断标志寄存器
	INTF1	外部中断标志 1	
	INTF0	外部中断标志 0	
	INTF2	外部中断标志 2	
SPMCR	｜ SPMIE ｜ RWWSB ｜ — ｜ RWWSRE ｜ BLBSET ｜ PGWRT ｜ PGERS ｜ SPMEN ｜		保存程序存储器控制寄存器
	SPMIE	SPM 中断使能	
	RWWSB	RWW 区忙标志	
	RWWSRE	RWW 区读使能	
	BLBSET	Boot 锁定位设置	
	PGWRT	页写入	
	PWERS	页擦除	
	SPMEN	存储程序存储器使能	

（续）

寄存器名	寄存器位名	寄存器说明
OCDR	｜ MSB/IDRD ｜ ｜ ｜ ｜ ｜ ｜ LSB ｜	片上调试寄存器
SFIOR	｜ ADTS2 ｜ ADTS1 ｜ ADTS0 ｜ — ｜ ACME ｜ PUD ｜ PSR2 ｜ PSR10｜	特殊功能 I/O 寄存器

ADTS［2:0］	ADC 自动触发源位
000	连续转换模式
001	模拟比较器
010	外部中断请求 0
011	定时器/计数器 0 比较匹配
100	定时器/ 计数器 1 溢出
101	定时器/计数器比较匹配 B
110	定时器/计数器 1 溢出
111	定时器/计数器 1 捕捉事件
ACME	模拟比较器多路复用器使能
0	AIN1 连接到比较器的负极输入端
1	ADC 多路复用器为模拟比较器选择负极输入
PUD	禁用上拉电阻
PSR2	预分频复位 T/C2
PSR10	T/C1 与 T/C0 预分频器复位

// * * * * * * * * * * * * * * //PORT端口相关寄存器// * * * * * * * * * * * * * * //

寄存器名	寄存器位名	寄存器说明
PORTA	｜ Bit7 ｜ Bit6 ｜ Bit5 ｜ Bit4 ｜ Bit3 ｜ Bit2 ｜ Bit1 ｜ Bit0 ｜	数据寄存器
DDRA	｜ Bit7 ｜ Bit6 ｜ Bit5 ｜ Bit4 ｜ Bit3 ｜ Bit2 ｜ Bit1 ｜ Bit0 ｜	数据方向寄存器
PINA	｜ Bit7 ｜ Bit6 ｜ Bit5 ｜ Bit4 ｜ Bit3 ｜ Bit2 ｜ Bit1 ｜ Bit0 ｜	端口输入引脚
PORTB	｜ Bit7 ｜ Bit6 ｜ Bit5 ｜ Bit4 ｜ Bit3 ｜ Bit2 ｜ Bit1 ｜ Bit0 ｜	
DDRB	｜ Bit7 ｜ Bit6 ｜ Bit5 ｜ Bit4 ｜ Bit3 ｜ Bit2 ｜ Bit1 ｜ Bit0 ｜	
PINB	｜ Bit7 ｜ Bit6 ｜ Bit5 ｜ Bit4 ｜ Bit3 ｜ Bit2 ｜ Bit1 ｜ Bit0 ｜	
PORTC	｜ Bit7 ｜ Bit6 ｜ Bit5 ｜ Bit4 ｜ Bit3 ｜ Bit2 ｜ Bit1 ｜ Bit0 ｜	
DDRC	｜ Bit7 ｜ Bit6 ｜ Bit5 ｜ Bit4 ｜ Bit3 ｜ Bit2 ｜ Bit1 ｜ Bit0 ｜	
PINC	｜ Bit7 ｜ Bit6 ｜ Bit5 ｜ Bit4 ｜ Bit3 ｜ Bit2 ｜ Bit1 ｜ Bit0 ｜	
PORTD	｜ Bit7 ｜ Bit6 ｜ Bit5 ｜ Bit4 ｜ Bit3 ｜ Bit2 ｜ Bit1 ｜ Bit0 ｜	
DDRD	｜ Bit7 ｜ Bit6 ｜ Bit5 ｜ Bit4 ｜ Bit3 ｜ Bit2 ｜ Bit1 ｜ Bit0 ｜	
PIND	｜ Bit7 ｜ Bit6 ｜ Bit5 ｜ Bit4 ｜ Bit3 ｜ Bit2 ｜ Bit1 ｜ Bit0 ｜	

// * * * * * * * * * * * * * //USART串口相关寄存器// * * * * * * * * * * * * * * * //

寄存器名	寄存器位名	寄存器说明
UDR	｜ RXB7 ｜ RXB6 ｜ RXB5 ｜ RXB4 ｜ RXB3 ｜ RXB2 ｜ RXB1 ｜ RXB0 ｜ ｜ TXB7 ｜ TXB6 ｜ TXB5 ｜ TXB4 ｜ TXB3 ｜ TXB2 ｜ TXB1 ｜ TXB0 ｜	接收/发送数据 缓冲寄存器
UCSRA	｜ RXC ｜ TXC ｜ UDRE ｜ FE ｜ DOR ｜ PE ｜ U2X ｜ MPCM ｜	USART 控制和 状态寄存器 A

RX C	USART 接收结束标志
TXC	USART 发送结束标志
UDREUSART	数据寄存器空标志
FE	帧错误标志
DOR	数据溢出标志
PE	奇偶校验错误标志
U2X	倍速发送
MPCM	多处理器通信模式

24

寄存器名	寄存器位名	寄存器说明
UCSRB	∣ RXCIE ∣ TXCIE ∣ UDRIE ∣ RXEN ∣ TXEN ∣ UCSZ2 ∣ RXB8 ∣ TXB8∣	USART 控制和状态寄存器 B

RXCIE	接收结束中断使能	
TXCIE	发送结束中断使能	
UDRIE	USART 数据寄存器空中断使能	
RXEN	接收使能	
TXEN	发送使能	
UCSZ2	字符长度［2］	
RXB8	接收数据位 8	
TXB8	发送数据位 8	

寄存器名	寄存器位名	寄存器说明
UCSRC	∣ URSEL ∣ UMSEL ∣ UPM1 ∣ UPM0 ∣ USBS ∣ UCSZ1 ∣ UCSZ0 ∣ UCPOL∣	USART 控制和状态寄存器 C

URSEL　　寄存器选择
　　0　　　　UBRRH
　　1　　　　UCSRC
UMSEL　　USART 模式选择
　　0　　　　异步模式
　　1　　　　同步模式
UPM1：UPM0
　　0　　　0　　禁止
　　0　　　1　　保留
　　1　　　0　　偶校验
　　1　　　1　　奇校验
USBS 停止位选择
　　0　　　　停止位数为 1
　　1　　　　停止位数为 2

UCSZ2	UCSZ1	UCSZ0	字符长度
0	0	0	5
0	0	1	6
0	1	0	7
0	1	1	8
1	0	0	保留
1	0	1	保留
1	1	0	保留
1	1	1	9

UCPOL　　时钟极性

UCPOL	发送数据的改变(TxD 输出)	接收数据的采样(RxD 输入)
0	XCK 上升沿	XCK 下降沿
1	XCK 下降沿	XCK 上升沿

寄存器名	寄存器位名	寄存器说明
UBBRH	∣ URSEL ∣ — ∣ — ∣ — ∣ Bit11 ∣ Bit10 ∣ Bit9 ∣ Bit8∣	波特率寄存器高 4 位
UBBRL	∣ Bit7 ∣ Bit6 ∣ Bit5 ∣ Bit4 ∣ Bit3 ∣ Bit2 ∣ Bit1 ∣ Bit0∣	低 8 位

寄存器名	寄存器位名		寄存器说明

	使用模式	波特率计算公式	UBBR 值计算公式	
	异步正常模式（U2X=0）	Baud = F(osc)/16(UBBR+1)	UBBR = F(osc)/16Baud − 1	
	异步倍速模式（U2X=1）	Baud = F(osc)/8(UBBR+1)	UBBR = F(osc)/8Baud − 1	
	同步主机模式	Baud = F(osc)/2(UBBR+1)	UBBR = F(osc)/2Baud − 1	

// * * * * * * * * * * * * * * * * * * //　SPI 相关寄存器

　// * //

SPCR	| SPIE | SPE | DORD | MSTR | CPOL | CPHA | SPR1 | SPR0 |	SPI 控制寄存器

SPIE　　使能 SPI 中断位

SPE　　使能 SPI 位

DORD 数据次序

　　0　　数据的 MSB 首先发送

　　1　　数据的 LSB 首先发送

MSTR 主从选择

　　0　　从机模式

　　1　　主机模式

CPOL 时钟极性

CPOL 起始沿　　结束沿　　空闲时的 SCK

　　0　上升沿　　下降沿　　低电平

　　1　下降沿　　上升沿　　高电平

CPHA 时钟相位

CPHA 起始沿　　结束沿

　　0　　采样设置

　　1　　设置采样

SPR[1:0]SPI 时钟速率选择位

SPR2x	SPR1	SPR0	SCK 频率
0	0	0	focs/4
0	0	1	fosc/16
0	1	0	fosc/64
0	1	1	fosc/128
1	0	0	fosc/2
1	0	1	fosc/8
1	1	0	fosc/32
1	1	1	fosc/64

SPSR	| SPIF | WCOL | — | — | — | — | — |SPI2X |	SPI 状态寄存器

SPIFSPI 中断标志

WCOL 写碰撞标志

SPI2X　　SPI 倍速位（若为主机 SCK 可达 fosc/2 若为从机 则只能保证 fosc/4）

SPDR	| MSB | — | — | — | — | — | — | LSB |	SPI 数据寄存器

写寄存器将启动数据传输,读寄存器将读取寄存器的接收缓存器

// *//ADC 串口相关寄存器// * * * * * * * * * * * * * * * * * * * //

ADMUX	| REFS1 | REFS0 | ADLAR | MUX4 | MUX3 | MUX2 | MUX1 | MUX0|	ADC 多工选择 寄存器

寄存器名	寄存器位名				寄存器说明
	REFS1	REFS0	参考电压选择		
	0	0	AREF 、内部 Vref 关闭		
	0	1	AVccAREF 引脚外加滤波电容		
	1	0	保留		
	1	1	2.56V 片内基准电压源,AREF 引脚外加滤波电容		
	ADLAR	ADC 转换结果左对齐			
	0	转换结果右对齐			
	1	转换结果左对齐			
	MUX[4:0]	单端输入 正差分输入 负差分输入增益			
	00000	ADC0			
	00001	ADC1			
	00010	ADC2			
	00011	ADC3			
	00100	ADC4			
	00101	ADC5			
	00110	ADC6			
	00111	ADC7			
	01000		ADC0	ADC0	10x
	01001		ADC1	ADC0	10x
	01010		ADC0	ADC0	200x
	01011		ADC1	ADC0	200x
	01100		ADC2	ADC2	10x
	01101		ADC3	ADC2	10x
	01110		ADC2	ADC2	200x
	01111		ADC3	ADC2	200x
	10000		ADC0	ADC1	1x
	10001		ADC1	ADC1	1x
	10010		ADC2	ADC1	1x
	10011		ADC3	ADC1	1x
	10100		ADC4	ADC1	1x
	10101		ADC5	ADC1	1x
	10110		ADC6	ADC1	1x
	10111		ADC7	ADC1	1x
	11000		ADC0	ADC2	1x
	11001		ADC1	ADC2	1x
	11010		ADC2	ADC2	1x
	11011		ADC3	ADC2	1x
	11100		ADC4	ADC2	1x
	11101		ADC5	ADC2	1x
	11110	1.22V(VBG)			
	11111	0V(GND)			
ADCSRA	| ADEN | ADSC | ADATE | ADIF | ADIE | ADPS2 | ADPS1 | ADPS0|				ADC 控制和 状态寄存器 A

（续）

寄存器名	寄存器位名	寄存器说明
	ADEN　　　ADC 使能位 ADSC　　　ADC 开始转换位 ADATE　　　ADC 自动触发使能位 ADIF　　　ADC 中断标志位 ADIE　　　ADC 中断使能位 ADPS〔2:0〕　ADC 预分频选择位 ADPS〔2:0〕　分频因子 　000　　　2 　001　　　2 　010　　　4 　011　　　8 　100　　　16 　101　　　32 　110　　　64 　111　　　128	
ADCH	｜Bit7｜Bit6｜Bit5｜Bit4｜Bit3｜Bit2｜Bit1｜Bit0｜	ADC 数据寄存器高位
ADCL	｜Bit7｜Bit6｜Bit5｜Bit4｜Bit3｜Bit2｜Bit1｜Bit0｜	ADC 数据寄存器低位
SFIOR	｜ADTS2｜ADTS1｜ADTS0｜—｜ACME｜PUD｜PSR2｜PSR10｜	特殊功能 I/O 寄存器
	ADTS〔2:0〕　ADC 自动触发源位 ADTS〔2:0〕　触发源 　000　　连续转换模式 　001　　模拟比较器 　010　　外部中断请求 0 　011　　定时器/计数器 0 比较匹配 　100　　定时器/ 计数器 1 溢出 　101　　定时器/计数器比较匹配 B 　110　　定时器/计数器 1 溢出 　111　　定时器/计数器 1 捕捉事件	
//＊＊＊＊＊＊＊＊＊＊＊＊＊＊＊//模拟比较器相关寄存器//＊＊＊＊＊＊＊＊＊＊＊＊＊＊＊＊//		
SFIOR	｜ADTS2｜ADTS1｜ADTS0｜—｜ACME｜PUD｜PSR2｜PSR10｜	特殊功能 I/O 寄存器
	ACME 模拟比较器多路复用器使能 　0　　AIN1 连接到比较器的负极输入端 　1　　ADC 多路复用器为模拟比较器选择负极输入	ADC 多路复用器为模拟比较器选择负极输入
ACSR	｜ACD｜ACBG｜ACO｜ACI｜ACIE｜ACIC｜ACIS1｜ACIS0｜	模拟比较器控制和状态寄存器
	ADC　模拟比较器禁用 ACD　置位时,模拟比较器的电源被切断 ACBG　选择模拟比较器的能隙基准源 ACBG　置位后,模拟比较器的正极输入由能隙基准源所取代 ACO　模拟比较器输出 ACI　模拟比较器中断标志	

28

寄存器名	寄存器位名	寄存器说明
	ACIE　　　模拟比较器中断使能 ACIC　　　模拟比较器输入捕捉使能 ACIS[1:0] 模拟比较器中断模式选择 ACIS 1　　ACIS 0　　中断模式 　0　　　　0　　　比较器输出变化即可触发中断 　0　　　　1　　　保留 　1　　　　0　　　比较器输出的下降沿产生中断 　1　　　　1　　　比较器输出的上升沿产生中断 模拟比较器复用输入 ACMEADENMUX[2:0]模拟比较器负极输入 0　x　xxx　　AIN1 1　1　xxx　　AIN1 1　0　000　　ADC0 1　0　001　　ADC1 1　0　010　　ADC2 1　0　011　　ADC3 1　0　100　　ADC4 1　0　101　　ADC5 1　0　110　　ADC6 1　0　111　　ADC7	
| // * * * * * * * * * * * * * *//外部中断相关寄存器//* * * * * * * * * * * * * * * * * *//		
MCUCR	| SM2 | SE | SM1 | SM0 | ISC11 | ISC10 | ISC01 | ISC00 |	MCU 控制寄存器
	ISx1 ISx0　　说明 　0　　0　　INTx 为低电平产生中断请求 　0　　1　　INTx 上的任意跳变产生中断请求 　1　　0　　INTx 上的下降沿产生中断请求 　1　　1　　INTx 上的上升沿产生中断请求	
MCUCSR	| JTD | ISC2 | — | JTRF | WDRF | BORF | EXTRF | PORF |	MCU 控制和状态寄存器
	ISC2　中断 2 触发方式控制位 　0　下降沿触发中断 　1　上升沿触发中断	
GICR	| INT1 | INT0 | INT2 | — | — | — | IVSEL | IVCE |	通用中断控制寄存器
	INT1　　使能外部中断请求 1 INT0　　使能外部中断请求 0 INT2　　使能外部中断请求 2	
GIFR	| INTF1 | INTF0 | INTF2 | — | — | — | — | — |	通用中断标志寄存器
	INTF1 外部中断标志 1 INTF0 外部中断标志 0 INTF2 外部中断标志 2	
| // * * * * * * * * * * * * *//Timer0 相关寄存器//* * * * * * * * * * * * * * * * * *//		

寄存器名	寄存器位名	寄存器说明
TCCR0	∣ FOC0 ∣ WGM00 ∣ COM01 ∣ COM00 ∣ WGM01 ∣ CS02 ∣ CS01 ∣ CS00∣	T/C0 控制寄存器

FOC0　　　强制输出比较

WGM01:0　　　波形产生模式

WGM01:0	T/C 的工作模式	TOP	OCR0 更新时间	TOV0 的置位时刻
00	普通	0xFF	立即更新	MAX
01	PWM,相位修正	0xFF	TOP	BOTTOM
10	CTC	OCR0	立即更新	MAX
11	快速 PWM	0xFF	TOP	MAX

COM01:0　　　比较匹配输出模式

COM1:0　　　非 PWM 模式—快速 PWM 模式—相位修正 PWM 模式

00　　　正常的端口操作,不与 OC0 相连接

01　　　比较匹配发生时 OC0 取反—保留

10　　　比较匹配发生时 OC0 清零—比较匹配 OC0 清零,计到 TOP 时 OC0 置位—升序计数匹配清零 OC0;降序计数匹配置位 OC0

11　　　比较匹配发生时 OC0 置位—比较匹配 OC0 置位,计到 TOP 时 OC0 清零—升序计数匹配置位 OC0;降序计数匹配清零 OC0

CS02:0　　　时钟选择

CS2:0	时钟选择
000	无时钟,T/C 不工作
001	clk/1(没有预分频)
010	clk/8
011	clk/64
100	clk/256
101	clk/1024
110	时钟由 T0 引脚输入,下降沿触发
111	时钟由 T0 引脚输入,上升沿触发

TCNT0	∣ Bit7 ∣ Bit6 ∣ Bit5 ∣ Bit4 ∣ Bit3 ∣ Bit2 ∣ Bit1 ∣ Bit0 ∣	T/C0 寄存器
OCR0	∣ Bit7 ∣ Bit6 ∣ Bit5 ∣ Bit4 ∣ Bit3 ∣ Bit2 ∣ Bit1 ∣ Bit0 ∣	输出比较寄存器
TIMSK	∣ OCIE2 ∣ TOIE2 ∣ TICIE1 ∣ OCIE1A ∣ OCIE1B ∣ TOIE1 ∣ OCIE0 ∣ TOIE0∣	T/C 中断屏蔽寄存器

OCIE0　　　T/C0 输出比较匹配中断使能

TOIE0　　　T/C0 溢出中断使能

TIFR	∣ OCF2 ∣ TOV2 ∣ ICF1 ∣ OCF1A ∣ OCF1B ∣ TOV1 ∣ OCF0 ∣ TOV0∣	T/C 中断标志寄存器

OCF0　　　输出比较标志 0

TOV0　　　T/C0 溢出标志

SFIOR	∣ ADTS2 ∣ ADTS1 ∣ ADTS0 ∣ — ∣ ACME ∣ PUD ∣ PSR2 ∣ PSR10∣	特殊功能 I/O 寄存器

PSR10T/C1 与 T/C0 预分频器复位

//＊＊＊＊＊＊＊＊＊＊＊＊＊＊＊//Timer1相关寄存器//＊＊＊＊＊＊＊＊＊＊＊＊＊＊＊＊＊＊＊//

TCCR1A	∣ COM1A1 ∣ COM1A0 ∣ COM1B1 ∣ COM1B0 ∣ FOC1A ∣ FOC1B ∣ WGM11 ∣ WGM10∣	T/C1 控制寄存器 A

寄存器名	寄存器位名	寄存器说明
	COM1A1:0 通道 A 的比较输出模式 COM1B1:0 通道 B 的比较输出模式 比较输出模式,非 PWM 　　COM1A1:0/COM1B1:0　　　说明 　　00　　　　　　　　普通端口操作,非 OC1A/OC1B 功能 　　01　　　　　　　　比较匹配时 OC1A/OC1B 电平取反 　　10　　　　　　　　比较匹配时清零 OC1A/OC1B（输出低电平） 　　11　　　　　　　　比较匹配时置位 OC1A/OC1B（输出高电平） 比较输出模式,快速 PWM 　　COM1A（B）1:0　　　说明 　　00　　　　　　　　普通端口操作,非 OC1A/OC1B 功能 　　01　　　　　　　　WGM13:0=15:匹配时 OC1A 取反,OC1B 不占用物理引脚。WGM13:0 为其他 值时为普通端口操作,非 OC1A/OC1B 功能 　　10　　　　　　　　比较匹配时清零 OC1A/OC1B, OC1A/OC1B 在 TOP 时置位 　　11　　　　　　　　比较匹配时置位 OC1A/OC1B, OC1A/OC1B 在 TOP 时清零 比较输出模式,相位修正及相频修正 PWM 模式 　　COMA（B）1:0　　　说明 　　00　　　　　　　　普通端口操作,非 OC1A/OC1B 功能 　　01　　　　　　　　WGM13:0=9 或 14:比较匹配 OC1A 取反,OC1B 不占用物理引脚。WGM13:0 为其他值时为普通端口操作,非 OC1A/OC1B 功能 　　10　　　　　　　　升序记数比较匹配清零 OC1A/OC1B,降序记数比较匹配置位 OC1A/OC1B 　　11　　　　　　　　升序记数比较匹配置位 OC1A/OC1B,降序记数比较匹配清零 OC1A/OC1B 　　FOC1　　　A 通道 A 强制输出比较 　　FOC1B　　　通道 B 强制输出比较 　　FOC1A/FOC1B 只有当 WGM13:0 指定为非 PWM 模式时被激活 WGM11:0　　　　　波形发生模式 模式 WGM1[3:0]—定时器/计数器—工作模式—计数上限值 TOP—OCR1x 更新时刻—TOV1 置位时刻 0—0000—普通模式—0xFFFF—立即更新—MAX 1—0001—8 位相位修正 PWM—0x00FF—TOP—BOTTOM 2—0010—9 位相位修正 PWM—0x01FF—TOP—BOTTOM 3—0011—10 位相位修正 PWM—0x03FF—TOP—BOTTOM 4—0100—CTC—OCR1A—立即更新—MAX 5—0101—8 位快速 PWM—0x00FF—TOP—TOP 6—0110—9 位快速 PWM—0x01FF—TOP—TOP 7—0111—10 位快速 PWM—0x03FF—TOP—TOP 8—1000—相位与频率修正 PWM—ICR1—BOTTOM—BOTTOM 9—1001—相位与频率修正 PWM—OCR1A—BOTTOM—BOTTOM 10—1010—相位修正 PWM—ICR1—TOP—BOTTOM 11—1011—相位修正 PWM—OCR1A—TOP—BOTTOM 12—1100—CTC—ICR1—立即更新—MAX 13—1101—保留 14—1110—快速 PWM—ICR1—TOP—TOP 15—1111—快速 PWM—OCR1A—TOP—TOP	

寄存器名	寄存器位名	寄存器说明
TCCR1B	｜ICNC1｜ICES1｜—｜WGM13｜WGM12｜CS12｜CS11｜CS10｜	T/C1 控制寄存器 B
	ICNC1　　　输入捕捉噪声抑制器 ICES1　　　输入捕捉触发沿选择 　0　　　　下降沿触发 　1　　　　上升沿触发 WGM13:2　波形发生模式 　见 TCCR1A寄存器中的描述 CS12:0　　时钟选择 　000　　　无时钟源(T/C 停止工作) 　001　　　clk(无预分频) 　010　　　clk/8 　011　　　clk/64 　100　　　clk/256 　101　　　clk/1024 　110　　　外部 T1 引脚,下降沿驱动 　111　　　外部 T1 引脚,上升沿驱动	
TCNT1H	｜Bit15｜Bit14｜Bit13｜Bit12｜Bit11｜Bit10｜Bit9｜Bit8｜	T/C1 技术寄存器
TCNT1L	｜Bit7｜Bit6｜Bit5｜Bit4｜Bit3｜Bit2｜Bit1｜Bit0｜	
OCR1AH	｜Bit15｜Bit14｜Bit13｜Bit12｜Bit11｜Bit10｜Bit9｜Bit8｜	输出比较寄存器 1A
OCR1AL	｜Bit7｜Bit6｜Bit5｜Bit4｜Bit3｜Bit2｜Bit1｜Bit0｜	
OCR1BH	｜Bit15｜Bit14｜Bit13｜Bit12｜Bit11｜Bit10｜Bit9｜Bit8｜	输出比较寄存器 1B
OCR1BL	｜Bit7｜Bit6｜Bit5｜Bit4｜Bit3｜Bit2｜Bit1｜Bit0｜	
ICR1H	｜Bit15｜Bit14｜Bit13｜Bit12｜Bit11｜Bit10｜Bit9｜Bit8｜	输入捕捉寄存器 1
ICR1L	｜Bit7｜Bit6｜Bit5｜Bit4｜Bit3｜Bit2｜Bit1｜Bit0｜	
TIMSK	｜OCIE2｜TOIE2｜TICIE1｜OCIE1A｜OCIE1B｜TOIE1｜OCIE0｜TOIE0｜	T/C 中断屏蔽寄存器
	TICIE1　　T/C1 输入捕捉中断使能 OCIE1A　　输出比较 A 匹配中断使能 OCIE1B　　T/C1 输出比较 B 匹配中断使能 TOIE1　　　T/C1 溢出中断使能	
TIFR	｜OCF2｜TOV2｜ICF1｜OCF1A｜OCF1B｜TOV1｜OCF0｜TOV0｜	T/C 中断标志寄存器
	ICF1　　　T/C1 输入捕捉标志位 OCF1A　　T/C1 输出比较 A 匹配标志位 OCF1B　　T/C1 输出比较 B 匹配标志位 TOV1　　　T/C1 溢出标志	
SFIOR	｜ADTS2｜ADTS1｜ADTS0｜—｜ACME｜PUD｜PSR2｜PSR10｜	特殊功能 I/O 寄存器
	PSR10T/C1 与 T/C0 预分频器复位	
//＊＊＊＊＊＊＊＊＊＊＊＊＊＊＊//Timer2 相关寄存器//＊＊＊＊＊＊＊＊＊＊＊＊＊＊＊＊＊＊//		
TCCR2	｜FOC2｜WGM20｜COM21｜COM20｜WGM21｜CS22｜CS21｜CS20｜	

寄存器名	寄存器位名		寄存器说明
	FOC2　　强制输出比较 WGM21:0　　波形产生模式 模式 WGM21:0—T/C 工作模式—TOP OCR2 的更新时间—TOV2 的置位时刻 　　　00(0)—普通—0xFF 立即更新—MAX 　　　01(1)—相位修正 PWM—0xFFTOP—BOTTOM 　　　10(2)—CTC—OCR2 立即更新—MAX 　　　11(3)—快速 PWM—0xFFTOP—MAX COM21:0　　比较匹配输出模式 　　＊比较输出模式,非 PWM 模式 　　COM21:0　　　　说明 　　0　　　　　　　0 正常的端口操作,不与 OC0 相连接 　　01　　　　　　比较匹配发生时 OC0 取反 　　10　　　　　　比较匹配发生时 OC0 清零 　　11　　　　　　比较匹配发生时 OC0 置位 　　＊比较输出模式,快速 PWM 模式 　　COM21:0　　　　说明 　　00　　　　　　正常的端口操作,不与 OC0 相连接 　　01　　　　　　保留 　　10　　　　　　比较匹配发生时 OC0 清零 ,计数到 TOP 时 OC0 置位 　　11　　　　　　比较匹配发生时 OC0 置位 ,计数到 TOP 时 OC0 清零 　　＊比较输出模式,相位修正 PWM 模式 　　COM21:0　　　　说明 　　00　　　　　　正常的端口操作,不与 OC2 相连接 　　01　　　　　　保留 　　10　　　　　　在升序计数时发生比较匹配将清零 OC2 ;降序计数时发生比较匹配将置位 OC2 　　11　　　　　　在升序计数时发生比较匹配将置位 OC2 ;降序计数时发生比较匹配将清零 OC2 CS22:0　　　　时钟选择 　　000　　　　　无时钟,T/C 不工作 　　001　　　　　clk(t2s)(无预分频) 　　010　　　　　clk(t2s)/8 　　011　　　　　clk(t2s)/32 　　100　　　　　clk(t2s)/64 　　101　　　　　clk(t2s)/128 　　110　　　　　clk(t2s)/256 　　111　　　　　clk(t2s)/1024		
TCNT2	| Bit7 | Bit6 | Bit5 | Bit4 | Bit3 | Bit2 | Bit1 | Bit0 |		定时器/ 计数器寄存器
OCR2	| Bit7 | Bit6 | Bit5 | Bit4 | Bit3 | Bit2 | Bit1 | Bit0 |		输出比较寄存器
ASSR	| — | — | — | — | AS2 | TCN2UB | OCR2UB | TCR2UB |		异步状态寄存器
	AS2　　异步 T/C2 AS2 为"0"时 T/C2 由 I/O 时钟 clkI/O 驱动;AS2 为"1"时 T/C2 由连接到 TOSC1 引脚的晶体振荡器驱动 TCN2UB　　T/C2 更新中 OCR2UB　　输出比较寄存器 2 更新中 TCR2UB　　T/C2 控制寄存器更新中		

寄存器名	寄存器位名		寄存器说明
TIMSK	｜OCIE2｜TOIE2｜TICIE1｜OCIE1A｜OCIE1B｜TOIE1｜OCIE0｜TOIE｜		T/C 中断屏蔽寄存器
	OCIE2　　　T/C2 输出比较匹配中断使能 TOIE2　　　T/C2 溢出中断使能		
TIFR	｜OCF2｜TOV2｜ICF1｜OCF1A｜OCF1B｜TOV1｜OCF0｜TOV0｜		T/C 中断标志寄存器
	OCF2　　输出比较标志 2 TOV2　　T/C2 溢出标志		
SFIOR	｜ADTS2｜ADTS1｜ADTS0｜—｜ACME｜PUD｜PSR2｜PSR1｜		特殊功能 I/O 寄存器
	PSR2 预分频复位 T/C2		
//＊＊＊＊＊＊＊＊＊＊＊//EEPROM 相关寄存器//＊＊＊＊＊＊＊＊＊＊＊＊＊＊＊＊//			
EEARH	｜—｜—｜—｜—｜—｜—｜—｜EEAR8｜		EEPROM 地址寄存器
EEARL	｜EEAR7｜EEAR6｜EEAR5｜EEAR4｜EEAR3｜EEAR2｜EEAR1｜EEAR0｜		
EEDR	｜Bit7｜Bit6｜Bit5｜Bit4｜Bit3｜Bit2｜Bit1｜Bit0｜		EEPROM 数据寄存器
EECR	｜—｜—｜—｜—｜EERIE｜EEMWE｜EEWE｜EERE｜		EEPROM 控制寄存器
	EERIE　　使能 EEPROM 准备好中断 EEMWE　　EEPROM 主机写使能 EEWEEEPROM 写使能 EEREEEPROM 读使能		
//＊＊＊＊＊＊＊＊＊＊＊//TWI 相关寄存器//＊＊＊＊＊＊＊＊＊＊＊＊＊＊＊＊//			
TWBR	｜TWBR7｜TWBR6｜TWBR5｜TWBR4｜TWBR3｜TWBR2｜TWBR1｜TWBR0｜		TWI 比特率寄存器
TWCR	｜TWINT｜TWEA｜TWSTA｜TWSTO｜TWWC｜TWEN｜—｜TWIE｜		TWI 控制寄存器
	TWINTT　　　WI 中断标志 TWEA 使能　　TWI 应答 TWSTA　　　TWI START 状态标志 TWSTO　　　TWI STOP 状态标志 TWWC　　　TWI 写碰撞标志 TWEN　　　TWI 使能 TWIE　　　使能 TWI 中断		
TWSR	｜TWS7｜TWS6｜TWS5｜TWS4｜TWS3｜-｜TWPS1｜TWPS0｜		TWI 状态寄存器
	TWS7:3　　　TWI 状态 TWPS:0　　　TWI 预分频位 　　00　　　1 　　01　　　4 　　10　　　16 　　11　　　64		
TWDR	｜TWD7｜TWD6｜TWD5｜TWD4｜TWD3｜TWD2｜TWD1｜TWD0｜		TWI 数据寄存器
TWAR	｜TWA6｜TWA5｜TWA4｜TWA3｜TWA2｜TWA1｜TWA0｜TWGCE｜		TWI 从机地址寄存器
	TWA6:0　　　TWI 从机地址寄存器 TWGCE　　　使能 TWI 广播识别		

第五节　中　断

所谓中断,是程序运行过程中突然发生了事件,需要 CPU 停下正在执行的程序,保护当前正在执行程序的状态和地址,转而执行突然发生事件所对应的中断服务程序,然后恢复原来的程序继续执行。

先看下面的例子:

```
void usart_init(unsigned long rate) {
    UCSR0A = 0<<TXC0 |0<<U2X0 |0<<MPCM0;
    UCSR0B = 1<<RXCIE0 |0<< TXCIE0 |0<<UDRIE0 |1<<RXEN0 |0<<TXEN0 |0<<UCSZ02 |0<
<TXB80;
    UCSR0C = 0<<UMSEL01 |0<<UMSEL00 |0<<UPM01 |0<<UPM00 |0<<USBS0
|1<<UCSZ01 |1<<UCSZ00 |0<<UCPOL0;
    UBRR0 = (F_CPU/16/rate-1);
}
void setup(){
    bitSet(DDRB,5);     //D13(也就是 PB5)连接了一个 LED
}
void loop() {}
ISR(USART_RX_vect) {
    bitSet(PINB,5);
    unsigned char c = UDR0;
}
```

对于中断需要清楚两个问题:一是怎么知道发生了中断事件以及发生了哪个中断事件;二是哪段代码是该中断服务程序。对于第一个问题,每个指令周期会有一个脉冲检查中断标志寄存器,而中断标志是否能工作还要看 SREG 寄存器的第 7 位(全局中断容许位),因此在软件中需要打开全局中断容许位还有单个中断容许位,全局中断容许位打开的方法是使用指令 SEI 或 BSEI,关中断的指令是 CLR 或 BCLR,一旦检测到有中断发生,就会保护现场,根据硬件逻辑去判断哪个中断发生了。对于第二个问题,知道了哪个中断,就会执行程序存储器开头的中断向量表的跳转指令,去执行 ISP(信号名称)函数,同时清除全局中断容许位,实际上,ISP(信号名称)函数就是打开信号名称所对应的单个中断,并且是单个中断所对应的中断服务程序,在函数执行完后会有 RETI 指令重新置位(=1)全局中断容许位。如果容许中断嵌套,需要在 ISP(信号名称)函数里对全局中断容许位置位,或者 ISP(信号名称)函数中的信号名称有多项,用逗号隔开。

中断的类别见表 2.5。

程序存储器中开始是启动向量(即 setup()函数第一条指令的首地址的跳转指令),接下来是中断向量(即中断服务程序的入口地址的跳转指令),见表 2.5。

表 2.5　中断向量表

地址	中断	信号名称	描述
0x0000	RESET		启动、重启
0x0002	INT0	INT0_vect	外部中断 0
0x0004	INT1	INT1_vect	外部中断 1
0x0006	PCINT0	PCINT0_vect	引脚中断 0
0x0008	PCINT1	PCINT1_vect	引脚中断 1
0x000A	PCINT2	PCINT2_vect	引脚中断 2
0x000C	WDT	WDT_vect	看门狗定时器(用中断时)
0x000E	TIMER2_COMPA	TIMER2_COMPA_vect	定时/计数器 2 比较匹配 A
0x0010	TIMER2_COMPB	TIMER2_COMPB_vect	定时/计数器 2 比较匹配 B
0x0012	TIMER2_OVF	TIMER2_OVF_vect	定时/计数器 2 溢出
0x0014	TIMER1_CAPT	TIMER1_CAPT_vect	定时/计数器 1 捕获
0x0016	TIMER1_COMPA	TIMER1_COMPA_vect	定时/计数器 1 比较匹配 A
0x0018	TIMER1_COMPB	TIMER1_COMPB_vect	定时/计数器 1 比较匹配 B
0x001A	TIMER1_OVF	TIMER1_OVF_vect	定时/计数器 1 溢出
0x001C	TIMER0_COMPA	TIMER0_COMPA_vect	定时/计数器 0 比较匹配 A
0x001E	TIMER0_COMPB	TIMER0_COMPB_vect	定时/计数器 0 比较匹配 B
0x0020	TIMER0_OVF	TIME0_OVF_vect	定时/计数器 0 溢出
0x0022	SPI	SPI_STC_vect	SPI 串行传输完成
0x0024	USART_RX	USART_RX_vect	USART 接收完成
0x0026	USART_UDRE	USART_UDRE_vect	USART 数据寄存器空
0x0028	USART_TX	USART_TX_vect	USART 发送完成
0x002A	ADC	ADC_vect	ADC 转换完成
0x002C	EE_READY	EE_READY_vect	EEPROM 就绪
0x002E	ANALOG_COMP	ANALOG_COMP_vect	模拟比较触发
0x0030	TWI	TWI_vect	I2C 事件
0x0032	SPM_READY	SPM_READY_vect	自编程事件

第三章　机器人的输入和输出

存储器的读写虽属于 Arduino 软件描述的内容,但和外设的输入/输出直接相关,而且有相同的动作——进/出,所以安排在这一章讲述。遥控的输入和电动机的输出是制作机器人的基础,遥控采用 PPM 编码,一般的遥控有多达 8 个通道;电动机采用定时/计数器中断调节占空比实施控制。机器人的状态展示靠各种各样的硬件资源进行,如蜂鸣器的频率、报警灯的闪烁、LED 环各色灯开关都是很好的输出提醒。

第一节　存储器的读写

AVR 内核要访问几个不同的内存和 I/O 设备阵列。AVR 体系结构是基于哈佛体系结构的,程序和数据的存储空间是分离的,用户没有必要担心程序太长会影响数据的存放。

1. 程序存储器

存储实际执行程序的机器指令序列,是 16 位宽 Flash 阵列,被看作是 ROM。程序存储器最主要的用途是存放代码,也用来存放数据,这里介绍用程序存储器存放数据。Uno 支持的数组的大小受制于它的 SRAM 内存的大小,如果需要更大的数组,可以通过使用 PROGMEM 关键字来把数据存入 Flash 内存而不是 SRAM。

数据的存放有两种语法格式:

```
#include <avr/pgmspace.h>      //这个头文件必须包含
const dataType variableName[] PROGMEM = { data0, data1, data3... };   //格式一
const PROGMEM  dataType  variableName[] = { data0, data1, data3... }; //格式二
const dataType PROGMEM variableName[] = { data0, data1, data3... };   //错误的
//格式
```

数据的取出的格式:

```
pgm_read_byte_near();
pgm_read_word_near();
pgm_read_byte();
pgm_read_word();
```

看下面的例子:

```
#include <avr/pgmspace.h>
const PROGMEM uint16_t charSet[] = { 65000, 32796, 16843, 10, 11234 };//存储无符
//号整数
const char signMessage[] PROGMEM  = {"I AM PREDATOR,  UNSEEN COMBATANT. CRE-
ATED BY THE UNITED STATES DEPART"};//存储字符
unsigned int displayInt;
```

```
int k;        //循环计数变量
char myChar;
void setup() {
  Serial.begin(9600);
  while(! Serial);
  //放置只运行一次的配置代码
  for(k = 0; k < 5; k++)         //读整数并串口输出
  {
    displayInt = pgm_read_word_near(charSet + k);
    Serial.println(displayInt);
  }
  Serial.println();

  int len = strlen_P(signMessage);
  for(k = 0; k < len; k++)        //读字符并串口输出
  {
    myChar =  pgm_read_byte_near(signMessage + k);
    Serial.print(myChar);
  }
  Serial.println();
}
void loop() {
  //放反复执行的主要代码
}
```

2. 数据存储器

保存变量和变化的数据,是 SRAM(静态随机存取内存),ATmega328 芯片有 2KB。数据存储器存放的就是程序中的变量的值。

(1) 变量按作用域分为全局变量和局部变量。所谓作用域是指变量的作用范围。作用域共有五种:块作用域、文件作用域、函数原型作用域、函数作用域、类作用域。

① 在{ }内声明的变量属于块作用域,其作用范围为{ }内,属于局部变量,如果{ }内还有{ },则该变量对于下一级的{ }是起作用的。

② 在所有块以外声明的变量属于文件作用域,在整个文件中都可以访问,属于全局变量,具有局部作用域的同名变量在其作用域中暂时屏蔽全局变量,但非要访问可以在其前面加上::运算符。

③ 在函数原型参数表中的变量作用域起始于说明处,结束于函数原型的末尾处。

④ goto 语句跳转的位置用一个标号表示,该标号作用域为它所在的函数。

⑤ 一般将具有全局作用域的变量和函数放在一个头文件中,而将成员函数的定义放在另一个原程序文件中;而具有局部作用域的变量和函数都放在原文件中。原文件中类的声明时,全局作用域的变量和函数要用 public:说明,局部作用域的变量和函数一般要用 private:说明。

一般,全局变量放在 setup( )函数的前面和 setup( )函数里,在 loop( )运行期间一直存在,而局部变量在子函数的内部,一旦离开子函数,该局部变量就会消失。

(2) 变量按存储类别分为自动变量、静态变量、寄存器变量、外部变量。

① 自动变量就是通常声明的变量,为它们分配存储空间及回收它们所占的空间是由系统自动处理的。

② 静态变量是指在声明时用关键字 static 修饰的变量,用 static 修饰的局部变量在离开它的作用域后再进入该范围会保留其值,用 static 修饰的全部变量用于解决多文件组织变量重名的问题,在不同文件中尽管有相同的变量名字,但它们是不同的变量。

③ 寄存器变量是用 register 修饰的变量,在编译的时候会尽量用寄存器存放该变量,这样可以提高访问效率,一般该类变量用于多次的循环变量,因为寄存器毕竟有限,用了不释放会影响程序的效率。

④ 外部变量是用关键字 extern 修饰的全局变量,用于多文件组织的程序中,它向编译器说明该变量已经在其他文件中定义过了。

3. 寄存器的读写

AVR 芯片是精密指令集(RICS)的芯片,从最小到最大的 AVR 芯片都有一个很大的通用寄存器组(General-purpose Register File),里面有 32 个寄存器,编号为 R0~R31。CPU 的大多数算术和逻辑指令都可以在一个时钟周期内直接读写寄存器组里的单个寄存器。即使是最小的没有设置 SRAM 的 tinyAVR 芯片也有这些寄存器供使用。这样大型的寄存器阵列使得复杂的算法可以快速执行,而不需要在 SRAM 里来回复制数据。

寄存器的操作方法有:

(1) 格式如 DDRB | = 1<<5;// 5 是寄存器 DDRB 的位,将 DDRB 的第 5 位(从第 0 位开始)置 1,5 还可以写成寄存器的位名;1 是置 1,还可以清 0;<<表示左移,将 1 左移 5 位再与 DDRB 相或,当然就是将 DDRB 的第 5 位置 1 了;>>表示右移。例如:

```
void usart_init(unsigned long rate){    //配置串口寄存器,设置波特率
    UCSR0A = 0<<TXC0 |0<<U2X0 |0<<MPCM0;
    UCSR0B = 1<<RXCIE0 |0<<TXCIE0 |0<<UDEIE0 |1<<RXEN0 |0<<TXEN0 |0<< UCSZ02 |0
<<TXB80;
    UCSR0C = 0<<UMSEL01 |0<<UMSEL00 |0<<UPM01 |0<<UPM00 |0<<USB
    S0 |1<<UCSZ01 |1<<UCSZ00 |0<< UCPOL0;
    UBRR0 =(F_CPU/16/rate-1);    //如果想固定波特率,可以直接赋立即数
}
void setup(){
    bitSet(DDRB,5);    //寄存器赋值的又一种方法,D13(PB5)连接了一个 LED
    usart_init(9600);    //波特率为 9600bps
}
void loop(){
}
ISR(USART_RX_vect)  {
    bitSet(PINB,5);            //翻转 LED
    unsigned char c=UDR0;    //读接收到的字符,同时会自动清除中断标志
}
```

此程序每次从串口收到一个字符,就翻转 LED 一次。

（2）TCCR2A ＝ ＿BV（COM2A1）｜＿BV（COM2B1）｜＿BV（WGM21）｜＿BV（WGM20）；

（3）OCR2A＝1

（4）bitSet（ ）、bit（ ）、bitCls、bitClear（ ）、bitRead（ ）、bitWrite（ ）。如：bitSet（DDRB，5）;// D13（PB5）设置为高电平

（5）中断置位 SEI 或 interrupts（ ），中断复位 CLI 或 noInterrupts（ ）

4. 输入/输出寄存器

所有片内外围设备都是通过 I/O 地址空间访问的，每个外围设备都要用到一个或多个寄存器，这些寄存器的位设置决定了外围设备的行为，如串口的波特率设置或通用 I/O 脚的方向（输入或输出）。

5. EEPROM

ATmega328 有 1KB 的 EEPROM（电可擦写只读存储器），比较适合存储用户可改的配置数据或其他容易修改又要长期保持的数据。下面是飞控设置的原代码，其 EEPROM 存放的布局是（图 3.1）：

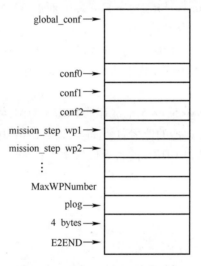

图 3.1　飞控 EEPROM 的布局图

涉及到的结构数组：

```
typedef struct {                  //GPS 有关的结构
  uint8_t GPS_coord[3];           //GPS 测得经纬度坐标
  uint8_t number;
  uint8_t checksum;               //校验和,必须放在结构最后部分
} mission_step_t;

typedef struct {                  //全局配置的结构
  uint8_t currentSet;
  int16_t accZero[3];             //加速度零偏
  int16_t magZero[3];             //磁场强度零偏
  uint16_t flashsum;
```

40

```
    uint8_t checksum;              //校验和,必须放在结构最后部分
} global_conf_t;

typedef struct {                   //综合配置的结构
    pid_   pid[PIDITEMS];
    uint8_t rcRate8;               //遥控的配置
    uint8_t rcExpo8;
    uint8_t rollPitchRate;
    uint8_t yawRate;
    uint8_t dynThrPID;
    uint8_t thrMid8;
    uint8_t thrExpo8;
    int16_t angleTrim[2];
    uint16_t activate[CHECKBOXITEMS]; //GUI 图形用户界面中的配置参数块有对应的数
//据结构 box,box 对应的检查框项目的个数为 CHECKBOXITEMS
    uint8_t powerTrigger1;
    #if MAG
      int16_t mag_declination;     //磁偏角
    #endif
    servo_conf_ servoConf[8];
    #if defined(GYRO_SMOOTHING)
      uint8_t Smoothing[3];        //陀螺仪的平滑
    #endif
    #if defined(FAILSAFE)
      int16_t failsafe_throttle;
    #endif
    #ifdef VBAT                    //电池
      uint8_t vbatscale;
      uint8_t vbatlevel_warn1;
      uint8_t vbatlevel_warn2;
      uint8_t vbatlevel_crit;
    #endif
    #ifdef POWERMETER
      uint8_t pint2ma;
    #endif
    #ifdef POWERMETER_HARD
      uint16_t psensornull;
    #endif
    #ifdef MMGYRO
      uint8_t mmgyro;
    #endif
    #ifdef ARMEDTIMEWARNING
      uint16_t armedtimewarning;
```

```c
    #endif
    int16_t minthrottle;              //最小油门
    #ifdef GOVERNOR_P
     int16_t governorP;
     int16_t governorD;
    #endif
    uint8_t  checksum;                //校验和,必须放在结构最后部分
} conf_t;

#ifdef LOG_PERMANENT
typedef struct {      //飞控工作日志的结构
  uint16_t arm;                       //解锁事件号
  uint16_t disarm;                    //加锁事件号
  uint16_t start;                     //电源循环/重启/初始化事件号
  uint32_t armed_time ;               //加锁时解锁时间保存
  uint32_t lifetime;                  //总的解锁时间
  uint16_t failsafe;                  //加锁时安全保护状态号
  uint16_t i2c;                       //加锁也算 i2c 错误,加锁时 i2c 错误号记载
  uint8_t  running;                   //加锁时触发解锁以显示关机还是断电
  uint8_t  checksum;                  //校验和,必须放在结构最后部分
} plog_t;
#endif

  //定义结构变量
mission_step_t mission_step;
global_conf_t global_conf;
conf_t conf;
#ifdef LOG_PERMANENT
  plog_t plog;
#endif

uint8_t calculate_sum(uint8_t * cb , uint8_t siz) {   //计算校验和,cb 起始地址,
//siz 数据字节数
    uint8_t sum = 0x55;  //校验和初始化
    while(--siz) sum += * cb++;  //计算校验和
    return sum;  //返回校验和
  }

  void readGlobalSet() {    //读通用设置
    eeprom _read _block ((void *) &global _conf, (void *) 0, sizeof (global _
  conf));//从 0 地址开始读数据块到通用设置变量 global_conf,是个全局结构变量,此结构中含校
//验和
    if (calculate _sum ((uint8 _t *) &global _conf, sizeof (global _conf)) ! =
```

```
global_conf.checksum){    //计算校验和与结构中含校验和是否相等
        global_conf.currentSet = 0;    //不等,当前设置为 0
        global_conf.accZero[ROLL] = 5000;      //错误信号
    }
}


bool readEEPROM(){    //从 EEPROM 读数据到结构数组 conf
    uint8_t i;
    #ifdef MULTIPLE_CONFIGURATION_PROFILES    //有多个配置 conf(0,1,2)
        if(global_conf.currentSet>2) global_conf.currentSet=0;    //超过 2 重置
//为 0
    #else    //global_conf.currentSet 在主程序中由遥控决定使用哪个配置 confᵢ
        global_conf.currentSet=0;
    #endif
    eeprom_read_block((void *)&conf,(void *)(global_conf.currentSet *
sizeof(conf) + sizeof(global_conf)), sizeof(conf));    //从当前地址开始读数据块到设
//置变量 conf,
    if(calculate_sum((uint8_t *)&conf, sizeof(conf)) ! = conf.checksum){
        blinkLED(6,100,3);    //校验和不正确,LED 闪烁
        #if defined(BUZZER)
            alarmArray[7] = 3;    //
        #endif
        LoadDefaults();                        //强行装入默认设置
        return false;                        //返回 false
    }
    //因为读出数据结构 conf 的一些参数,下面利用这些参数进行一些函数的计算
    //500/128 = 3.90625    3.9062 * 3.9062 = 15.259    1526*100/128 = 1192
    for(i=0;i<5;i++){    //桨距曲线查表函数,是遥控 PitchRoll 操作时查表用的函数值
    lookupPitchRollRC[i] = (1526+conf.rcExpo8 * (i * i-15)) * i * (int32_t)
conf.rcRate8/1192;
    }
    for(i=0;i<11;i++){    //油门曲线查表函数,是遥控油门操作时查表用的函数值
    int16_t tmp = 10 * i-conf.thrMid8;    //thrMid8 油门中间值
    uint8_t y = 1;
    if(tmp>0) y = 100-conf.thrMid8;
    if(tmp<0) y = conf.thrMid8;
    lookupThrottleRC[i] = 10 * conf.thrMid8 + tmp * ( 100-conf.thrExpo8+(int32_
t)conf.
    thrExpo8 *(tmp*tmp)/(y*y) )/10; //[0;1000]
    lookupThrottleRC[i] = conf.minthrottle +(int32_t)(MAXTHROTTLE-conf.min
throttle) * lookupThrottleRC[i]/1000; //[0;1000]->[conf.minthrottle;MAXTHROT-
TLE]
    }
```

```
#if defined( POWERMETER)
    pAlarm = ( uint32 _t) conf.powerTrigger1 * ( uint32 _t) PLEVELSCALE *
(uint32_t) PLEVELDIV; //飞行之前需要计算电力
#endif
#if GPS
    GPS_set_pids();      //此时无 GPS 的信息
#endif
#if defined( ARMEDTIMEWARNING)
    ArmedTimeWarningMicroSeconds =( conf.armedtimewarning * 1000000);
#endif
return true;      //配置 OK
}


void writeGlobalSet(uint8_t b) {       //写通用设置,b 为写完 LED 是否闪烁的标志
    global_conf.checksum = calculate_sum(( uint8 _t * ) &global _conf, sizeof
(global_conf));
    //计算校验和
    eeprom_write_block(( const void * ) &global_conf,( void * )0, sizeof(global_
conf));
    //写通用设置变量 global_conf 到从 0 地址开始数据块
    if( b == 1) blinkLED(15,20,1);
    #if defined( BUZZER)
      alarmArray[7] = 1;
    #endif
}


void writeParams(uint8_t b) {    //写结构数组 conf 到 EEPROM
    #ifdef MULTIPLE_CONFIGURATION_PROFILES //在 EEPROM 中支持多个配置参数
      if( global_conf.currentSet >2) global_conf.currentSet =0;    //当前的配置为
//conf0
    #else
      global_conf.currentSet =0;
    #endif
    conf.checksum = calculate_sum((uint8_t * ) &conf, sizeof(conf));
    eeprom_write_block(( const void * ) &conf,( void * )( global_conf.currentSet
* sizeof(conf) + sizeof(global_conf)), sizeof(conf));
    readEEPROM();       //写完再读并进行校验
    if( b == 1) blinkLED(15,20,1);
    #if defined( BUZZER)
      alarmArray[7] = 1; //beep if loaded from gui or android
    #endif
}
```

//赋一些默认的参数值,最后调用 writeParams(0)以便存入默认值到数据结构 conf

```
void update_constants() {     //更新各类常数,这些常数在结构数组 conf 里
  #if defined(GYRO_SMOOTHING)
    {     //更新陀螺仪平滑滤波常数
      uint8_t s[3] = GYRO_SMOOTHING;
      for(uint8_t i=0;i<3;i++) conf.Smoothing[i] = s[i];
    }
  #endif
  #if defined(FAILSAFE)
    conf.failsafe_throttle = FAILSAFE_THROTTLE;
  #endif
  #ifdef VBAT
    conf.vbatscale = VBATSCALE;
    conf.vbatlevel_warn1 = VBATLEVEL_WARN1;
    conf.vbatlevel_warn2 = VBATLEVEL_WARN2;
    conf.vbatlevel_crit = VBATLEVEL_CRIT;
  #endif
  #ifdef POWERMETER
    conf.pint2ma = PINT2mA;
  #endif
  #ifdef POWERMETER_HARD
    conf.psensornull = PSENSORNULL;
  #endif
  #ifdef MMGYRO
    conf.mmgyro = MMGYRO;
  #endif
  #if defined(ARMEDTIMEWARNING)
    conf.armedtimewarning = ARMEDTIMEWARNING;
  #endif
  conf.minthrottle = MINTHROTTLE;
  #if MAG
    conf.mag_declination =(int16_t)(MAG_DECLINATION * 10);
  #endif
  #ifdef GOVERNOR_P
    conf.governorP = GOVERNOR_P;
    conf.governorD = GOVERNOR_D;
  #endif
  #if defined(MY_PRIVATE_DEFAULTS)
    #include MY_PRIVATE_DEFAULTS
  #endif
  writeParams(0);  //重新写配置参数
}
```

//赋一些默认的参数值,最后调用 update_constants()以便存入默认值到数据结构 conf

```
void LoadDefaults() {    //装载默认的 PID 等参数,这些参数也在结构数组 conf 里
    uint8_t i;
    #ifdef SUPPRESS_DEFAULTS_FROM_GUI
      //do nothing
    #elif defined(MY_PRIVATE_DEFAULTS)
    #else
  #if PID_CONTROLLER == 1
        conf.pid[ROLL].P8 = 33; conf.pid[ROLL].I8 = 30; conf.pid[ROLL].D8 = 23;
        conf.pid[PITCH].P8 = 33; conf.pid[PITCH].I8 = 30; conf.pid[PITCH].D8
= 23;
    conf.pid[PIDLEVEL].P8 = 90;
    conf.pid[PIDLEVEL].I8 = 10;
    conf.pid[PIDLEVEL].D8 = 100;
      #elif PID_CONTROLLER == 2
        conf.pid[ROLL].P8 = 28;   conf.pid[ROLL].I8 = 10; conf.pid[ROLL].D8
= 7;
        conf.pid[PITCH].P8 = 28; conf.pid[PITCH].I8 = 10; conf.pid[PITCH].D8
= 7;
    conf.pid[PIDLEVEL].P8 = 30;
    conf.pid[PIDLEVEL].I8 = 32;
    conf.pid[PIDLEVEL].D8 = 0;
      #endif
    conf.pid[YAW].P8 = 68; conf.pid[YAW].I8 = 45; conf.pid[YAW].D8 = 0;
    conf.pid[PIDALT].P8 = 64; conf.pid[PIDALT].I8 = 25; conf.pid[PIDALT].D8
= 24;
    conf.pid[PIDPOS].P8 = POSHOLD_P * 100;
    conf.pid[PIDPOS].I8 = POSHOLD_I * 100;
    conf.pid[PIDPOS].D8 = 0;
    conf.pid[PIDPOSR].P8 = POSHOLD_RATE_P * 10;
    conf.pid[PIDPOSR].I8   = POSHOLD_RATE_I * 100;
    conf.pid[PIDPOSR].D8   = POSHOLD_RATE_D * 1000;
    conf.pid[PIDNAVR].P8 = NAV_P * 10;
    conf.pid[PIDNAVR].I8   = NAV_I * 100;
    conf.pid[PIDNAVR].D8   = NAV_D * 1000;
    conf.pid[PIDMAG].P8   = 40;
    conf.pid[PIDVEL].P8 = 0; conf.pid[PIDVEL].I8 = 0; conf.pid[PIDVEL].D8
= 0;
    conf.rcRate8 = 90; conf.rcExpo8 = 65;
    conf.rollPitchRate = 0;
    conf.yawRate = 0;
    conf.dynThrPID = 0;
    conf.thrMid8 = 50; conf.thrExpo8 = 0;
    for(i=0;i<CHECKBOXITEMS;i++) {conf.activate[i] = 0;}
```

```
      conf.angleTrim[0] = 0; conf.angleTrim[1] = 0;
      conf.powerTrigger1 = 0;
    #endif // SUPPRESS_DEFAULTS_FROM_GUI
    #if defined(SERVO)
      static int8_t sr[8] = SERVO_RATES;
      #ifdef SERVO_MIN
        static int16_t smin[8] = SERVO_MIN;
        static int16_t smax[8] = SERVO_MAX;
        static int16_t smid[8] = SERVO_MID;
      #endif
      for(i=0;i<8;i++) {
        #ifdef SERVO_MIN
          conf.servoConf[i].min = smin[i];
          conf.servoConf[i].max = smax[i];
          conf.servoConf[i].middle = smid[i];
        #else
          conf.servoConf[i].min = 1020;
          conf.servoConf[i].max = 2000;
          conf.servoConf[i].middle = 1500;
        #endif
        conf.servoConf[i].rate = sr[i];
      }
    #endif
    #ifdef FIXEDWING
      conf.dynThrPID = 50;
      conf.rcExpo8   =  0;
    #endif
    update_constants(); // this will also write to eeprom
  }


  #ifdef LOG_PERMANENT      // 如果定义了运行日志
  void readPLog(void) {     // 从 EEPROM 读运行日志
    eeprom_read_block((void *)&plog,(void *)(E2END - 4 - sizeof(plog)),
  sizeof(plog));
            // 为什么要减 4 呢? 因为 EEPROM 放完数据后预留了 4B 的空
    if(calculate_sum((uint8_t *)&plog, sizeof(plog)) != plog.checksum) {
      blinkLED(9,100,3);
      #if defined(BUZZER)
        alarmArray[7] = 3;
      #endif
      // 校验出错,强行装入默认值
      plog.arm = plog.disarm = plog.start = plog.failsafe = plog.i2c = 0;
      plog.running = 1;
```

```
        plog.lifetime = plog.armed_time = 0;
        writePLog();    //写结构数组 plog 到 EEPROM
    }
}
    void writePLog(void) {      //写运行日志(结构数组 plog)到 EEPROM
        plog.checksum = calculate_sum((uint8_t *)&plog, sizeof(plog));
        eeprom_write_block ((const void *) &plog, (void *) (E2END - 4 - sizeof
(plog)), sizeof(plog));
    }
    #endif


    #if defined(GPS_NAV)
    //存储 GPS 路径点数据(结构数组 wp)到 EEPROM
    void storeWP() {
    #ifdef MULTIPLE_CONFIGURATION_PROFILES   //在 EEPROM 中支持多个配置参数
        #define PROFILES 3      //有 3 个不同的配置 conf
    #else
        #define PROFILES 1
    #endif
    if(mission_step.number >254) return;    //任务步数>254,返回
    mission_step.checksum = calculate_sum((uint8_t *)&mission_step, sizeof
(mission_step));       //计算校验和
    eeprom_write_block((void *)&mission_step,(void *)(PROFILES * sizeof(conf)
+ sizeof(global_conf) +(sizeof(mission_step) * mission_step.number)), sizeof
(mission_step));
    }


    //假设能在飞行中能够这样做,就从 EEPROM 里读指定数目的路径点。当成功读到返回真,如果
    //校验和出错则返回假
    bool recallWP(uint8_t wp_number) {
    #ifdef MULTIPLE_CONFIGURATION_PROFILES   //如果在 EEPROM 中支持多个配置参数设置
        #define PROFILES 3       //定义了 3 个不同的侧面
    #else
        #define PROFILES 1
    #endif
    if(wp_number > 254) return false;

    eeprom_read_block((void *)&mission_step,(void *)(PROFILES * sizeof(conf) +
sizeof(global_conf) +(sizeof(mission_step) * wp_number)), sizeof(mission_
step));
    if(calculate_sum((uint8_t *)&mission_step, sizeof(mission_step)) != mis-
sion_step.checksum) return false;
```

```
    return true;
}

// 返回在 EEPROM 里能存放 WP 的最大数目,这要涉及 conf、plog 和 eeprom 的大小
uint8_t getMaxWPNumber() {
#ifdef LOG_PERMANENT
    #define PLOG_SIZE sizeof(plog)    // 获取结构数组 plog 的大小
#else
    #define PLOG_SIZE 0
#endif
#ifdef MULTIPLE_CONFIGURATION_PROFILES
    #define PROFILES 3
#else
    #define PROFILES 1
#endif

    uint16_t first_avail = PROFILES * sizeof(conf) + sizeof(global_conf) + 1; //
Add one byte for addtnl separation
    uint16_t last_avail  = E2END - PLOG_SIZE - 4;
            //keep the last 4 bytes intakt
    uint16_t wp_num =(last_avail-first_avail)/sizeof(mission_step);
    if(wp_num>254) wp_num = 254;
    return wp_num;
}
#endif
```

第二节　遥控器 PPM 编码及其硬件介绍

　　无线遥控就是利用高频无线电波实现对模型的控制。如天地飞的的 6 通道 2.4 GHz 遥控器,具有自动跳频抗干扰能力,从理论上讲可以让上百人在同一场地同时遥控自己的模型而不会相互干扰。而且在遥控距离方面也颇具优势,2.4GHz 遥控系统的功率仅仅在 100mW 以下,而它的遥控距离可以达到 1km 以上。图 3.2 是遥控器发射机、接收机的原理图。

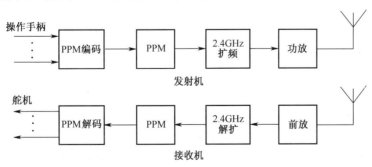

图 3.2　遥控器发射机、接收机的原理

无线遥控采用的 PPM 编码进行通信,图 3.3 所示是其通信的编码。

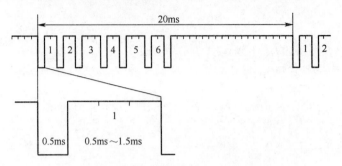

图 3.3　无线遥控通道发送的 PPM 编码

注:

1. 每帧数据时间总长固定不变 20ms。

2. 引导或称结束脉冲(绿色)长度不固定。

3. 低电平脉宽始终在固定 0.5ms。

4. 通道脉冲(高电平)宽度最小 0.5ms,最大 1.5ms。

5. 开机后数据按帧不停发送。

在接收机端接收到信号后将其解码得到每个通道的输出信号(图 3.4),每个通道信号脉宽 0~2ms,变化范围为 1~2ms。1 帧 PPM 信号长度为 20ms,理论上最多可以有 10 个通道,但是同步脉冲也需要时间,模型遥控器最多 9 个通道。

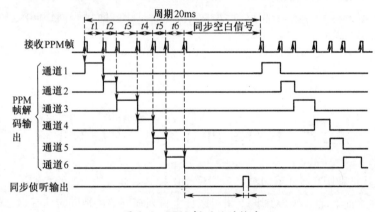

图 3.4　PPM 解码后的输出

测量脉宽时间是 Arduino 解码的工作。如果使用查询方式,程序在测量期间一直陷在这里,CPU 利用率太低。因此下面代码采用中断方式,效率很高。

```
#include <avr/pgmspace.h>
#define THR 2      //油门接 D2 管脚
#define ROLL 4     //翻转接 D4 管脚
#define PITCH 5    //俯仰接 D5 管脚
#define YAW 6      //方向接 D6 管脚
int rxPin[] = {THR, ROLL, PITCH, YAW};   //4 个通道
volatile uint16_t rcValue[18] = {1502, 1502, 1502, 1502, 1502, 1502, 1502,
1502, 1502, 1502, 1502, 1502, 1502, 1502, 1502, 1502, 1502, 1502};//存储 18 个通道
```

的值

```
void setup()
{
  Serial.begin(57600);    //串口监视器的波特率
  int i = 0;
  for(; i < 4; i++)
  {
    pinMode(rxPin[i], INPUT);   //指定输入管脚
  }
  configRx();    //初始化
}
void loop()
{PORTB~=(1<<2);      //与1异或翻转B口第2位引起中断
  Serial.print("THR:");
  Serial.print(rcValue[2]);
  Serial.print("  ROLL:");
  Serial.print(rcValue[4]);
  Serial.print("  PITCH:");
  Serial.print(rcValue[5]);
  Serial.print("  YAW:");
  Serial.println(rcValue[6]);
}


void configRx()
{
  PORTD   =(1<<2) |(1<<4) |(1<<5) |(1<<6) |(1<<7);//使能D口5个管脚
  PCMSK2  |=(1<<2) |(1<<4) |(1<<5) |(1<<6) |(1<<7);//PCMSK2、PCMSK1与PCMSK0
//寄存器用来检测是哪个管脚上的电平发生了变化。
  PCICR   =(1<<2) ;//管脚中断控制寄存器。激活B口[D0~D7]管脚中断
}

ISR(PCINT2_vect)      //只要数字管脚D10(B口的第2号)电平发生变化就会执行此中断程
//序,而此程序检测的却是D口4个管脚
{
    uint8_t mask;
    uint8_t pin;
    uint16_t cTime,dTime;
    static uint16_t edgeTime[8];
    static uint8_t PCintLast;
    pin = PIND;
    mask = pin ^PCintLast; //与上次信号异或,如果有变化异或结果为1
    sei();
    PCintLast = pin;
```

```
cTime = micros();
if(mask & 1<<2) {    //检测第 2 位异或的结果为 1 吗？为 1 说明发生了改变
  if(! (pin & 1<<2)) {    //D 口管脚 2 的是高电平变成了低电平吗？
    dTime = cTime-edgeTime[2];    //计算脉宽
    if(900<dTime && dTime<2200) rcValue[2] = dTime;    //没有超过范围
  } else edgeTime[2] = cTime;    //D 口管脚 2 的高电平没有变成低电平
}
if(mask & 1<<4) {
  if(! (pin & 1<<4)) {
    dTime = cTime-edgeTime[4];
    if(900<dTime && dTime<2200) rcValue[4] = dTime;
  } else edgeTime[4] = cTime;
}
if(mask & 1<<5) {
  if(! (pin & 1<<5)) {
    dTime = cTime-edgeTime[5];
    if(900<dTime && dTime<2200) rcValue[5] = dTime;
    map(dTime,1016,2020,-128,128);    //将脉宽调整数值范围
  } else edgeTime[5] = cTime;
}
if(mask & 1<<6) {
  if(! (pin & 1<<6)) {
    dTime = cTime-edgeTime[6];
    if(900<dTime && dTime<2200) rcValue[6] = dTime;
    map(dTime,1016,2020,-128,128);
  } else edgeTime[6] = cTime;
}
}
```

一般的 Arduino 单片机具有中断功能数字口有限。如果想使用超过 3 个的通道进行中断处理,就需要用 Arduino 的 mega 单片机了,mega 有 5 个外部中断源。上述代码巧妙利用了一个管脚触发中断,然后使用 Arduino 直接对 PPM 信号进行解码(即对连接遥控的管脚测量脉宽)。

第三节　电动机及其驱动

1. 四轴的转向的原理

四旋翼飞行器采用四个旋翼作为飞行的直接动力源,旋翼对称分布在机体的前后、左右四个方向,四个旋翼处于同一高度平面,且四个旋翼的结构和半径都相同,旋翼 1 和旋翼 3 逆时针旋转,旋翼 2 和旋翼 4 顺时针旋转,四个电动机对称地安装在飞行器的支架端,支架中间空间安放飞行控制计算机和外部设备。四旋翼飞行器的结构形式如图 3.5 所示。

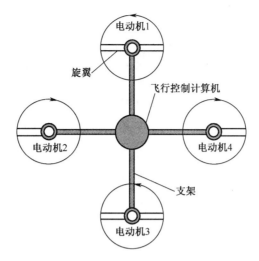

图 3.5　四旋翼飞行器的结构形式

　　通过调节四个电动机的转速可以改变旋翼转速,实现升力的变化,从而控制飞行器的姿态和位置。四旋翼飞行器是一种六自由度的垂直升降机(图 3.6),因此非常适合静态和准静态条件下飞行。但是四旋翼飞行器只有 4 个输入力,同时却有 6 个状态输出,所以它又是一种欠驱动系统。

　　四旋翼飞行器结构形式如图 3.5 所示,电动机 1 和电动机 3 逆时针旋转的同时,电动机 2 和电动机 4 顺时针旋转,因此当飞行器平衡飞行时,陀螺效应和空气动力扭矩效应均被抵消。与传统的直升机相比,四旋翼飞行器有下列优势:各个旋翼对机身所施加的反扭矩与旋翼的旋转方向相反,因此当电动机 1 和电动机 3 逆时针旋转的同时,电动机 2 和电动机 4 顺时针旋转,可以平衡旋翼对机身的反扭矩。四旋翼飞行器在空间共有 6 个自由度(分别沿 3 个坐标轴做平移和旋转动作),这 6 个自由度的控制都可以通过调节不同电动机的转速来实现。基本运动状态分别是垂直运动、俯仰运动、滚转运动、偏航运动、前后运动、侧向运动。在图 3.6 中,电动机 1 和电动机 3 做逆时针旋转,电动机 2 和电动机 4 做顺时针旋转,规定沿 X 轴正方向运动称为向前运动,箭头指向旋翼运动平面上方表示此电动机转速提高,指向下方表示此电动机转速下降。

　　(1)垂直运动。垂直运动相对来说比较容易。在图 3.6(a)中,因有两对电动机转向相反,可以平衡其对机身的反扭矩,当同时增加 4 个电动机的输出功率,旋翼转速增加使得总的拉力增大,当总拉力足以克服整机的重量时,四旋翼飞行器便离地垂直上升;反之,同时减小四个电动机的输出功率,四旋翼飞行器则垂直下降,直至平衡落地,实现了沿 Z 轴的垂直运动。当外界扰动量为零时,在旋翼产生的升力等于飞行器的自重时,飞行器便保持悬停状态。保证四个旋翼转速同步增加或减小是垂直运动的关键。

　　(2)俯仰运动。在图 3.6(b)中,电动机 1 的转速上升,电动机 3 的转速下降,电动机 2、电动机 4 的转速保持不变。为了不因为旋翼转速的改变引起四旋翼飞行器整体扭矩及总拉力改变,旋翼 1 与旋翼 3 转速改变量的大小应相等。旋翼 1 的升力上升,旋翼 3 的升力下降时产生的不平衡力矩使机身绕 Y 轴旋转(方向如图 3.6(b)中所示),同理,当电动机 1 的转速下降,电动机 3 的转速上升,机身便绕 Y 轴向另一个方向旋转,实现飞行器的

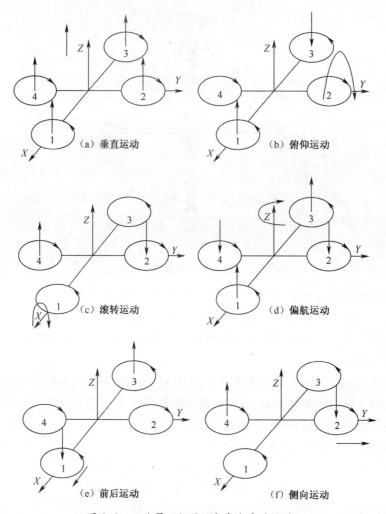

（a）垂直运动   （b）俯仰运动

（c）滚转运动   （d）偏航运动

（e）前后运动   （f）侧向运动

图 3.6 四旋翼飞行器沿各自由度的运动

俯仰运动。

（3）滚转运动。与图 3.6(b) 的原理相同,在图 3.6(c) 中,改变电动机 2 和电动机 4 的转速,保持电动机 1 和电动机 3 的转速不变,则可使机身绕 X 轴旋转(正向和反向),实现飞行器的滚转运动。

（4）偏航运动。四旋翼飞行器偏航运动可以借助旋翼产生的反扭矩来实现。旋翼转动过程中由于空气阻力作用会形成与转动方向相反的反扭矩,为了克服反扭矩影响,可使4 个旋翼中的两个正转,两个反转,且对角线上的 2 个旋翼转动方向相同。反扭矩的大小与旋翼转速有关,当 4 个电动机转速相同时,4 个旋翼产生的反扭矩相互平衡,四旋翼飞行器不发生转动;当 4 个电动机转速不完全相同时,不平衡的反扭矩会引起四旋翼飞行器转动。在图 3.6(d) 中,当电动机 1 和电动机 3 的转速上升,电动机 2 和电动机 4 的转速下降时,旋翼 1 和旋翼 3 对机身的反扭矩大于旋翼 2 和旋翼 4 对机身的反扭矩,机身便在富余反扭矩的作用下绕 Z 轴转动,实现飞行器的偏航运动,转向与电动机 1、电动机 3 的转向相反。

（5）前后运动。要想实现飞行器在水平面内前后、左、右的运动，必须在水平面内对飞行器施加一定的力。在图3.6(e)中，增加电动机3的转速，使拉力增大，相应减小电动机1的转速，使拉力减小，同时保持其他两个电动机转速不变，反扭矩仍然要保持平衡。按图3.6(b)的理论，飞行器首先发生一定程度的倾斜，从而使旋翼拉力产生水平分量，因此可以实现飞行器的前飞运动。向后飞行与向前飞行正好相反。当然在图3.6(b)、图3.6(c)中，飞行器在产生俯仰、翻滚运动的同时也会产生沿X、Y轴的水平运动。

（6）侧向运动。在图3.6(f)中，由于结构对称，所以侧向飞行的工作原理与前后运动完全一样。

2. 电动机的驱动原理

ATmega328P有三个时钟，即Timer0、Timer1和Timer2。每个时钟都有两个比较寄存器，可以同时支持两路输出。其中比较寄存器用于控制PWM的占空比。大多数情况下，每个时钟的两路输出会有相同的频率，但是可以有不同的占空比(取决于两个比较寄存器的设置)。每个时钟都有一个"预定标器"，它的作用是设置timer的时钟周期，这个周期一般是有Arduino的系统时钟除以一个预设的因子来实现的。这个因子一般是1,8,64,256或1024。Arduino的系统时钟周期是16MHz，所以这些Timer的频率就是系统时钟除以这个预设值的标定值。需要注意的是，Timer2的时钟标定值是独立的，而Timer0和Timer1使用相同的时钟标定值。

这些时钟都可以有多种不同的运行模式。常见的模式包括"快速PWM"和"相位修正PWM"。这些时钟可以从0计数到255，也可以计数到某个指定的值。例如16位的Timer1就可以支持计数到16位(2Byte)。

除了比较寄存器外，还有一些其他的寄存器用来控制时钟。例如TCCRnA和TCCRnB就是用来设置时钟的计数位数。这些寄存器包含了很多位(bit)，它们的作用分别如下：

脉冲生成模式控制位(WGM)：用来设置时钟的模式；

时钟选择位(CS)：设置时钟的预定标器；

输出模式控制位(COMnA和COMnB)：使能/禁用/反相输出A和输出B；

输出比较器(OCRnA和OCRnB)：当计数器等于这两个值时，输出值根据不同的模式进行变化。

不同时钟的这些设置位稍有不同，其中Timer1是一个16位的时钟，Timer2可以使用不同的预定标器。

快速PWM：对于快速PWM来说，时钟都是从0计数到255。当计数器=0时，输出高电平1，当计数器等于比较寄存器时，输出低电平0。所以输出比较器越大，占空比越高。这就是快速PWM模式。后面的例子会解释如何用OCRnA和OCRnB设置两路输出的占空比。在这种情况下，这两路输出的周期是相同的，只是占空比不同。

下面这个例子以Timer2为例，把Pin3和Pin11作为快速PWM的两个输出管脚。其中：

WGM的设置为011，表示选择了快速PWM模式；

COM2A和COM2B设置为10，表示A和B输出都是非反转的PWM；

CS的设置为100，表示时钟周期是系统时钟的1/64；

OCR2A 和 OCR2B 分别是 180 和 50,表示两路输出的占空比。

```
pinMode(3, OUTPUT);
pinMode(11, OUTPUT);
TCCR2A = _BV(COM2A1) | _BV(COM2B1) | _BV(WGM21) | _BV(WGM20);
TCCR2B = _BV(CS22);
OCR2A = 180;
OCR2B = 50;
```

这段代码中_BV(n)的意思就是1<<n,是移位命令。

COM2A1,表示 COM2A 的第 1 位(其实是第 2 位,从 0 开始数数的)。所以_BV(COM2A1)表示 COM2A = 10;类似地,_BV(WGM21) | _BV(WGM20) 表示 WGM2 = 011。</n,是移位命令。

在 Arduino Duemilanove 开发板,上面这几行代码的结果为:

输出 A 频率: 16 MHz / 64 / 256 = 976.5625Hz;

输出 A 占空比:(180+1) / 256 = 70.7%;

输出 B 频率: 16 MHz / 64 / 256 = 976.5625Hz;

输出 B 占空比:(50+1) / 256 = 19.9%。

频率的计算里都除以了 256,这是因为除以 64 是得到了时钟的计数周期,而 256 个计数周期是一个循环,所以 PWM 的周期指的是这个循环。

另外,占空比的计算都加了 1,这个还是因为从 0 开始计数。

相位修正 PWM:也称为“双斜率 PWM”。在这种模式下,计数器从 0 数到 255,然后从 255 再倒数到 0。当计数器在上升过程中遇到比较器的时候,输出 0;在下降过程中遇到比较器的时候,输出 1。

还是以 Timer2 为例,设置 Pin3 和 Pin11 为输出管脚。其中 WGM 设置为 001,表示相位修正模式,其他位设置和前面的例子相同。

```
pinMode(3, OUTPUT);
pinMode(11, OUTPUT);
TCCR2A = _BV(COM2A1) | _BV(COM2B1) | _BV(WGM20);
TCCR2B = _BV(CS22);
OCR2A = 180;
OCR2B = 50;
```

在 Arduino Duemilanove 开发板,上面这几行代码的结果为:

输出 A 频率: 16 MHz / 64 / 255 / 2 = 490.196Hz;

输出 A 占空比: 180 / 255 = 70.6%;

输出 B 频率: 16 MHz / 64 / 255 / 2 = 490.196Hz;

输出 B 占空比: 50 / 255 = 19.6%。

这里的频率计数又多除以了一个 2,原因上面解释过了。占空比的计算不用加 1 了。

快速 PWM 下,修改时钟的计数上限:快速 PWM 和相位修正 PWM 都可以重新设置输出的频率。在快速 PWM 模式下,时钟从 0 开始计数到 OCRA 而不是 255,注意这个 OCRA 在之前是用来做比较的。这样一来,频率的设置就非常灵活了。对 Timer1 来说,OCRA 可以设置到 16 位(应该是 0~65535)

这种模式下,只能输出一路 PWM。即 OCRA 用来设置总数,OCRB 用来设置比较器。尽管如此,还是有一种特殊的模式,每次计数器数到头的时候,输出 A 做一次反相,这样能凑合输出一个占空比为 50% 的方波。

下面的例子中,依然使用 Timer2、Pin3 和 Pin11。其中 OCR2A 用来设置周期和频率,OCR2B 用来设置 B 的占空比,同时 A 输出 50% 的方波。具体的设置是:

WGM 设置为 111 表示"OCRA 控制计数上限的快速 PWM";

OCR2A 设置为 180,表示从 0 数到 180;

OCR2B 设置比较器为 50;

COM2A 设置为 01,表示 OCR2A "当数到头是反相",用来输出 50% 的方波(其中 WGM 被设置到了两个变量里)。

```
pinMode(3, OUTPUT);
pinMode(11, OUTPUT);
TCCR2A = _BV(COM2A0) | _BV(COM2B1) | _BV(WGM21) | _BV(WGM20);
TCCR2B = _BV(WGM22) | _BV(CS22);
OCR2A = 180;
OCR2B = 50;
```

在 Arduino Duemilanove 开发板,上面这几行代码的结果为:

输出 A 频率: 16 MHz / 64 / (180+1) / 2 = 690.6Hz;

输出 A 占空比: 50%;

输出 B 频率: 16 MHz / 64 / (180+1) = 1381.2Hz;

输出 B 占空比: (50+1) / (180+1) = 28.2%。

其中频率的计算用了 180+1,依然是数数的问题;A 输出的频率是 B 输出的 1/2,因为输出 A 每两个大周期才能循环一次。

相位修正 PWM 下,修改时钟的计数上限:类似地,相位修正 PWM 模式下,也可以修改输出 PWM 的频率。代码几乎完全和上例一样,区别是 WGM 的值设置为 101。

```
pinMode(3, OUTPUT);
pinMode(11, OUTPUT);
TCCR2A = _BV(COM2A0) | _BV(COM2B1) | _BV(WGM20);
TCCR2B = _BV(WGM22) | _BV(CS22);
OCR2A = 180;
OCR2B = 50;
```

在 Arduino Duemilanove 开发板,上面这几行代码的结果为:

输出 A 频率: 16 MHz / 64 / 180 / 2 / 2 = 347.2Hz;

输出 A 占空比: 50%;

输出 B 频率: 16 MHz / 64 / 180 / 2 = 694.4Hz;

输出 B 占空比: 50 / 180 = 27.8%。

跟之前的对比类似,相位修正模式下,一个大周期从 0 数到 180,然后倒数到 0,总共是 360 个时钟周期;而在快速 PWM 模式下,一个周期是从 0 数到 180,实际上是 181 个时钟周期。

前面的程序中 Pin3 和 Pin11 和 Timer2 的对应关系见表 3.1。

表 3.1　管脚和定时器时钟对应关系

时钟输出	Arduino 输出 Pin 编号	芯片 Pin	Pin name
OC0A	6	12	PD6
OC0B	5	11	PD5
OC1A	9	15	PB1
OC1B	10	16	PB2
OC2A	11	17	PB3
OC2B	3	5	PD3

一般来说,普通用户是不需要设置这些时钟参数的。Arduino 默认有一些设置,所有的时钟周期都是系统周期的 1/64。Timer0 默认的是快速 PWM,而 Timer1 和 Timer2 默认的是相位修正 PWM。具体的设置可以查看 Arduino 源代码中 writing. c 的设置。

需要特别注意的是,Arduino 的开发系统中,millis( ) 和 delay( ) 这两个函数是基于 Timer0 时钟的,所以如果你修改了 Timer0 的时钟周期,这两个函数也会受到影响。直接的效果就是 delay(1000) 不再是标准的 1s,也许会变成 1/64s,这个需要特别注意。

在程序中使用 analogWrite(pin, duty_cycle) 函数的时候,就启动了 PWM 模式;当调用 digitalWrite( ) 函数时则取消了 PWM 模式。请参考 wiring_analog. c 和 wiring_digital. c 文件。

还有一件很有意思的现象,对于快速 PWM 模式,如果设置 analogWrite(5, 0),实际上应该有 1/256 的占空比,事实上输出的是永远低电平的 0。这是在 Arduino 系统中强制设定的,如果发现输入的是 0,那么就关闭 PWM。随之而来的问题是,如果设置 analogWrite(5, 1),那么占空比是多少呢? 答案是 2/256,也就是说 0 和 1 之间有一个跳跃。

最后再提醒一点,不是所有的参数配置都可以随意组合的。例如,COM2A = 01 只有在 WGM 是 111 或者 101 时才有效,具体怎么组合,可通过去官网查表确定。

3. 实例代码解读

```
#include <avr/pgmspace.h>
#define THR 2
#define ROLL 4
#define PITCH 5
#define YAW 6
int rcDate[4];
int rxPin[] = {THR, ROLL, PITCH, YAW};      //遥控输入数组
#define X1 3
#define X2 9
#define X3 10
#define X4 11
int motorPin[]  = {X1, X2, X3, X4};      //电动机输出数组
#define SerialFlag 1      //Set the Serial on/off: 0 is off, 1 is on;
```

```
    volatile uint16_t rcValue[18] = {1502, 1502, 1502, 1502, 1502, 1502, 1502,
1502, 1502, 1502, 1502, 1502, 1502, 1502, 1502, 1502, 1502, 1502}; //interval
//[1000;2000]
    int motor[4];
    int16_t rcCommand[4];
    static uint16_t edgeTime[8];
    void setup()
    {
      Serial.begin(57600);
      int i = 0;
      for(; i < 4; i++)
      {
        pinMode(rxPin[i], INPUT);        //定义遥控输入管脚
        pinMode(motorPin[i], OUTPUT);        //定义电动机输出管脚
      }
    init_motor();        //电动机初始化
      configRx();
    TCCR2A |=_BV(COM2B1)|_BV(WGM20); //timer 2 channel B
    TCCR1A |=_BV(COM1A1)|_BV(WGM20); //timer 1 channel A
    TCCR1A |=_BV(COM1B1)|_BV(WGM20); //timer 1 channel B
    TCCR2A |=_BV(COM2A1)|_BV(WGM20); //timer 2 channel A
    }
    void loop()
    {
    #define PIDMIX(X,Y,Z) rcValue[THR]+(rcValue[ROLL]>>4)*X+(rcValue
[PITCH]>>4)*Y+(rcValue[YAW]>>4)*Z;
      motor[0] = PIDMIX(0,+1,-1); //REAR_R
      motor[1] = PIDMIX(-1,0,+1); //FRONT_R
      motor[2] = PIDMIX(0,-1,+1); //REAR_L(+1,+1,+1)
      motor[3] = PIDMIX(+1,0,-1); //FRONT_L
      OCR2B = motor[0]>>3;// * 255/speeda;//PIN X1=3
      OCR1A = motor[1]>>3;// * 255/speeda;//PIN X2=9
      OCR1B = motor[2]>>3;// * 255/speeda;//PIN X3=10
      OCR2A = motor[3]>>3;// * 255/speeda;//PIN X4=11
      Serial_Sys();
    }
    void init_motor(){
      int a;
      for(a= 0; a < 250; a++){
        digitalWrite(X1, HIGH);
        digitalWrite(X2, HIGH);
        digitalWrite(X3, HIGH);
        digitalWrite(X4, HIGH);
```

```
      delay(2);
      digitalWrite(X1, LOW);
      digitalWrite(X2, LOW);
      digitalWrite(X3, LOW);
      digitalWrite(X4, LOW);
      delay(18);
    }
    for(a = 0; a < 250; a++)
    {
      digitalWrite(X1, HIGH);
      digitalWrite(X2, HIGH);
      digitalWrite(X3, HIGH);
      digitalWrite(X4, HIGH);
      delay(1);
      digitalWrite(X1, LOW);
      digitalWrite(X2, LOW);
      digitalWrite(X3, LOW);
      digitalWrite(X4, LOW);
      delay(19);
    }
}
void configRx(){//此函数见 P62 遥控器部分}
ISR(PCINT2_vect){//此中断函数见 P62 遥控器部分}
void Serial_Sys()
{
  if(SerialFlag == 1)
  {
    printCon();
  }
}
void printCon()
{
  Serial.print("THR:");
  Serial.print(rcValue[2]);
  Serial.print("  ROLL:");
  Serial.print(rcValue[4]);
  Serial.print("  PITCH:");
  Serial.print(rcValue[5]);
  Serial.print("  YAW:");
  Serial.print(rcValue[6]);
  Serial.print("\n");
  Serial.print("  motor0: ");
  Serial.print(motor[0] >>3);//REAR_R
```

```
Serial.print("  motor1: ");
Serial.print(motor[1] >>3);//FRONT_R
Serial.print("  motor2: ");
Serial.print(motor[2] >>3);//REAR_L
Serial.print("  motor3: ");
Serial.print(motor[3] >>3);//FRONT_L
Serial.print("\n");
}
```

此程序的运行结果可以用串口监视器观测,结果见图3.7。

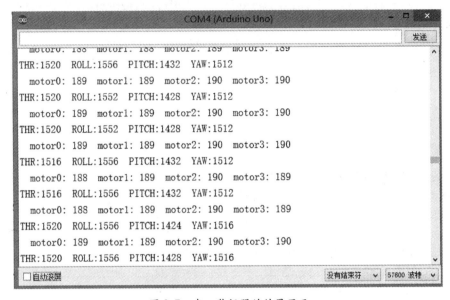

图3.7 串口监视器的结果显示

第四节 机器人其他 I/O 资源的输入和输出

1. 蜂鸣器报警

1) 打开蜂鸣器

```
#if defined(BUZZER)
  uint8_t isBuzzerON(void) { return resourceIsOn[1]; }
   //如果蜂鸣器打开了就返回1,如果在安静期间就返回0
#else   //没有蜂鸣器
  uint8_t isBuzzerON() { return 0; }
#endif
```

2) 蜂鸣器报警的类别划分

```
uint8_t alarmArray[16];//alarmArray[]是全局变量
void alarmHandler(void){
#if defined(RCOPTIONSBEEP)
```

//报警资源选项

```
    static uint8_t i = 0,firstrun = 1, last_rcOptions[CHECKBOXITEMS];   //针对不
// 同的输入输出设备,飞控会有不同的模式或选项,CHECKBOXITEMS记录了这些模式或选项的个数,
// 在 def.h 中的枚举数据类型 box 中定义
        if(last_rcOptions[i] ! = rcOptions[i]) alarmArray[0] = 1; //alarmArray
// [0]:记录飞控需要蜂鸣器报警的多种选项,任何一种选项发生变化,该值就设置为 1
        last_rcOptions[i] = rcOptions[i];
        i++;
        if(i >= CHECKBOXITEMS)i = 0;//做循环处理
        if(firstrun == 1 && alarmArray[7] == 0) {//alarmArray[7]是确认位,如果为
// 0,则不报警
        alarmArray[0] = 0;        //只有在陀螺仪初始化后才能报警
        alarmArray[3] = 0;
        }
        else firstrun = 0;
    #endif


    #if defined(FAILSAFE)
    //遥控超范围的安全检查:ROLL、PITCH、YAW、THR 四个遥控通道脉宽有可能丢失或者低于
// 985μs,如果出现这种情况,就会有一个安全延迟时间。
    if( failsafeCnt >(5 * FAILSAFE_DELAY) && f.ARMED) {
        alarmArray[1] = 1;
    //延迟时间到了并且飞控已经加锁,说明处于着落状态,需要报警提示。
        if(failsafeCnt > 5 * (FAILSAFE_DELAY+FAILSAFE_OFF_DELAY))
    alarmArray[1] = 2;            //着落后"识别自身状态"的提醒
    }
    if( failsafeCnt >(5 * FAILSAFE_DELAY) && ! f.ARMED)
    alarmArray[1] = 2;//电动机关,串口发送关后识别自身状态的提醒
    if( failsafeCnt == 0) alarmArray[1] = 0;//failsafeCnt 安全保护计数,每多计数 1,
// 代表 20ms
    #endif


    #if GPS
    //GPS 提醒
    if((f.GPS_HOME_MODE || f.GPS_HOLD_MODE) && ! f.GPS_FIX)
        alarmArray[2] = 2;  //GPS 没有修正,处于导航模式或定位模式
    else if(! f.GPS_FIX)alarmArray[2] = 1; //GPS 处于非修正状态
    else alarmArray[2] = 0; //GPS 处于修正状态
    #endif


    #if defined(BUZZER)
        //蜂鸣器提醒
    if( rcOptions[BOXBEEPERON] )alarmArray[3] = 1;//蜂鸣器开
```

```
        else alarmArray[3] = 0;  //针对不同的输入输出设备,飞控会有不同的模式或选项,
// BOXBEEPERON 是蜂鸣器开的选项,在 def.h 中的枚举数据类型 box 中定义。
        #endif


        #if defined(POWERMETER)
            //电池所剩容量提醒,所剩容量值在 pMeter,来源于 EEPROM.cpp 中的计算
            if((pMeter[PMOTOR_SUM] < pAlarm) ||(pAlarm == 0) ||! f.ARMED)
              alarmArray[4] = 0; //PMOTOR_SUM = 8 为电动机数,pAlarm 电池容量报警值
            else if(pMeter[PMOTOR_SUM] > pAlarm) alarmArray[4] = 1;
        #endif


        #if defined(ARMEDTIMEWARNING)
            //飞控被锁超过某个时间(s)的提醒,ARMEDTIMEWARNING = 330
            if(ArmedTimeWarningMicroSeconds > 0 && armedTime >= ArmedTimeWarningMi-
croSeconds && f.ARMED) alarmArray[5] = 1;
            else alarmArray[5] = 0;
        #endif


        #if defined(VBAT)
            //电池电压(V)各种情况报警
            if(vbatMin < conf.vbatlevel_crit) alarmArray[6] = 4;  //vbatMin 模拟电压
// 的最小值,在 MultiWii.cpp 中赋值。在 def.h 中定义了结构 conf_t,在 MultiWii.cpp 中定
// 义了 conf,其成员 vbatlevel_crit 表示电池电压的临界(critical)值
            else if((analog.vbat > conf.vbatlevel_warn1)  ||(NO_VBAT > analog.vbat))
            alarmArray[6] = 0;   //conf 的成员 vbatlevel_warn1 报警电压上限值 1 = 107(10.7V);
// 在 def.h 中定义了结构 analog_t,在 MultiWii.cpp 中定义了 analog,其成员 vbat 表示电池
// 模拟电压值
            else if(analog.vbat > conf.vbatlevel_warn2) alarmArray[6] = 1;//warn2
// = 9.9V
            else if(analog.vbat > conf.vbatlevel_crit) alarmArray[6] = 2;//crit
// = 9.3V
            //else alarmArray[6] = 4;
        #endif


        if(i2c_errors_count > i2c_errors_count_old+100 || i2c_errors_count < -1)
alarmArray[9] = 1;   //i2c 协议传输数据错误的次数报警
        else alarmArray[9] = 0;


        alarmPatternComposer();
    }
```

3) 蜂鸣器报警实施

alarmPatternComposer( )函数中关于蜂鸣器的内容,见表3.2。

表 3.2　报警分类表

alarm-Array[x] = y	y = 1	y = 2	y > 2	y = 4
x = 0	patternDecode (1,50,0,0,50,0)	patternDecode (1,50,0,0,50,0)	patternDecode (1,50,0,0,50,0)	
x = 1		patternDecode (1,50,0,0,50,0)		
x = 2		patternDecode (1,50,0,0,50,0)		
x = 3	patternDecode (1,50,0,0,50,0)			
x = 4	patternDecode (1,50,0,0,50,0)			
x = 5	patternDecode (1,50,0,0,50,0)			
x = 6	patternDecode (1,50,0,0,50,0)	patternDecode (1,50,0,0,50,0)		patternDecode (1,50,0,0,50,0)
x = 7	patternDecode (1,50,0,0,50,0)	patternDecode (1,50,0,0,50,0)	patternDecode (1,50,0,0,50,0)	

alarmPatternComposer( )函数中关于飞行灯方面的内容

```
#if defined(PILOTLAMP)
    if(alarmArray[9] == 1)   PilotLampSequence(100,B000111,2);  //I2C 错误
    else if(alarmArray[3] == 1)  PilotLampSequence(100,B0101<<8 |B00010001,
4);  //BeeperOn
    else{
      resource = 2;
      if(f.ARMED && f.ANGLE_MODE) patternDecode(resource,100,100,100,100,
1000);            //绿灯慢闪—>angle 模式
        else if(f.ARMED && f.HORIZON_MODE)
    patternDecode(resource,200,200,200,100,1000);            //绿灯中速闪—>horizon
// 模式
        else if(f.ARMED) patternDecode(resource,100,100,0,100,1000);
//绿灯快闪—>acro 模式
        else turnOff(resource);   //关资源
      resource = 3;
      #if GPS
        if(alarmArray[2]==1) patternDecode(resource,100,100,100,100,100);
      //蓝灯快闪 —>无 gps 定位
        else if(f.GPS_HOME_MODE || f.GPS_HOLD_MODE)
    patternDecode(resource,100,100,100,100,1000);        //蓝灯慢闪—> gps 激活
        else setTiming(resource,100,1000);            //蓝灯慢短闪—>gps 定位 ok
      #else
        turnOff(resource);
      #endif
      resource = 4;
```

64

```
        if(alarmArray[1] == 1)        setTiming(resource,100,100);        //红灯
// 快闪—> 安全保护失效
        else if(alarmArray[1] == 2)   patternDecode(resource,1000,0,0,0,
2000);        //红灯慢闪—> 安全保护正常
        else turnOff(resource);
    }
    #endif
```

4）蜂鸣器报警的代码

```
    void patternDecode(uint8_t resource,uint16_t first,uint16_t second,uint16_t
third,uint16_t cyclepause, uint16_t endpause){
    //resource 资源,＝0LED,＝1 表示是蜂鸣器,＝2,3,4 是绿红蓝三色飞行彩灯
        static uint16_t pattern[5][5];   //记载不同资源不同情况下的时间
        static uint8_t icnt[5] = {0,0,0,0,0};   //五种不同情况

        if(SequenceActive[resource] == 0){   //该资源是活跃的吗
          SequenceActive[resource] = 1;   //不活跃,激活
          pattern[resource][0] = first;        //第一种情况下的时间
          pattern[resource][1] = second;       //第二种情况下的时间
          pattern[resource][2] = third;        //第三种情况下的时间
          pattern[resource][3] = endpause;     //结束暂停的时间
          pattern[resource][4] = cyclepause;   //循环暂停的时间
        }
        if(icnt[resource] <3 ){   //前三种情况
          if(pattern[resource][icnt[resource]] != 0){   //时间不为 0,需要处理
            setTiming(resource,pattern[resource][icnt[resource]],pattern[re-
source][4]);
          }
        }
        else if(LastToggleTime[resource] <(millis()-pattern[resource][3]))
{   //序列结束,重新开始 sequence is over: reset everything
          icnt[resource]=0;        //重新开始
          SequenceActive[resource] = 0;       //序列处理完,循环处理序列可以开始 sequence
is now done, cycleDone sequence may begin
          alarmArray[0] = 0;        //蜂鸣器静音 reset toggle bit
          alarmArray[7] = 0;        //确认不报警 reset confirmation bit
          turnOff(resource);   //关闭资源
          return;
        }
        if(cycleDone[resource] == 1 || pattern[resource][icnt[resource]] == 0)
{        //单就关闭周期完成
          if(icnt[resource] < 3) {//前三种情况,一个一个顺序处理
            icnt[resource]++;
          }
```

```
      cycleDone[ resource] = 0;    //循环处理继续,如果为 1 则表示循环处理结束
      turnOff(resource);      //关闭资源
   }
 }


 void turnOff(uint8_t resource){
   if(resource == 1) {
     if(resourceIsOn[1]) {      //蜂鸣器处于打开状态
       BUZZERPIN_OFF;   //BUZZERPIN_OFF 为 PORTB & = 0 关闭蜂鸣器
       resourceIsOn[1] = 0;
     }
   }else if(resource == 0) {
     if(resourceIsOn[0]) {
       resourceIsOn[0] = 0;
       LEDPIN_OFF;         //LEDPIN_OFF 为 PORTB & = ~(1<<5)关闭 LED
     }
   }else if(resource == 2) {
     if(resourceIsOn[2]) {
       resourceIsOn[2] = 0;
       #if defined(PILOTLAMP)
         PilotLamp(PL_GRN_OFF);    //(200μs)
       #endif
     }
   }else if(resource == 3) {
     if(resourceIsOn[3]) {
       resourceIsOn[3] = 0;
       #if defined(PILOTLAMP)        //飞行中使用的标志灯
         PilotLamp(PL_BLU_OFF);    //PL_BLU_OFF =100 (400μs)
       #endif
     }
   }else if(resource == 4) {
     if(resourceIsOn[4]) {
       resourceIsOn[4] = 0;
       #if defined(PILOTLAMP)
         PilotLamp(PL_RED_OFF);    //(100μs)
       #endif
     }
   }
 }
```

2. 飞行灯报警的实施

```
#if defined(PILOTLAMP)
  #define PL_BUF_SIZE 8    //飞行灯数据缓冲区大小
  volatile uint8_t queue[PL_BUF_SIZE];  //缓冲区以循环队列进行管理
```

```
    volatile uint8_t head = 0;  //缓冲区循环队列对首
    volatile uint8_t tail = 0;  //缓冲区循环队列对尾
//通过位设置来点亮(0=off 1=on)红绿蓝信号灯,共有五组图案,每组三色共15位
//    14 13 12 11 10 9 8 7 6 5 4 3 2 1 0
//    R  B  G  R B G R B G R B G R B G
void PilotLampSequence(uint16_t speed, uint16_t pattern, uint8_t num_pat-
terns){
//speed 是图案显示之间的毫秒数,pattern 是五组图案使用的 16 位数据,num_patterns 是
// 定义的图案数目
    static uint32_t lastswitch = 0;  //上次图案切换的时间
    static uint8_t seqno = 0;         //处理图案的组号
    static uint16_t lastpattern = 0;   //因为变量是静态的,当切换图案时 since var-
iables are static, when switching patterns, the correct pattern will start on the
second sequence

    if(millis() <(lastswitch + speed))   return;   //没有时间切换图案,返回
    lastswitch = millis();          //保存当前时间,作为下一次图案切换时间判断
    for(uint8_t i=0;i<3;i++) {  //三色灯,循环 3 次,i=0 绿,=1 蓝,=2 红
      uint8_t state =(pattern >>(seqno*3+i)) & 1;   //取出图案的某一位,放
// 入 state
      uint8_t tick = 50*(i+1);  //嘀嗒实质是输出管脚高低电平的占空比,用 OCR0B 设
// 置占空比是 25 的倍数,并且是基于图案位置的函数
      if(state)
        tick -=25;
      PilotLamp(tick);    //点亮该灯
      resourceIsOn[i+2]=state;  //记下状态
    }
  seqno++;
  seqno% =num_patterns;
  }

  void PilotLamp(uint8_t count){    //count 占空比
    if(((tail+1)% PL_BUF_SIZE)! =head) {   //使用队列进行管理
      queue[tail]=count;
      tail++;
      tail=(tail% PL_BUF_SIZE);
    }
  }

  ISR(PL_ISR) {//PL_ISR=TIMER0_COMPB_vect 是定时/计数器 0 比较匹配寄存器 B ,当
// 此寄存器发生变化就会调用中断服务程序 ISR
    static uint8_t state = 0;
    uint8_t h = head;
```

```
    uint8_t t = tail;
    if(state = =0) {
      if(h! =t) {
        uint8_t c = queue[h];
        PL_PIN_ON;           //PL_PIN_ON 为 PORTB |= 1 打开飞行灯
        PL_CHANNEL+=c;    //PL_CHANNEL 为 OCR0B, OCR2B 用来设置 B 的占空比。AT-
// mega328P 有三个时钟,Timer0、Timer1 和 Timer2。每个时钟都有两个比较寄存器,每个时钟都
// 有一个"预定标器",时钟可以从 0 计数到 255,用输出比较器 OCRnA 和 OCRnB 设置两路输出的占空比
        h =((h+1) % PL_BUF_SIZE);
        head = h;
        state=1;
      }
    } else if(state= =1) {
      PL_PIN_OFF;
      PL_CHANNEL+=PL_IDLE;
      state=0;
    }
  }
#endif
```

3. LED 资源的处理

```
//注意! 本子程序需要消耗时间,飞行中影响控制,不要在飞行中调用
void blinkLED(uint8_t num, uint8_t ontime,uint8_t repeat) {
//blinkLED 闪烁,flashLED 则是按一定频率的闪光
  uint8_t i,r;
  for(r=0;r<repeat;r++) {
    for(i=0;i<num;i++) {
      #if defined(LED_FLASHER)
        switch_led_flasher(1);    //LED 闪烁
      #endif
      #if defined(LANDING_LIGHTS_DDR)
        switch_landing_lights(1);   //飞控着落灯打开
      #endif
      LEDPIN_TOGGLE; //switch LEDPIN state
      delay(ontime);    //闪烁之间的空闲
      #if defined(LED_FLASHER)
        switch_led_flasher(0);
      #endif
      #if defined(LANDING_LIGHTS_DDR)
        switch_landing_lights(0);
      #endif
    }
    delay(60); //延迟 60 ms
  }
```

68

```
}
```

4. 资源的通常处理

```
void setTiming(uint8_t resource, uint16_t pulse, uint16_t pause){
```
//resource 资源号,pulse 源工作脉冲,pause 脉冲之间的资源关时间
```
if(! resourceIsOn[resource] && (millis() >= (LastToggleTime[resource] +
pause))&& pulse ! = 0) {
```
//当前资源关且当前时间超过资源关时间且资源工作脉冲设置的不为0
```
        resourceIsOn[resource] = 1;//资源打开
        toggleResource(resource,1);        //触发资源
        LastToggleTime[resource]=millis();//存储当前时间
    } else if((resourceIsOn[resource] &&(millis() >= LastToggleTime[resource]
+ pulse)) ||(pulse==0 && resourceIsOn[resource])) {
```
//当前资源开且(当前时间超过资源关时间或者资源工作脉冲设置的为0)
```
        resourceIsOn[resource] = 0;        //关资源
        toggleResource(resource,0);
        LastToggleTime[resource]=millis();
        cycleDone[resource] = 1;
    }
}
```

```
    void toggleResource(uint8_t resource, uint8_t activate){
```
//触发资源,resource 资源号,activate 激活吗?
```
    switch(resource) {
        #if defined(BUZZER)
            case 1:
                if(activate == 1) {BUZZERPIN_ON;}
                else BUZZERPIN_OFF;
                break;
        #endif
        #if defined(PILOTLAMP)
            case 2:
                if(activate == 1) PilotLamp(PL_GRN_ON);
                else PilotLamp(PL_GRN_OFF);
                break;
            case 3:
                if(activate == 1) PilotLamp(PL_BLU_ON);
                else PilotLamp(PL_BLU_OFF);
                break;
            case 4:
                if(activate == 1) PilotLamp(PL_RED_ON);
                else PilotLamp(PL_RED_OFF);
                break;
        #endif
```

```
        case 0:
        default:
          if(activate = = 1) {LEDPIN_ON;}
          else LEDPIN_OFF;
          break;
    }
      return;
  }
```

5. LED 环的处理(和单片机的通信是 I2C 协议)

```
#if defined(LED_RING)
  #define LED_RING_ADDRESS 0xDA    //LED 环的 7 bit I2C 地址
  void i2CLedRingState(void) {
    uint8_t b[10];
    b[0] = 'M'; //MultiwII mode
    if(f.ARMED) { //电动机在转,也就是飞控在飞
      if(!(f.ANGLE_MODE||f.HORIZON_MODE)){ //ACRO 比率控制模式,是非稳定模式,
// 这时飞控将完全依托遥控器遥控的控制,所有传感器不介入解算姿态,一般用于特技飞行,新手慎用
        b[0] = 'x';
      }
      else if(f.GPS_HOME_MODE){ //GPS 返航模式 RTH
        b[0] = 'w';
      }
      else if(f.GPS_HOLD_MODE){ //GPS 混合模式,带有定点,可以看作定高模式 ALT_
// HOLD 和悬停模式 Loiter 的混合
        b[0] = 'v';
      }
      else if(f.HORIZON_MODE){ //HORIZON mode
```

当角度和水平模式没有激活时,默认的模式是 ACRO 模式。当操作手柄为一个倾斜角度时,飞控将连续按这个角度旋转,放开手柄,飞控将保持当前姿态不会回到水平,这就是角度模式。手柄操作角度位置,飞控保持这个角度飞行,松开手柄,飞控回到水平姿态。手柄在各个方向的满量程是 $50°$。操作手柄飞控可以维持一个角度,松开手柄飞控就回到水平位置,这就是水平模式。既可以把 ACRO 模式和水平模式按一定比例混合,又可以混合安全的角度模式和 ACRO 模式,这样更自然的操作。

```
        b[0] = 'y';
      }
      else {
        b[0] = 'u'; //ANGLE mode
      }
      i2c_rep_start(LED_RING_ADDRESS);
      i2c_write(b[0]);
      i2c_stop();
    }
```

```
      else if(! f.ACC_CALIBRATED) {  //飞控不稳定或没有进行校验
        b[0] = 't';
        i2c_rep_start(LED_RING_ADDRESS);
        i2c_write(b[0]);
        i2c_stop();
      }
      else {  //电动机没有运转,在地上歇着
        b[0] = 's';
        if(f.ANGLE_MODE) b[1]=1;
        else if(f.HORIZON_MODE) b[1]=2;
        else b[1] = 0;
        if(f.BARO_MODE) b[2]=1;
        else b[2] = 0;
        if(f.MAG_MODE) b[3]=1;
        else b[3] = 0;
    #if GPS
        if(rcOptions[BOXGPSHOME]) b[4]=2;
        else if(rcOptions[BOXGPSHOLD]) b[4]=1;
        else b[4]=0;
    #else
        b[4]=0;
    #endif
        b[5]=(180-att.heading)/2;  //1 unit = 2 degrees;
        b[6]=GPS_numSat;
        i2c_rep_start(LED_RING_ADDRESS);
        for(uint8_t i=0;i<7;i++){
          i2c_write(b[i]);
        }
        i2c_stop();
      }
    #if defined(VBAT)
      if(analog.vbat < conf.vbatlevel_warn1){  //测得的电压小于设置的报警电压1,电
    // 压低
        i2c_rep_start(LED_RING_ADDRESS);
        i2c_write('r');
        i2c_stop();
      }
    # endif
    }

  void blinkLedRing(void) {    //LED 环闪烁
      uint8_t b[3];
      b[0] = 'g';
```

```
        b[1] = 10;
        b[2] = 10;
        i2c_rep_start(LED_RING_ADDRESS<<1);
        for(uint8_t i=0;i<3;i++)
            i2c_write(b[i]);
        i2c_stop();
    }
#endif
```

6. 多个 LED 序列的闪烁处理

控制 PWM 电动机运转的低/中/高可以用多个 LED 序列的闪烁来表明,有三种操作模式:

模式 0——单一模式,经由开关 1 设置 LED 闪烁频率。开关 1 不带有 I2C 通信,而开关 2 则是开关。

模式 1——飞控模式,由飞控程序发送命令经 I2C 协议控制。

模式 2——PWM 脉冲控制模式,通过 TX 2/3 位置开关。

飞控彩灯显示模式介绍:

电动机打开时:

——ACRO 模式:飞控导航灯频闪;

——LEVEL 模式:静态显示,红/绿对应位置/方向;

——Position hold 模式:静态蓝灯显示;

——RTH 模式:蓝灯闪烁显示;

——电池电压低:红灯快闪模式;

——Unstable position warning – Fast Green flash;

——Acc not calibrated – Fast Green flash;

——Acro mode with BARO/MAG disabled – cool MultiWiicopter Navi lights。

电动机关闭时:

(1) 气压计/磁强计使能:

——ACRO 模式:基于红色;

——LEVEL 模式:基于绿色;

磁场指北用蓝灯单显,气压计则蓝灯闪烁。

(2) GPS RTH/POSHOLD 使能:

——基于的颜色白色;

——GPS 无卫星时红灯常亮;

——GPS 少于 5 颗卫星时,红灯按卫星数目闪烁;

——GPS 有 5 颗或多余卫星时,按卫星数目固定红灯数(准备飞行)。

独立模式时,频率和灯闪的对应关系:

```
Sequence = 0 静态红灯
Sequence = 1 静态绿灯
Sequence = 2 静态蓝灯
Sequence = 3 红灯闪烁
```

```
    Sequence = 4 绿灯闪烁
    Sequence = 5 蓝灯闪烁
    Sequence = 6 红灯快闪
    Sequence = 7 绿灯快闪
    Sequence = 8 蓝灯快闪
    Sequence = 10 标准导航灯。左红右绿尾白 Red left, Green right, white rear,
// flashing red flashing white strobe
    Sequence = 11 飞控导航灯。左红右绿尾白 all flashing red / flashing white strobe
    Sequence = 12 红绿灯闪烁,红灯向前的方向
    Sequence = 13 静态红绿灯,红灯向前的方向
    Sequence = 14 前蓝两边白后红
    Sequence = 15 红圈里白
    Sequence = 16 绿圈里白
    Sequence = 17 蓝圈里白
    Sequence = 20 仙女号-1
    Sequence = 21 仙女号-2
    Sequence = 22 随机
    #if defined(LED_FLASHER)
        static uint8_t led_flasher_sequence = 0;//如果要使用一个特殊的几个 LED 序列来
// 闪烁,且不想让它改变,请设置这个标志
        static enum {
        LED_FLASHER_AUTO,
        LED_FLASHER_CUSTOM
        } led_flasher_control = LED_FLASHER_AUTO;

    void init_led_flasher() {    //LED 闪烁灯初始化函数
        #if defined(LED_FLASHER_DDR)    //LED_FLASHER_DDR = DDRB 数据方向寄存器
        LED_FLASHER_DDR |=(1<<LED_FLASHER_BIT);    //LED_FLASHER_BIT = PORTB4 数据
// 寄存器 B 第 4 位控制 LED 闪烁
        switch_led_flasher(0);
        #endif
    }

    void led_flasher_set_sequence(uint8_t s) {    //设置几个 LED 序列的闪烁
        led_flasher_sequence = s;
    }

    void inline switch_led_flasher(uint8_t on) {    // //打开 LED 闪烁灯
        #if defined(LED_FLASHER_DDR)
            #ifndef LED_FLASHER_INVERT
            if(on) {    //on = 1 打开 LED 闪烁灯
            #else
            if(! on) {    //LED 闪烁灯反向设置时,on = 0 打开 LED 闪烁灯
```

```
    #endif
      LED_FLASHER_PORT |=(1<<LED_FLASHER_BIT);
    } else {
      LED_FLASHER_PORT & = ~(1<<LED_FLASHER_BIT);
    }
  #endif
}

static uint8_t inline led_flasher_on() {
  uint8_t seg =(currentTime/1000/125)% 8;   //注意括号的位置,括号部分是个整数
  return(led_flasher_sequence & 1<<seg);
}

void auto_switch_led_flasher() {// 自动打开 LED 闪烁
  if(led_flasher_on()) {
    switch_led_flasher(1);
  } else {
    switch_led_flasher(0);
  }
}
void led_flasher_autoselect_sequence() { //根据飞控的状态自动设置闪烁灯的序列
  if(led_flasher_control ! = LED_FLASHER_AUTO) return;

  #if defined(LED_FLASHER_SEQUENCE_MAX)
  //让所有的 LED 都工作
  if(rcOptions[BOXLEDMAX]) {
    led_flasher_set_sequence(LED_FLASHER_SEQUENCE_MAX);
//LED_FLASHER_SEQUENCE_MAX=0b11111111,有几个 1,这几个就闪烁
    return;
  }
  #endif

  #if defined(LED_FLASHER_SEQUENCE_LOW)
  if(rcOptions[BOXLEDLOW]) {
    led_flasher_set_sequence(LED_FLASHER_SEQUENCE_LOW);
//LED_FLASHER_SEQUENCE_LOW=0b00000000,都不闪烁
    return;
  }
  #endif

  #if defined(LED_FLASHER_SEQUENCE_ARMED)
  /* do we have a special sequence for armed copters 武装直升机? */
  if(f.ARMED) {
```
74

```
    led_flasher_set_sequence(LED_FLASHER_SEQUENCE_ARMED);
//LED_FLASHER_SEQUENCE_ARMED=0b00000101,有两个1,这两个就闪烁
    return;
  }
  #endif


  /* Let's load the plain old boring sequence as a last resort */
  led_flasher_set_sequence(LED_FLASHER_SEQUENCE);//最后设置为默认的LED序
//列闪烁
  }


  #endif


  #if defined(LANDING_LIGHTS_DDR)
  void init_landing_lights(void) {    //初始化着陆灯
LANDING_LIGHTS_DDR |= 1<<LANDING_LIGHTS_BIT;
  //LANDING_LIGHTS_BIT=PORTC0 数据寄存器C第0位控制着陆LED闪烁
  switch_landing_lights(0);
  }
```
红色防撞灯在飞机的上、下、中部各安装一支,以一定的频率爆破闪烁。

机翼灯位于机翼每侧的两个单光束灯光,用来照明机翼前缘及发动机进气口,以便检查结冰情况。

航行灯顺着飞机飞行的方向看去,左翼尖上有红灯,右翼尖上有绿灯,垂尾顶端则为白灯。三盏灯可以连续燃亮,也可以间隙燃亮,判断飞机是否顺航。

机头灯安装在前起落架上,用于滑行道及跑道的前照明,飞机起飞后关闭。

着陆灯安装在两侧机翼翼根,左右各两只。用于起飞着陆时照亮跑道。此灯功率很大,使用时产热很高,因此需要高速气流进行冷却。因而在地面起飞前才能打开。

跑道脱离灯又叫转弯灯或跑道边灯,安装在前起落架减振支柱上,左右各一,分别提供对机头前方两侧照明。用于照明滑行道、跑道边线。起飞后关闭。前起落架收起时自动关闭。

高亮度白色频闪灯又叫做高亮度白色防撞灯。此灯安装在翼梢前后各一及尾椎一只,波音飞机安装在左右翼梢后尖各一只,尾椎一只共3只,空客飞机安装在左右机翼前后翼尖及尾椎,共5只。用途是防止航空器相撞。此灯以一定的频率爆破闪烁,亮度很高。此灯只有得到进跑道许可后才可以打开。落地脱离跑道前要关闭此灯。
```
  void inline switch_landing_lights(uint8_t on) {    //打开着落灯
    #ifndef LANDING_LIGHTS_INVERT
    if(on) {
    #else
    if(! on) {
    #endif
      LANDING_LIGHTS_PORT |= 1<<LANDING_LIGHTS_BIT;
```

```
        } else {
          LANDING_LIGHTS_PORT & = ~(1<<LANDING_LIGHTS_BIT);
        }
      }

    void auto_switch_landing_lights(void) {    //自动打开着落灯
      if(rcOptions[BOXLLIGHTS]
      #if defined(LANDING_LIGHTS_AUTO_ALTITUDE) & SONAR    //如果有声纳测距并且设
// 置了自动高度着落灯,则声纳高度大于 0 小于自动的着落高度
        ||(sonarAlt > = 0 && sonarAlt < = LANDING_LIGHTS_AUTO_ALTITUDE &&
f.ARMED)
      #endif
      #if defined(LED_FLASHER_DDR) &
    defined(LANDING_LIGHTS_ADOPT_LED_FLASHER_PATTERN)
        ||(led_flasher_on())
      #endif
      ) {
        switch_landing_lights(1);
      } else {
        switch_landing_lights(0);
      }
    }
#endif
```

7. 升降速度信号处理

```
#ifdef VARIOMETER
#define TRESHOLD_UP    50           //(m1)上升速度的上阈值
#define TRESHOLD_DOWN   40           //(m1)上升速度的下阈值
#define TRESHOLD_UP_MINUS_DOWN  10   //(m1) 上升速度的上下阈值之差
#define ALTITUDE_INTERVAL 400       //(m2) 观察(高度变化的)周期
#define DELTA_ALT_TRESHOLD 200       //(m2) Δh 阈值(cm)
#define DELTA_T 5                   //(m2)速度 = Δh/DELTA_T
#define SIGNAL_SCALE   4//you compute:(50ms per beep /5 * 3ms cycle time)
#define SILENCE_M    200      //最大的静音时间
#define SILENCE_SCALE  33       //单位时间变化的速度:越大,静音时间衰减得越慢
#define SILENCE_A    6600     //上两项的乘积
#define DURATION_SUP  5          //信号持续时间的上确界
#define DURATION_SCALE 100       //单位时间所变速度:越大,长度上升得越慢
  /* vario_signaling() gets called every 5th cycle() ->(~10ms - 25ms)
   * modulates silence duration between tones and tone duration
   * higher abs(vario) -> shorther silence & longer signal duration.
   * Utilize two methods for combined short and long term observation
   */
void vario_signaling(void) {    //此函数每 5 次循环调用一次(一次循环的时间 2 ~
```

// 5ms），模块在蜂鸣之间运行，速度越高，信号持续越短，利用两种方法来组合短的和长的观测

```c
    static int16_t last_v = 0;
    static uint16_t silence = 0;
    static int16_t max_v = 0;
    static uint8_t max_up = 0;

    uint16_t s = 0;
    int16_t v = 0;

    /* method 1: use vario to follow short term up/down movement: */
    #if(VARIOMETER == 1) ||(VARIOMETER == 12)
    {
      uint8_t up =(alt.vario > 0 ? 1:0 );
  v =abs(alt.vario) -up *(TRESHOLD_UP_MINUS_DOWN) -RESHOLD_DOWN;
      if(silence>0) silence--; else silence = 0;
      if(v > 0) {
        if(v > last_v) {
          //当前的速度比上次的大，所以减少静音的时间
          s =(SILENCE_A) /(SILENCE_SCALE + v);
          if(silence > s)  silence = s;
        }
        //暂记最大的速度
        if(v > max_v) {
          max_v = v;
          max_up = up;
        }
      } // end of(v>0)
    }
    #endif // end method 1
    /* method 2: use altitude to follow long term up/down movement: */
    #if(VARIOMETER == 2) ||(VARIOMETER == 12)
    {
      static uint16_t t = 0;
      if(! (t++ % ALTITUDE_INTERVAL)) {
        static int32_t last_BaroAlt = 0;
        int32_t delta_BaroAlt = alt.EstAlt - last_BaroAlt;
        if(abs(delta_BaroAlt) > DELTA_ALT_TRESHOLD) {
          //inject suitable values
          max_v = abs(delta_BaroAlt /DELTA_T);
          max_up =(delta_BaroAlt > 0 ? 1:0);
          silence = 0;
        }
        last_BaroAlt = alt.EstAlt;
```

77

```
    }
  }
  #endif // end method 2
  /* something to signal now? */
  if((silence == 0) &&(max_v > 0) ) {
    // create new signal
    uint16_t d =(DURATION_SUP * max_v)/(DURATION_SCALE + max_v);
    s =(SILENCE_A) /(SILENCE_SCALE + max_v);
    s+= d * SIGNAL_SCALE;
    vario_output(d, max_up);
    last_v = v;
    max_v = 0;
    max_up = 0;
    silence = s;
  }
} // end of vario_signaling()

void vario_output(uint16_t d, uint8_t up) {
  if(d == 0) return;
  #if defined(SUPPRESS_VARIOMETER_UP)
    if(up) return;
  #elif defined(SUPPRESS_VARIOMETER_DOWN)
    if(! up) return;
  #endif
  #ifdef VARIOMETER_SINGLE_TONE
    uint8_t s1 = 0x07;
    uint8_t d1 = d;
  #else
    uint8_t s1 =(up ? 0x05:0x07);
    uint8_t d1 = d/2;
  #endif
  if(d1<1) d1 = 1;
  for(uint8_t i=0; i<d1; i++) LCDprint(s1);
  #ifndef VARIOMETER_SINGLE_TONE
    uint8_t s2 =(up ? 0x07:0x05);
    uint8_t d2 = d-d1;
    if(d2<1) d2 = 1;
    for(uint8_t i=0; i<d2; i++) LCDprint(s2);
  #endif
}

#endif
```

第四章　传感器及其校正

随着计算机技术的发展,机器人的传感器采用数字化的传感器,模拟传感器必须通过A/D转换技术、数字电路技术以及数字可编程技术转化为数字传感器。传感器和控制器之间的通信多采用I2C协议,控制简单,需要的数字管脚只有两根,根据地址访问传感器可以同时连接多达128个传感器。传感器校正是传感器能够正常工作的前提条件。

第一节　I²C 协议

1. 概念

I²C(Inter-Integrated Circuit)总线(图 4.1)是由 PHILIPS 公司开发的两线式串行总线,用于连接微控制器及其外围设备,是传感器数据传输领域广泛采用的一种总线标准。它是同步通信的一种特殊形式,具有接口线少、连接的器件多、控制方式简单、器件封装形式小和通信速率较高等优点。通过串行数据(SDA)线和串行时钟(SCL)线在连接到总线的器件间传递信息。每个器件都有一个唯一的地址识别,而且都可以作为一个发送器或接收器(由器件的功能决定)。除了发送器和接收器外,器件在执行数据传输时也可以被看作是主机或从机。主机是初始化总线的数据传输并产生允许传输的时钟信号的器件。此时,任何被寻址的器件都被认为是从机。7 位地址空间允许有 128 个从机。

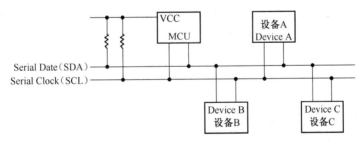

图 4.1　I2C 总线连接图

1)特征

(1)只要求两条总线线路:串行数据线 SDA 和串行时钟线 SCL。

(2)每个连接到总线的器件都可以通过唯一的地址和一直存在的简单的主机/从机关系软件设定地址,主机可以作为主机发送器或主机接收器。

(3)它是一个真正的多主机总线,如果两个或更多主机同时初始化,数据传输可以通过冲突检测和仲裁防止数据被破坏。

(4)串行的 8 位双向数据传输位速率在标准模式下可达 100Kb/s,快速模式下可达400Kb/s,高速模式下可达 3.4Mb/s。

(5)连接到相同总线的 IC 数量只受到总线的最大电容 400pF 限制。

2）术语

I^2C 术语见表 4.1。

表 4.1　I^2C 术语

术语	描　述
发送器	发送数据到总线的器件
接收器	从总线接收数据的器件
主机	初始化并启动数据发送、产生时钟信号和终止发送的设备
从机	被主机寻址的器件
多主机	同时有多于一个主机尝试控制总线但不破坏传输
仲裁	是一个在有多个主机同时尝试控制总线但只允许其中一个控制总线并使传输不被破坏的过程
同步	两个或多个器件同步时钟信号的过程

3）位传输

由于连接到 I2C 总线的器件有不同种类的工艺（CMOS、NMOS、PMOS、双极性），逻辑 0（低）和逻辑 1（高）的电平不是固定的，它由电源 VCC 的相关电平决定，每传输一个数据位就产生一个时钟脉冲。

（1）数据有效。在传输数据的时候，SDA 线必须在时钟的高电平周期保持稳定，SDA 的高或低电平状态只有在 SCL 线的时钟信号是低电平时才能改变（图 4.2）。

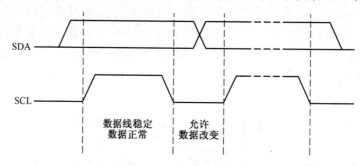

图 4.2　I2C 位传输数据有效性

（2）起始停止。SCL 线是高电平时，SDA 线从高电平向低电平切换，这个情况表示起始条件。SCL 线是高电平时，SDA 线由低电平向高电平切换，这个情况表示停止条件。

起始和停止条件（图 4.3）一般由主机产生，总线在起始条件后被认为处于忙的状态，在停止条件的某段时间后总线被认为再次处于空闲状态。

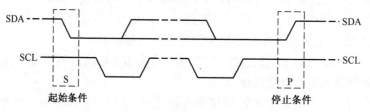

图 4.3　起始和停止条件

如果产生重复起始条件而不产生停止条件，总线会一直处于忙的状态，此时的起始条件(S)和重复起始条件(Sr)在功能上是一样的。

4）数据传输

（1）字节格式。发送到 SDA 线上的每个字节必须为 8 位,每次传输可以发送的字节数量不受限制。每个字节后必须跟一个响应位。首先传输的是数据的最高位（MSB）,如果从机要完成一些其他功能后（如一个内部中断服务程序）才能接收或发送下一个完整的数据字节,可以使时钟线 SCL 保持低电平,迫使主机进入等待状态,当从机准备好接收下一个数据字节并释放时钟线 SCL 后数据传输继续。

（2）应答响应。数据传输必须带响应,相关的响应时钟脉冲由主机产生。在响应的时钟脉冲期间发送器释放 SDA 线（高）。

在响应的时钟脉冲期间,接收器必须将 SDA 线拉低,使它在这个时钟脉冲的高电平期间保持稳定的低电平。

通常被寻址的接收器在接收到的每个字节后,除了用 CBUS 地址开头的数据,必须产生一个响应。当从机不能响应从机地址时（例如它正在执行一些实时函数不能接收或发送）,从机必须使数据线保持高电平,主机然后产生一个停止条件终止传输或者产生重复起始条件开始新的传输。

如果从机接收器响应了从机地址,但是在传输了一段时间后不能接收更多数据字节,主机必须再一次终止传输。这个情况用从机在第一个字节后没有产生响应来表示。从机使数据线保持高电平,主机产生一个停止或重复起始条件。

如果传输中有主机接收器,它必须通过在从机发出的最后一个字节时产生一个响应,向从机发送器通知数据结束。从机发送器必须释放数据线,允许主机产生一个停止或重复起始条件。

（3）时钟同步。所有主机在 SCL 线上产生它们自己的时钟来传输 I2C 总线上的报文。数据只在时钟的高电平周期有效,因此需要一个确定的时钟进行逐位仲裁,如图 4.4。

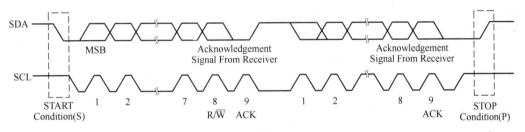

图 4.4 I2C 总线数据传输和应答

时钟同步通过线与连接 I2C 接口到 SCL 线来执行。这就是说 SCL 线的高到低切换会使器件开始数它们的低电平周期,而且一旦器件的时钟变低电平,它会使 SCL 线保持这种状态直到到达时钟的高电平。但是如果另一个时钟仍处于低电平周期,这个时钟的低到高切换不会改变 SCL 线的状态。因此 SCL 线被有最长低电平周期的器件保持低电平。此时低电平周期短的器件会进入高电平的等待状态。

当所有有关的器件数完了它们的低电平周期后,时钟线被释放并变成高电平。之后,器件时钟和 SCL 线的状态没有差别,而且所有器件会开始数它们的高电平周期。首先完成高电平周期的器件会再次将 SCL 线电平拉低。

这样产生的同步 SCL 时钟的低电平周期由低电平时钟周期最长的器件决定,而高电平周期由高电平时钟周期最短的器件决定。

5)寻址方式

(1)7 位。第一个字节的头 7 位组成了从机地址,最低位(LSB)是第 8 位,它决定了传输的方向。第一个字节的最低位是"0",表示主机会写信息到被选中的从机;"1"表示主机会向从机读信息,当发送了一个地址后,系统中的每个器件都在起始条件后将头 7 位与它自己的地址比较,如果一样,器件会判定它被主机寻址,至于是从机接收器还是从机发送器,都是由 R/W 位决定的。7 位地址格式如图 4.5 所示。

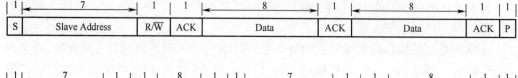

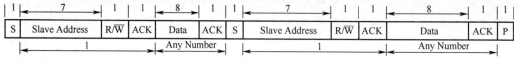

图 4.5 普通的和带重复开始条件的 7 位地址格式

(2)10 位。10 位寻址和 7 位寻址兼容,而且可以结合使用。图 4.6 所示为 10 位地址格式。

10 位寻址采用了保留的 1111XXX 作为起始条件(S)或重复起始条件(Sr)后第一个字节的头 7 位。

10 位寻址不会影响已有的 7 位寻址,有 7 位和 10 位地址的器件可以连接到相同的I2C 总线。它们都能用于标准模式(F/S)和高速模式(Hs)系统。

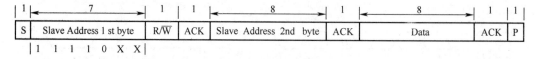

图 4.6 I2C 总线 10 位地址格式

保留地址位 1111XXX 有 8 个组合,但是只有 4 个组合 11110XX 用于 10 位寻址,剩下的 4 个组合 11111XX 保留给后续增强的 I2C 总线。

10 位从机地址是由在起始条件(S)或重复起始条件(Sr)后的头两个字节组成。

第一个字节的头 7 位是 11110XX 的组合,其中最后两位(XX)是 10 位地址的两个最高位(MSB)。

第一个字节的第 8 位是 R/W 位,决定了传输的方向,第一个字节的最低位是"0"表示主机将写信息到选中的从机,"1"表示主机将向从机读信息。

如果 R/W 位是"0",则第二个字节是 10 位从机地址剩下的 8 位;如果 R/W 位是"1"则下一个字节是从机发送给主机的数据。

6)快速模式

快速模式器件可以在 400Kbit/s 下接收和发送。最小要求是:它们可以和 400Kbit/s

传输同步,可以延长 SCL 信号的低电平周期来减慢传输。快速模式器件都向下兼容,可以和标准模式器件在 0~100Kbit/s 的 I2C 总线系统通信。但是,由于标准模式器件不向上兼容,所以不能在快速模式 I2C 总线系统中工作。快速模式 I2C 总线规范与标准模式相比有以下特征:

(1)最大位速率增加到 400Kbit/s。

(2)调整了串行数据(SDA)和串行时钟(SCL)信号的时序。

(3)快速模式器件的输入有抑制毛刺的功能,SDA 和 SCL 输入有施密特触发器。

(4)快速模式器件的输出缓冲器对 SDA 和 SCL 信号的下降沿有斜率控制功能。

(5)如果快速模式器件的电源电压被关断,SDA 和 SCL 的 I/O 管脚必须悬空,不能阻塞总线。

(6)连接到总线的外部上拉器件必须调整以适应快速模式 I2C 总线更短的最大允许上升时间。对于负载最大是 200pF 的总线,每条总线的上拉器件可以是一个电阻,对于负载在 200pF~400pF 之间的总线,上拉器件可以是一个电流源(最大值 3mA)或者是一个开关电阻电路。

7)高速模式

高速模式(Hs 模式)器件对 I2C 总线的传输速度有巨大的突破。Hs 模式器件可以在高达 3.4Mbit/s 的位速率下传输信息,而且保持完全向下兼容快速模式或标准模式(F/S 模式)器件,它们可以在一个速度混合的总线系统中双向通信。

Hs 模式传输除了不执行仲裁和时钟同步外,与 F/S 模式系统有相同的串行总线协议和数据格式。

高速模式下 I2C 总线规范如下:

(1)Hs 模式主机器件有一个 SDAH 信号的开漏输出缓冲器和一个在 SCLH 输出的开漏极下拉和电流源上拉电路。这个电流源电路缩短了 SCLH 信号的上升时间,任何时候在 Hs 模式,只有一个主机的电流源有效。

(2)在多主机系统的 Hs 模式中,不执行仲裁和时钟同步,以加速位处理能力。仲裁过程一般在前面用 F/S 模式传输主机码后结束。

(3)Hs 模式主机器件以高电平和低电平是 1:2 的比率产生一个串行时钟信号。解除了建立和保持时间的时序要求。

(4)可以选择 Hs 模式器件有内建的电桥。在 Hs 模式传输中,Hs 模式器件的高速数据(SDAH)和高速串行时钟(SCLH)线通过这个电桥与 F/S 模式器件的 SDA 和 SCL 线分隔开来。减轻了 SDAH 和 SCLH 线的电容负载,使上升和下降时间更快。

(5)Hs 模式从机器件与 F/S 从机器件的唯一差别是它们工作的速度。Hs 模式从机在 SCLH 和 SDAH 输出有开漏输出的缓冲器。SCLH 管脚可选的下拉晶体管可以用于拉长 SCLH 信号的低电平,但只允许在 Hs 模式传输的响应位后进行。

(6)Hs 模式器件的输出可以抑制毛刺,而且 SDAH 和 SCLH 输出有一个施密特触发器;

(7)Hs 模式器件的输出缓冲器对 SDAH 和 SCLH 信号的下降沿有斜率控制功能。

此节概念部分来自于百度百科。

2. I2C 接口与使用

Ardunio 单片机使用了 AVR 单片机的内核,因此其基本继承了 AVR 的大部分功能。

连接特定的 I2C 引脚上,通过串行数据线(SDA)和串行时钟线(SCL),在经过部分寄存器的控制之下能够实现 I2C 接口的有效使用。

1) 使用 TWI 寄存器

(1) TWI 波特率寄存器 TWBR,见表 4.2。

表 4.2　寄存器 TWBR 各位的定义

位	7	6	5	4	3	2	1	0
$00($0020)	TWBR7	TWBR6	TWBR5	TWBR4	TWBR3	TWBR2	TWBR1	TWBR0
读/写	R/W	R/W	R/W	R/W	R/W	R/W	R/W	R/W
复位值	0	0	0	0	0	0	0	0

TWBR 用于设置波特率发生器的分频因子,它产生和提供 SCL 引脚上的时钟信号。计算公式为

$$F_{\text{SCL}} = \frac{F_{\text{CPUCLOCK}}}{16 + 2(\text{TWBR}) \times 4^{\text{TWPS}}} \tag{4.1}$$

式中:F_{CPUCLOCK} 为 CPU 的时钟频率;TWBR 的值应大于 10;TWPS 为下面的状态寄存器 TWSR 的 TWI 预分频值,见下面的介绍。

(2) TWI 控制寄存器 TWCR 各位的定义,见表 4.3。

表 4.3　寄存器 TWCR 各位的定义

位	7	6	5	4	3	2	1	0
$36($0056)	TWINT	TWEA	TWSTA	TWSTO	TWWC	TWEN	—	TWIE
读/写	R/W	R/W	R/W	R/W	R	R/W	R	R/W
复位值	0	0	0	0	0	0	0	0

TWINT:TWI 中断位。当 TWI 接口完成当前的工作并期待应用程序响应时,该位被置位。如果 SREG 寄存器中的 I 位和 TWCR 寄存器中的 TWEN 位为"1",则 MCU 将跳到 TWI 中断向量,一旦 TWINT 标志位被置位,时钟线 SCL 电平将被拉低,在执行中断服务程序的时候,TWINT 不会由硬件自动清零,必须通过软件写入逻辑"1"或者"0"。清零 TWINT 标志位开始 TWI 接口的操作,因此对 TWI 地址寄存器 TWAR,TWI 状态寄存器 TWSR 和 TWI 数据寄存器 TWDR 的访问,必须在清零之前完成。

TWEA:TWI 的应答(ACK)允许位,TWEA 控制应答 ACK 的 ACK 信号的发生。如果 TWEA 被置位"1",则在以下情况下 ACK 脉冲将在 TWI 总线上发生:

① 器件作为被控制器时,接收到呼叫自己的地址;

② 当 TWAR 寄存器中的 TWGCE 位置位时,接收到一个通用呼叫地址;

③ 器件作为主控器接收器或被控器接收器时,接收到一个数据字节。

如果清零 TWEA 位,将使器件暂时虚拟地脱离 TWI 总线。地址识别匹配功能必须同过 TWEA 位置位"1"重新开始。

TWISTA: TWI 的起始信号位。当要将器件设置为串行总线上的主控器上时,必须设置 TWISTA 位为"1",当起始信号发出后,TWISTA 位将由硬件清零。

TWISTO:TWI 停止位(STOP)信号状态位。当芯片工作在主控器模式时,设置

84

TWSTO 位为"1",将在总线上发出一个停止信号,当停止信号发出后,TWISTO 位将被自动清零,并释放 SCL 和 SDA 线为高阻态。

TWWC:TWI 写冲突标志位,当 TWINT 位为"0"时,试图向 TWI 数据寄存器 TWDR 写数据,TWWC 位将被置位,当 TWINT 位为"1"时,写 TWDR 寄存器将自动清零 TWWC 标志位。

TWEN:TWI 允许位。TWEN 位拥有使能 TWI 接口操作和激活 TWI 接口。当 TWEN 位置位为"1"时,TWI 接口模块将 I/O 引脚 PD0 和 PD1 转换成 SCL 和 SDA 引脚。

(3) 数据寄存器 TWDR 各位的定义,见表 4.4。

表 4.4 寄存器 TWDR 各位的定义

位	7	6	5	4	3	2	1	0
$03($03$0023)	TWD7	TWD6	TWD5	TWD4	TWD3	TWD2	TWD1	TWD0
读/写	R/W	R/W	R/W	R/W	R/W	R/W	R/W	R/W
复位值	1	1	1	1	1	1	1	1

TWD:TWI 的数据寄存位,这 8 位包括将要传送下一个数据字节,或 TWI 总线上的最后接收到的一个数据字节。

(4) 寄存器 TWSR 各位的定义,见表 4.5。

表 4.5 寄存器 TWSR 各位的定义

位	7	6	5	4	3	2	1	0
$03($03$0023)	TWS7	TWS6	TWS5	TWS4	TWS3	—	TWPS1	TWPS0
读/写	R/W	R/W	R/W	R/W	R/W	R/W	R/W	R/W
复位值	1	1	1	1	1	0	0	0

TWS[7:3]:TWI 状态位。

TWPS[1:0]:用于设置波特率的预分频值,见表 4.6。

表 4.6 预分频值

TWPS1	TWPS0	预分频值
0	0	1
0	1	4
1	0	16
1	1	64

2) I2C 数据传输的原理

在 I2C 总线在传输数据时,SDA 线上数据在 SCL 线为高电平期间必须保持稳定,只有在 SCL 时钟线的信号为低电平期间,数据线 SDA 上的高电平或低电平状态才允许变化。

当 SCL 线为高电平期间,SDA 的变化被 I2C 总线认为非有效数据位,而是启/停控制信号位。故 I2C 总线的起始信号和终止信号定义如下:

① SCL 线为高电平期间,SDA 线由高电平向低电平的跳变表示"起始信号"。

② SCL 线为高电平期间,SDA 线由低电平向高电平的跳变表示"终止信号"。

注意:

① 起始和终止信号都由主机发出。

② 主机输出起始信号后总线处于占用状态,I2C_start( )将 SDA、SCL 均置位为低电平。

③ 主机输出终止信号后,总线处于空闲时间,I2C_stop( )将 SDA、SCL 均置位为高电平。

但是特别要注意的是,在随后的每次 I2C_start( )之后均要调用的向 I2C 总线写入一个字节并读取从机应答函数,I2C_Write( )函数中,一定要在函数内 for 循环之前加入 SCL = 0,因为 for 循环语句内分别执行的是写 SDA,并通过 SCL 输出 1-0 脉冲,因此只有在 for 循环之前设置 SCL = 0,才能保证循环内写 SDA 的第一行语句能够输出有效的比特位,因为 I2C 总线的数据有效性规定:SCL 时钟信号为低电平期间才能允许 SDA 线数据状态变化。

接收一个字节的数据后,如果要完成一些其他的工作,如处理内部中断服务等,可能无法立即接收下一个字节,此时接收器件(如单片机)可将 SCL 线拉低至低电平,从而使得发送器处于等待状态,接收器准备好接收下一个字节时,在释放 SCL 线使之为高电平,继续数据接收。

图 4.7 所示为主控器向被控器写数据过程,图 4.8 所示为主控器接收数据过程,图 4.9 所示为 I2C 串行总线操作时序。

(1)字节传送与应答

启动 I2C 总线后,所传输的每个字节必须为 8 位长度,高位优先传送,每个字节后面跟随一位应答位,故一帧数据共有 9 位。

如果主机由于某种原因不能应答主机,它必须将 SDA 线置高电平,此时主机读取到从机的非应答的信号时可以产生一个终止信号,结束总线的数据传送。

主机接收从机数据的最后一字节之前的每一字节均需要向从机发送应答,当主机接收到从机最后一个字节时,它要想从机发出一个非应答信号以便于从机结束传送,主机释放总线结束通信。

总线启动:当 SCL = 1 时,SDA 的上升沿表示总线启动,随后 SCL 拉至低电平,让设备处于等待状态。

(2)AVR 单片机非 TWI 接口的 I2C 总线基本操作函数。

```
//产生启动信号
unsigned char I2C_start(void)
{
  SDA = 1;
  I2C_Delay();
  SCL = 1;
  I2C_Delay();
  SDA = 0;
  I2C_Delay();
  SCL = 0;
  I2C_Delay();
  return 1;
}
```

```c
//产生停止信号
void I2C_stop(void)
{
  SDA = 0;
  I2C_Delay();
  SCL = 1;
  I2C_Delay();
  SDA = 1;
  I2C_Delay();
}
//主机读从机的应答信号
unsigned charI2C_read_ack()
{
unsigned char ack = 1;
  SDA = 1;   //响应和应答
  I2C_Delay();
  SCL = 1;
  I2C_Delay();
  if(SDA)
    ack=0;     //失败
  SCL = 0;
  I2C_Delay();
  return ack;
}
//应答与非应答
unsigned char I2C_ack(unsigned char ack)
{
  if(! ack)       //非应答,发送 nack
    SDA = 0;
  else            //应答,发送 ack
    SDA = 1;
  I2C_Delay();
  SCL = 1;
  I2C_Delay();
  SCL = 0;
  I2C_Delay();
}
//向总线写一字节,并返回有无应答
unsigned char I2C_write(unsigned char c)
{
  unsigned char i,ack = 1;
  for(i=0;i<8;i++)
```

```
    {
      if(c&0x80)
        SDA = 1;
      else
        SDA = 0;
      SCL = 1;          //开始传输数据
      I2C_Delay();
      SCL = 0; //将 SCL 置为低电平处于等待状态
      c<<=1;
      I2C_Delay();
    }
  returnI2C_read_ack();//主机读取从机应答位,并返回应答状态
}


//读一字节 ack: 1 时应答,0 时不应答
unsigned char I2C_read()
{
  unsigned char i,ret = 0x00;
  SDA = 1;
  for(i=0;i<8;i++)
  {
    SCL = 0;
    I2C_Delay();
    SCL = 1;
    I2C_Delay();
    ret =(ret<<1) |SDA;
  I2C_Delay();
  }
  SCL = 0;     //将 SCL 电平拉低,并处于等待状态
  I2C_Delay();
return ret;
}
// read a byte from the
//从 24C256 读取一个字节
unsigned char eeprom_read(unsigned int address)
{
    unsigned char data;
    I2C_start();                           //发起始信号
    I2C_write(EEPROM_BUS_ADDRESS);         //发写从机写寻址字节
    I2C_write(address>>8);                 //发存储单元地址高字节
    I2C_write(address);                    //发存储单元地址低字节
    I2C_start();                           //发起始信号
    I2C_write(EEPROM_BUS_ADDRESS |1);      //发从机读寻址字节
```

88

```
    data=I2C_read();                        //读一个字节数据
    I2C_ack(0);                             //返回 NO ACK
        I2C_stop();                         //发停止信号
        return data;
}
```

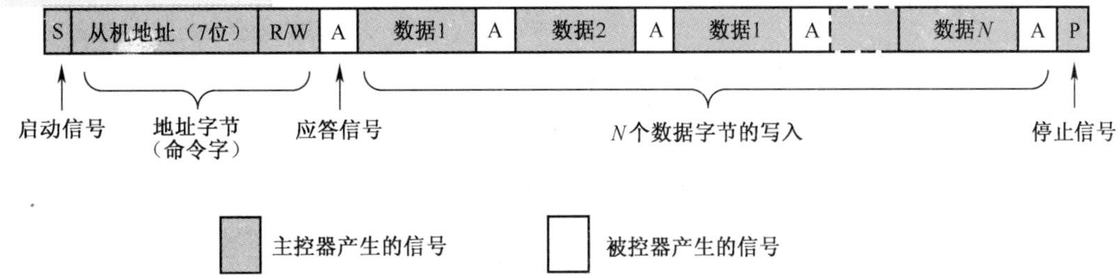

图 4.7　主控器向被控器写 N 个数据的过程

```
//write a byte to the 24C256
//写一个字节到 24C256
void eeprom_write(unsigned int address, unsigned char data)
{
    I2C_start();                            //发起始信号
    I2C_write(EEPROM_BUS_ADDRESS);          //发写从机写寻址字节
    I2C_write(address>>8);                  //发存储单元地址高字节
    I2C_write(address);                     //发存储单元地址低字节
    I2C_write(data);                        //写一个字节数据到 24C256
    I2C_stop();                             //发停止信号
    delay_ms(10);                           //等待 10ms,保证 24C256 内部写操作完成再
                                            //进行新操作
}
```

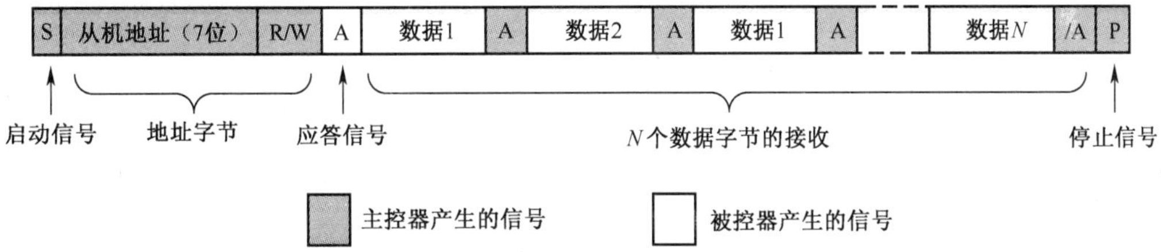

图 4.8　主控器接收 N 个数据的过程

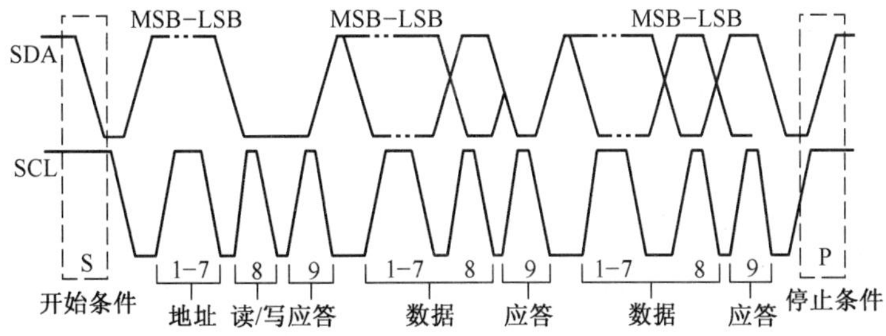

图 4.9　I2C 串行总线数据操作时序

（3）TWI 接口轮询方式 I2C 基本操作函数。WI 数据发送处理过程分析见图 4.10,C 程序代码见表 4.7。

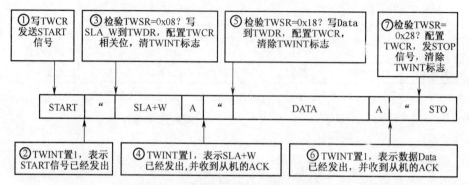

图 4.10　TWI 数据发送处理过程分析

表 4.7　C 程序代码

序号	C 程序代码	说明
1	TWCR =(1 << TWINT)|(1 << TWSTA)| (1 << TWEN);	发送 START 信号
2	while(! (TWCR&(1 << TWINT)))||;	轮询等待 TWINT 被置位。TWINT 置位表示 START 信号已经发出
3	if((TWSR&0xF8)! = START) ERROR();	读 TWI 的状态寄存器 TWSR,屏蔽预分频位,如果状态字不是 START,则转出错处理(START= 0x08)
	TWDR = SLA_W; TWCR =(1<<TWINT)|(1<<TWEN);	装入 SLA_W 到 TWDR 数据寄存器,清零 TEINT,启动发送地址字节
4	while(! (TWCR&(1 << TWINT)))||;	轮询等待 TWINT 置位。TWINT 置位表示总线命令 SLA+W 已发出,并收到被控器发出的应答信号 ACK 或 nACK
5	if(TWSR & 0xF8)! = MT_SLA_ACK) ERROR();	检验 TWI 状态寄存器 TWSR,屏蔽预分频位,如果状态字不是 MT_SLA_ACK,则 转出错处理(MT_SLA_ACK = 0x18/0x20)
6	while(! (TWCR&(1<<TWINT)))||;	轮询等待 TWINT 置位。TWINT 置位表示总线数据 DATA 已发出,并收到被控器发出的应答信号 ACK 或 NACK
7	if((TWSR&0xF8)! = MT_DATA_ACK) ERROR();	检验 TWI 状态寄存器 TWSR,屏蔽预分频位,如果状态字不是 MT_DATA_ACK,则转出错处理(MT_DATA_ACK = 0x28/0x30)
	TWCR =(1<<TWINT)|(1<<TWEN)| (1<<TWSTO);	发送 STOP 信号

3. Arduino I2C 例子程序

第一部分:I2C 头文件

I2C 的初始化程序:

```
#define I2C_SPEED 400000L
#define I2C _PULLUPS _ENABLE PORTC |= 1 < < 4; PORTC |= 1 < < 5; // PIN A4&A5
(SDA&SCL)
    #define I2C_PULLUPS_DISABLE        PORTC & = ~(1<<4); PORTC & = ~(1<<5);
```

```
int16_t   i2c_errors_count = 0;
static uint32_t neutralizeTime = 0;
void i2c_init(void) {
  #if defined(INTERNAL_I2C_PULLUPS)
    I2C_PULLUPS_ENABLE
  #else
    I2C_PULLUPS_DISABLE
  #endif
  TWSR = 0;                                   //no prescaler => prescaler = 1
  TWBR =((F_CPU / I2C_SPEED) - 16) /2;        //change the I2C clock rate
  TWCR = 1<<TWEN;                             //enable twi module, no interrupt
}
```

总线起始程序:

```
void I2C_Rep_Start(uint8_t address)
{
    //注:TWCR 的寄存器的或运算是从右往左,注意各个寄存器的控制字的顺序。
    TWCR =(1<<TWINT) |(1<<TWSTA) |(1<<TWEN); //TWINT 第一次置1,表示 SCL=1,且开
// 启总线
    waitTransmissionI2C();//第一次轮询,TWINT 置位表示 START 信号已经发出
    TWDR = address;//把地址放入数据寄存器
    TWCR =(1<<TWINT) |(1<<TWEN);//TWINT 第二次置1,SCL=0,修改数据
    waitTransmissionI2C();//第二次轮询,TWINT 置位表示总线命令 address 已发出,并
// 收到被控器发出的应答信号 ACK 或 nACK
}
```

总线停止程序:

```
void I2C_Stop(void)
{
    TWCR =(1<<TWINT) |(1<<TWEN) |(1<<TWSTO);//总线停止
}
```

主控器向被控器写数据:

```
void I2C_Write(uint8_t data)
{//开始的时候 TWINT 置位,表示 SCL=1
    TWDR = data;
    TWCR =(1<<TWINT) |(1<<TWEN);//TWINT 再次置位,将数据发出
    waitTransmissionI2C();//轮询等 TWINT 置位,并收到被控器发出的应答信号 ACK
// 或 nACK
}

uint8_t I2C_Read(uint8_t ack)
{
    TWCR =(1<<TWINT) |(1<<TWEN) |(ack? (1<<TWEA):0);//如果 ack 等于0,表示非应
// 答,为1表示应答
    waitTransmissionI2C();//轮询等待 TWINT 置位表示总线命令 data 已发出,并收到被
```

// 控器发出的应答信号 ACK 或 nACK

```
        uint8_t ret = TWDR;//读取数据
        if(! ack) I2C_Stop();//不应答总线停止
        return ret;//返回结果
}
```

等待轮询函数(TWINT 是否置 1):

```
void TransmissionI2C()
    {
        uint16_t count = 255;
        while(! (TWCR&(1<<TWINT)))//
         {
            count --;
            if(count == 0)
            {
             TWCR = 0;//控制为赋值为 0
                        //释放总线
             I 2C_errors_count ++;
              break;
             }
         }
    }
uint8_t I2C_ReadAck()//应答
 {
    return I2C_Read(1);
 }
uint8_t I2C_ReadNAck()//非应答
 {
    return I2C_Read(0);
 }
```

第二部分:I2C 主文件

将读入的数据放到缓冲区中,这个程序的目的是接受大量数据的缓存。

在读入缓冲的数据的时候,要将地址向左移动一位,因为在第 8 位数读写指令位 R/W,当 R/W = 0 时是 W,当 R/W = 1 时是 R,此时将读写位置为 1 和 0,从而判断读与写。

```
size_t I2C_Read_To_Buff(uint8_t add,void *buff,size_t size)
 {
    I2C_Start((add<<1) |1)//将地址读入并开启总线
    size_t bytes_read = 0;//读取的位数
    uint8_t *b =(uint8_t *)buff;//将类型转换为 8 位的指针
    while(size --)
     {
       *b ++ = I2C_Read(size>0);//将读取的值赋给指针 b
      bytes_read ++;//计数
```

```
        return bytes_read;
    }
```

把寄存器中的数据读到 buff 中：

```
size_t I2C_Read_Reg_To_Buff(uint_8 add,uint8_t reg,void *buff,size_t size)
    {
        I2C_Start(add<<1);//写入起始地址并启动总线
        I2C_Write(reg);//写入寄存器地址
        return I2C_Read_To_Buff(add, buff, size)
}


void swap_endianness(void *buf, size_t size) {
    /* we swap in-place, so we only have to
     * place _one_ element on a temporary tray
     */
    uint8_t tray;
    uint8_t *from;
    uint8_t *to;
    /* keep swapping until the pointers have assed each other */
    for(from =(uint8_t *)buf, to = &from[size-1]; from < to; from++, to--) {
        tray = *from;
        *from = *to;
        *to = tray;
    }
}
```

把数字值写寄存器：

```
void I2C_WriteReg(uint8_t add,uint8_t reg,uint8_t val)
    {
        I2C_Start(add<<1);//
        I2C_Write(reg);//寄存器选择
        I2C_Write(val);//把值写到寄存器当中
        I2C_Stop();//总线停止
    }
uint8_t I2C_ReadReg()
    {
        uint8_t val;
        I2C_Read_Reg_To_Buff(add,reg,&val,1);
        return val;//返回数据值
    }
uint8_t I2CWrite(uint8_t address, uint8_t registerAddress, uint8_t data,bool
sendStop)
    {
        I2C_WriteReg(address,registerAddress,data);
```

```
    return 0;
  }
  uint8_t I2CWrite(uint8_t address, uint8_t registerAddress, uint8_t * data,
uint8_t length, bool sendStop)
  {
    for(int I = 0;i<length;i++)
  {
    I2C_WriteReg(address,registerAddress,data[i]);
    return 0;
  }
  }
  uint_t I2CRead(uint8_t address, uint8_t registerAddress, uint8_t * data,
uint8_t nbytes)
  {
    for(uint 8_t i = 0; i < nbytes; i++)
    {
    data[i] = I2C_ReadReg(address,registerAddress);
    }
    return 0;
  }
```

第二节　传感器介绍

1. 惯性测量单元

惯性测量单元(Inertial Measurement Unit,IMU)是测量物体三轴姿态角(或角速率)以及加速度的装置。

一般地,一个 IMU 包含了 3 个单轴的加速度计和 3 个单轴的陀螺,加速度计检测物体在载体坐标系独立三轴的加速度信号,而陀螺检测载体相对于导航坐标系的角速度信号,测量物体在三维空间中的角速度和加速度,并以此解算出物体的姿态。在导航中有着很重要的应用价值。

为了提高可靠性,还可以为每个轴配备更多的传感器。IMU 一般安装在被测物体的重心上。

IMU 大多用在需要进行运动控制的设备,如汽车和机器人;也被用在需要用姿态进行精密位移推算的场合,如潜艇、飞机、导弹和航天器的惯性导航设备等。

1) 背景技术

利用三轴地磁解耦和三轴加速度计,受外力加速度影响很大,在运动/振动等环境中,输出方向角误差较大,此外地磁传感器有缺点,它的绝对参照物是地磁场的磁力线,地磁的特点是使用范围大,但强度较低,为零点几高斯[①],非常容易受到其他磁体的干扰,如果融合了 Z 轴陀螺仪的瞬时角度,就可以使系统数据更加稳定。加速度测量的是重力方

---

① 高斯(Gs)为非法定计量单位。1Gs=10^{-4}T(特[斯拉])。

向,在无外力加速度的情况下,能准确输出 ROLL/PITCH 两轴姿态角度 并且此角度不会有累积误差,在更长的时间尺度内都是准确的。但是加速度传感器测角度的缺点是加速度传感器实际上是用 MEMS 技术检测惯性力造成的微小形变,而惯性力与重力本质是一样的,所以加速度计就不会区分重力加速度与外力加速度,当系统在三维空间做变速运动时,它的输出就不正确了。

陀螺仪输出角速度,角速度是瞬时量,在姿态平衡上不能直接使用,需要与时间积分计算角度。将得到的角度变化量与初始角度相加,就得到了目标角度,其中积分时间 Δt 越小,输出角度越精确,但陀螺仪的原理决定了它的测量基准是自身,并没有系统外的绝对参照物,加上 Δt 是不可能无限小的,所以积分的累积误差会随着时间增加而迅速增加,最终导致输出角度与实际不符,所以陀螺仪只能工作在相对较短的时间尺度内。

因此,在没有其他参照物的基础上,要得到较为真实的姿态角,就要利用加权算法扬长避短,结合两者的优点,摈弃其各自的缺点,设计算法在短时间尺度内增加陀螺仪的权值,在更长时间尺度内增加加速度权值,这样系统输出角度就接近真实值了。

2) 惯性测量装置 IMU 的工作原理

惯性测量装置 IMU 属于捷联式惯导,该系统由两个加速度传感器与 3 个速度传感器(陀螺)组成,加速度计用来感受飞机相对于地垂线的加速度分量,速度传感器用来感受飞机的角度信息,该子部件主要由两个 A/D 转换器和 E/EPROM 构成,A/D 转换器采用 IMU 各传感器的模拟变量,转换为数字信息后经过 CPU 计算后最后输出飞机俯仰角度、倾斜角度与侧滑角度,E/EPROM 存储器主要存储 IMU 各传感器的线性曲线图与 IMU 各传感器的件号与序号,系统在刚开机时,图像处理单元读取 E/EPROM 内的线性曲线参数为后续角度计算提供初始信息。

2. MPU–60X0 介绍

MPU–60X0(Motion Processing Unit)运动处理单元集成了 3 个三轴传感器,具有嵌入式三轴 MEMS 陀螺仪,三轴 MEMS 加速度计和 I^{2}C 端口可连接第三方数字传感器,如磁强计。当连接到一个三轴磁力计,提供了一个完整的 9 轴运动姿态融合器件,可输出到主 I2C 或 SPI 接口(SPI 只在 MPU–6000 使用)。

MPU–60X0 还设计了辅助(auxiliary)I^{2}C 端口与多个非惯性数字传感器相连,如气压测高传感器。

MPU–60X0 输出的每个为 16bit 的数据,能精密跟踪快速和慢速运动,用户可编程的陀螺仪的满量程范围±250°/s,±500°/s,±1000°/s,±2000°/s(DPS)和用户可编程的加速度计全量程±2g,±4g,±8g,±16g。

MPU6050 模块采用 I^{2}C 接口。采用先进的数字滤波技术,能有效降低测量噪声,提高测量精度。

模块内部集成了姿态解算器,配合动态 Kalman 滤波算法,能够在动态环境下准确输出模块的当前姿态,姿态测量精度 0.01°,稳定性极高,性能甚至优于某些专业的倾角仪。

技术参数:

(1)电压:3~6V。

(2)电流:<10mA。

(3)测量维度:加速度三维,角速度三维,姿态角三维。

（4）量程：加速度±16g,角速度±2000°/s。

（5）分辨率：加速度6.1×10^{-5}g,角速度7.6×10^{-3}°/s。

（6）稳定性：加速度0.01g,角速度0.05°/s。

（7）姿态测量稳定度：0.01°。

（8）数据输出频率100Hz(波特率115200bps)/20Hz(波特率9600bps)。

（9）数据接口：串口(TTL电平),I2C(直接连MPU6050,无姿态输出)。

（10）波特率115200bps/9600bps。

1）陀螺仪功能

在MPU-60X0的三轴MEMS陀螺仪具有广泛的特点：

（1）传感器(陀螺仪)X,Y,Z轴角速度数字输出的用户可编程满刻度范围±250°/s,±500°/s,±1000°/s,±2000°/s。

（2）外接同步信号连接到FSYNC引脚支持图像、视频和GPS同步。

（3）集成的16位ADC使陀螺仪实现同步采样。

（4）增强偏压措施,提高了灵敏度和温度稳定性。

（5）改进了低频噪声性能。

（6）具有数字可编程低通滤波器。

（7）陀螺仪工作电流：3.6mA。

（8）待机电流：5μA。

（9）可用户校准。

2）加速度计特点：

在MPU-60X0的三轴MEMS加速度计具有以下特点：

（1）三轴加速度计数字输出的可编程满量程范围,±2g,±4g,±8g和±16g。

（2）集成的16位ADC使加速度计实现同步采样。

（3）加速度传感器正常工作电流：500μA。

（4）低功耗加速度计模式电流：在1.25Hz是10μA,在5Hz是20μA,在20Hz是60μA,在40Hz是110μA。

（5）方向检测。

（6）用户可编程的中断。

（7）自由落体中断。

（8）高g中断。

（9）零运动/运动中断。

（10）可用户校准。

3）附加功能

该MPU-60X0还包括以下附加功能：

（1）9轴片上数字运动处理器(DMP)。

（2）辅助主控I2C总线,可从外部传感器读取数据(如磁强计)。

（3）3.9mA工作电流时,会启用所有的6运动感应轴和DMP。

（4）VDD提供2.375V~3.46V的电压。

（5）灵活的 VLOGIC 参考电压支持多个 I2C 接口电压（MPU-6050）。

（6）最小，最薄的 QFN 封装,适用于便携式设备:4mm×4mm×0.9mm。

（7）加速度计和陀螺仪轴之间影响小。

（8）1024 字节的 FIFO 缓冲器,允许在主处理器读出的数据中降低功耗,然后进入低功率模式使 MPU 能处理更多的数据。

（9）数字输出的温度传感器。

（10）用户可编程数字滤波器的陀螺仪、加速计和温度传感器。

（11）能承受 10,000g 冲击。

（12）400kHz 的快速模式 I2C,与所有寄存器即时通信。

3. MPU-60X0 传感器测量原理

微机电系统（Micro-Electro-Mechanical System,MEMS）将机械和电子元件集成在微米级的小型结构中。利用微机械加工将所有电气器件、传感器和机械元件集成至一片共用的硅基片,从而组合成 MEMS 传感器。MEMS 系统的主要元件是机械单元、检测电路以及 ASIC 或微控制器。下边介绍 MEMS 加速度计传感器和陀螺仪,讨论其工作原理、检测结构,涉及到的控制系统结构参见第七章的内容。

（1）陀螺仪介绍

陀螺仪分为旋转陀螺仪,振动陀螺仪,压电陀螺仪,微机械陀螺仪,光纤陀螺仪和激光陀螺仪,它们都是电子式的,并且它们可以和加速度计,磁阻芯片,GPS 等做成惯性导航控制系统。

振动陀螺仪也称哥氏振动陀螺仪,固体波动陀螺仪,它用振动的振子代替高速旋转的转子,无磨损部件,还可采用微机械加工。根据振子振动的方式不同分为线振动和角振动,根据结构的不同分为音叉、振弦、环、半球、圆筒等。

微机械陀螺仪也是一种振动式角速率传感器,按材料分为石英和硅振动梁两类。石英材料制作的陀螺仪特性好,但加工难度大,成本高;硅材料结构完整,弹性好,利于微机械加工,它是在硅衬底上用多晶硅制作陀螺仪,是当前低成本微机械陀螺仪的主流,它产生激励振动的方式有静电驱动、压电驱动和电磁驱动等,感测振动的方式有电容检测、压电检测和压阻检测等。

硅微框架驱动式陀螺仪属单自由度陀螺仪。

哥氏加速度是微机械陀螺仪产生陀螺力矩的基础,陀螺力矩是陀螺仪的主要特性之一。当绕驱动轴作高频振动的微机械陀螺仪敏感角速度时,其检测质量内各质点的哥氏加速度会对输出轴形成哥氏惯性力矩,这种哥氏惯性力矩即为陀螺力矩。陀螺力矩的方向与哥氏加速度的方向相反,陀螺力矩作用于支承检测质量的框架上。由于哥氏加速度和陀螺力矩的存在,在理想情况下,陀螺仪输出轴的输出信号将正比于敏感轴输入信号,这就是微机械陀螺仪敏感角速度的基本原理。图 4.11 所示为硅微框架驱动式陀螺仪的结构原理图。

在该结构中有两个框架,即内框架和外框架,相互正交的内、外框架轴均为一对扁乎状的挠性枢轴,它们绕自身轴向具有低的抗扭刚度,但有较高的抗弯刚度。检测质量固定在内框架上,在外框架两侧对称设置一对驱动电极,在内框架两侧对称设置一对敏感电极,该四个电极相对仪表壳体的位置是固定的。由于是用微机械加工工艺制作。整个仪

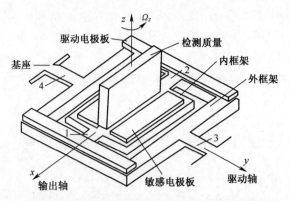

驱动电极板　检测质量　内框架　外框架　基座　4　2　1　3　z　Ω_z　x　输出轴　敏感电极板　y　驱动轴

图 4.11　硅微框架驱动式陀螺仪的结构原理图

表尺寸均为微米数量级。在静电力驱动下,仪表外框连同内框和检测质量一起作高频微幅角振动。设角振动波形为正弦波。

$$\theta = \theta_0 \sin\omega_n t \tag{4.2}$$

显然,θ 角很小,则检测质量上各质点的振动都可视为线振动。在检测质量块上取任一质点 P,它在坐标系 $Oxyz$ 中的坐标为 (x_i, y_i, z_i),如图 4.12 所示。则其振动线速度为:

$$\boldsymbol{V} = (v_{ix}, v_{iy}, v_{iz}) = (\dot{\theta}_{2y} z_i, 0, -\dot{\theta}_{2y} x_i) \tag{4.3}$$

当壳体绕输入轴以角速度 Ω_z 相对惯性空间转动时,质点 P 具有哥氏加速度,其大小为:

$$a_{ki} = 2\Omega_z v_{ix} = 2\Omega_z \dot{\theta}_{2y} z_i \tag{4.4}$$

方向沿 y 轴正向。

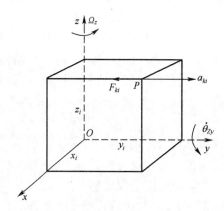

图 4.12　检测质量运动分析图

设质点 P 的质量为 m_i,该质点产生的哥氏惯性力大小为:

$$F_{ki} = m_i \quad a_{ki} = 2m_i \quad \Omega_z \dot{\theta}_{2y} z_i \tag{4.5}$$

方向沿 y 轴负向。

形成的绕输出铂的哥氏惯性力矩大小为:

$$M_{ki} = F_{ki} z_i = 2m_i \Omega_z \dot{\theta}_{2y} z_i^2 \tag{4.6}$$

求积分得总的哥氏惯性力矩为:

$$M_G = \Omega_z \dot{\theta}_{2y}(I_{1x} + I_{1y} - I_{1z}) = I_1 \dot{\theta}_{2y}\Omega_z \qquad (4.7)$$

硅微型框架驱动式陀螺仪一般有两个框架,一个为驱动框,一个为检测框。按驱动框是内框还是外框,可分为外框驱动式和内框驱动式两种。

如图 4.13 为外框驱动式硅陀螺仪的控制系统框图:

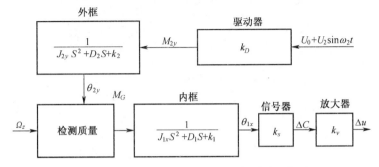

图 4.13　外框驱动式硅陀螺仪的控制系统框图

U_0、U_1 分别为施于驱动电极板的直流偏置电压和交流驱动电压的幅值,ω_2 为交流电压信号角频率,θ_{1x}、θ_{2y} 为内、外框绕相应的挠性轴的角振动幅值,J_{1i}、$J_{2i}(i = x,y,z)$ 分别为内、外框架绕相应轴的转动惯量;k_1、k_2 分别为内、外挠性杆的扭转刚度系数;D_1、D_2 为相应的阻尼系数。当施加驱动电压时,外框、内框和检测质量一起以 ω_2 的频率绕 y 轴小角度振动。此时,若绕框架平面法线有角速度 Ω_x 输入时,在陀螺力矩 M_G 作用下,内框连同检测质量便以外框的振动频率和与 Ω_x 成正比的幅度绕 x 轴作角振动,从而引起检测电容的电容值发生变化 ΔC,经电路放大输出电压 Δu 信号,这个电压信号正比于输入信号 Ω_x。

图中陀螺力矩为:$M_G = J_1 \dot{\theta}_{2y}\Omega_x$

输出角振动幅值为:

$$\theta_{1x} = \frac{M_G}{J_{1x}s^2 + D_1 s + k_1} = \frac{J_1 s \theta_{2y}\Omega_x}{J_{1x}(s^2 + 2\xi_1 \omega_{n1}s + \omega_{n1}^2)} \qquad (4.8)$$

选取驱动电压信号频率与内框的固有频率相等,即 $\omega_2 = \omega_{n1}$,则

$$s^2 + \omega_{n1}^2 = (j\omega_2)^2 + \omega_{n1}^2 = 0 \qquad (4.9)$$

$$\theta_{1x} = \frac{J_1 \theta_{2y}\Omega_x}{J_{1x}2\xi_1 \omega_{n1}} = \frac{J_1 Q_1 \theta_{2y}\Omega_x}{J_{1x}\omega_{n1}} \qquad (4.10)$$

$Q_1 = \dfrac{1}{2\xi_1}$ 为陀螺仪谐振品质因数。输出和外部输入的传递函数为:

$$S = \frac{\Delta u}{\Omega_x} = \frac{k_s k_V \theta_{1x}}{\Omega_x} = \frac{J_1 Q_1 \theta_{2y} k_s k_V}{J_{1x}\omega_{n1}} \qquad (4.11)$$

因为分子是 Δu,所以 S 为陀螺仪的灵敏度,提高灵敏度的方法有:(1)采用真空减少阻尼以提高 Q_1,(2)合适的结构参数(如极板面积、宽度,极板到轴的距离等)以增加 k_s,(3)框架振动幅度 θ_{2y}(不能超过极板之间的距离)。

内框驱动式的结构如图 4.14:

这种情况下,内框架驱动,外框架检测信号。如图 4.15 为内框驱动式硅陀螺仪的控

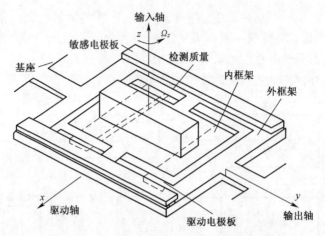

图 4.14 硅微框架驱动式陀螺仪的结构原理图

制系统框图:

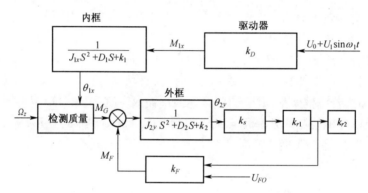

图 4.15 外框驱动式硅陀螺仪的控制系统框图

陀螺力矩为:

$$M_G = J_1 \dot{\theta}_{1x} \Omega_z \tag{4.12}$$

当驱动电压信号频率与外框架扭振系统固有频率相等,即 $\omega_1 = \omega_{n2}$ 时,外框架的输出信号幅值为:

$$\theta_{2y} = \frac{J_1 Q_1 \theta_{1x} \Omega_z}{(J_{1y} + J_{2y}) \omega_{n2}} \tag{4.13}$$

输出和外部输入的传递函数为:

$$S = \frac{\Delta u}{\Omega_z} = \frac{J_1 Q_1 \theta_{1x} k_s k_V}{(J_{1y} + J_{2y}) \omega_{n2}} \tag{4.14}$$

(2) 加速度计介绍

硅微型加速度计主要用来测量载体的加速度,并可通过积分提供速度和位移信息,硅微型加速度计还可以和微型陀螺仪组合,构成微型惯性测量单元(MIMU)。硅微型加速度计的类型较多,按运动方式分为角振动式和线振动式加速度计;按支承方式分为扭摆式、悬臂梁式和弹簧式;按信号检测方式分为电容式、电阻式和隧道电流式;按控制方式分为开环式和闭环式。

开环式是将加速度敏感元件检测的信号值经放大后直接输出,抗干扰能力差、精度低,但构造简单,成本低;闭环式包含有对检测质量有控制作用的力或力矩发生器,将加速度敏感元件检测的信号值经放大后反馈给发生器,使被检测质量的加速度始终工作在零位附近,抗干扰能力强、精度高。

扭摆式硅微加速度计(PMSA),俗称"跷跷板"摆式电容加速度计,由挠性轴、角振动板和质量块、四个电极及电子线路组成。如图所示,当有垂直于极扳平面的外界加速度作用于极板上时,因为相对于挠性轴的不对称,质量块将使挠性轴产生偏转引起角位移。角位移将引起活动极板与敏感电极板之间电容的变化,从而产生电信号输出。当角位移很小时,加速度计的输出信号与输人加速度成正比。施力极板的作用是形成反馈静电力矩,使动极板的转角恢复到零位附近。扭摆式硅微加速度计结构图如图4.16所示。

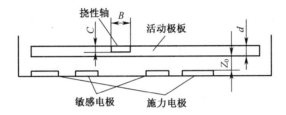

图4.16 扭摆式硅微加速度计结构图

扭摆式硅微加速度汁的控制系统框图如图4.17所示。

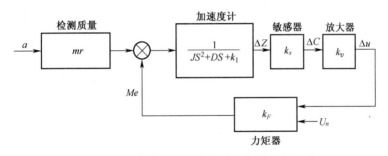

图4.17 扭摆式硅微加速度汁的控制系统框图

施加于施力电极上的电压由两个部分组成:一是偏置电压 U_0,为定值,另一个是控制电压 Δu,它与电容差值 ΔC 成正比。显然有关系式:

$$\Delta u = \frac{mar \cdot \dfrac{k_s k_v}{JS^2 + DS + k_t}}{1 + \dfrac{k_S k_v k_F}{JS^2 + DS + k_t}} \tag{4.15}$$

其中,mar 为动极板在加速度 a 作用下的不平衡转矩,m 为动极板上的不平衡质量,r 为该不平衡质量质心到支承轴线的距离,k_v 为检测回路放大系数,k_s 和 k_F 分别为敏感器和力矩器的传递系数,k_t 为挠性轴的扭转刚度系数,J 和 D 分别为活动极板绕挠性铀的转动惯量及系统的阻尼。当 k_v 足够大时,有近似式:

$$\Delta u \approx \frac{mar}{k_F} \tag{4.16}$$

悬臂梁式硅微加速度计(CMSA),也称"三明治"摆式电容加速度计,常见的结构形式有两种,如图4.18的(a)(b)所示:

101

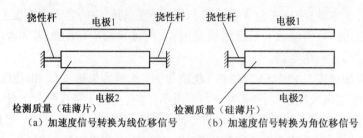

图 4.18　悬臂梁式硅微加速度计结构图

图(a)加速度信号转换成为检测质量的线位移信号,并引起检测质量块与上下固定电容极板之间电容的变化,从而产生输出信号,其控制系统框图如图 4.19 所示:

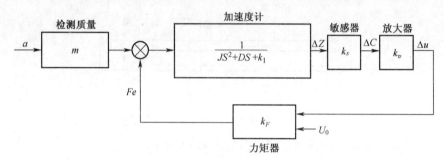

图 4.19　悬臂梁式硅微加速度计控制系统结构图

系统的静态灵敏度为:

$$S = \frac{\Delta u}{a} = \frac{mk_Sk_V}{k_B + k_Sk_Vk_F} \tag{4.17}$$

其中,k_B 为挠性支承的总抗弯刚度。

图(b)加速度信号转换成为检测质量绕垂直于敏感轴方向的角位移信号,并引起检测质量块与上下固定电容极板之间电容的变化,从而产生输出信号,其控制系统框图与前图一样,系统的静态灵敏度为:

$$S = \frac{\Delta u}{a} = \frac{mrk_Sk_V}{k_B + k_Sk_Vk_F} \tag{4.18}$$

叉指式硅微型加速度计(FMSA),亦称梳齿式硅微机电加速度计,分为表面加工梳齿式电容加速度计和体硅加工梳齿式电容加速度计,其活动极板和固定极板成梳齿状,系统的静态灵敏度为:

$$S = \frac{\Delta u}{a} = \frac{mk_Sk_V}{k + k_Sk_Vk_F} \tag{4.19}$$

其中,k 为支承系统的弹簧刚度。

由前面介绍几种加速度计的测量原理可知,加速度计都是通过检测质量敏感加速度产生惯性力或惯性力矩,然后通过扭杆、悬臂梁或弹簧等将力或力矩信号转换成线位移或角位移信号,再通过电容、压阻或压电传感器等将位移信号转换成电信号。电容传感器有灵敏度高,温度稳定性好,易于构成高精度力平衡式器件等优点,但灵敏度和分辨率与电容极板面积有关,不利于集成化和小型化。

102

硅微谐振式加速度计由检测质量、固定的梳齿和活动谐振梳齿、分布于梳齿两边的谐振梁组成,通过静电或压电作用等方式以谐振频率产生运动,当有外界加速度时,两边的谐振梁频率就会形成差别,差动频率对应着输入加速度的大小。频率检测稳定性强,便于数字化处理,发展前景广阔。

由量子力学理论知道,由于电子的隧道效应,导体中的电子并不充全局限于表面边界之内,电子密度并不在表面边界处突变为零,而是在表面以外呈指数形式衰减,衰减的长度约 1nm。因此,只要将原子线度的极细探针以及被研究物质的表面作为四个电极,当样品与针尖的距离非常接近时,它们的表面电子云就可能重叠。若在样品与针尖之间加一微小电压 u_b,电子就会穿过两个电极之间的势垒,流向另一个电极,形成隧道电流 I,这种隧道电流 I 与 u_b 成正比,随针尖和样品之间的距离 s 成指数衰减,还与样品表面的势垒 φ 有关,具体关系式为:

$$I \propto u_b e^{-\alpha\sqrt{\varphi}s} \tag{4.20}$$

其中 $\alpha = 1.025$。

利用电子反馈线路来控制隧道电流 I 的恒定,利用压电陶瓷材料来控制针尖在样品表面上的扫描,则探针在垂直于样品方向上的高低变化,就反映出了样品表面的起伏。对于表面起伏不大的样品,可以控制针尖高度守恒扫描,通过记录隧道电流的变化来得到表面态密度的分布。隧道电流式硅微加速度计(TMSA)采用电子的隧道效应进行工作。隧道电流式硅微加速度计按支承方式分为两种结构型式,一为折叠梁式,一为悬臂梁式。折叠梁式包含了检测质量、两层镀金的极板、隧尖和折叠梁弹簧,在两层镀金的电容极板上施加驱动电压调节隧道间隙。悬臂梁式则包含了一根蒸金的悬臂梁和三个电极:控制电极、自捡电极和隧尖,控制电极可以调节隧道间隙,一般 20~60V 的电压可以调节间隙 1~1.5μm。隧尖采用 FIB 光刻及离子磨削技术进行加工。理论分析和试验结果表明,隧道电容式硅微加速度计具有灵敏度高(是电容式传感器的 10^4 倍)、信噪比大、结构体积小和动态范围广,是一种很有前途的新型传感器。由于硅材料是一种热敏材料,当温度发生变化时,不但会使加速度计的结构发生变形,材料的弹性模量、疲劳强度等机械特性受到巨大影响,而且还会引起阻尼系数的变化、共振频率的紊乱,从而影响加速度计工作的静态和动态特性,给测量带来误差。

(3)MPU-60X0 传感器的寄存器介绍

MPU-60X0 的陀螺仪和加速度传感器,不管是采用电容式输出还是采用压电输出,最终都通过 A/D 转换成了数字信号,存储在微控制器相应的寄存器中,并通过 I2C 协议或 SPI 协议与单片机通信,下面介绍几个重要的寄存器,如表4.8~表4.20。

表 4.8　寄存器 0x19 各位的定义

寄存器的16进制地址	寄存器的10进制地址	Bit7	Bit6	Bit5	Bit4	Bit3	Bit2	Bit1	Bit0
19	25				SMPLRT_DIV[7:0]				

该寄存器用于计算陀螺仪数据的采样率,公式为:

$$采样率=陀螺仪数据的输出率/(1+SMPLRT\_DIV) \tag{4.21}$$

其中 SMPLRT_DIV 为该寄存器的值,而陀螺仪数据的输出率通过查上表 DLPF_CFG 的 Fs 值。

表 4.9　寄存器 0x1A 各位的定义

寄存器的 16 进制地址	寄存器的 10 进制地址	Bit7	Bit6	Bit5	Bit4	Bit3	Bit2	Bit1	Bit0
1A	26	–	–	EXT_SYNC_SET[2:0]			DLPF_CFG[2:0]		

该寄存器用于配置陀螺仪和加速度传感器的帧同步(FSYNC)和数字低通滤波器(DLPF),连接到帧同步(FSYNC)引脚上的外部信号,可以通过配置 EXT_SYNC_SET 找出帧同步的比特位置来进行采样,配置 DLPF_CFG 可以对陀螺仪和加速度传感器进行数字低通滤波。配置 EXT_SYNC_SET 和 DLPF_CFG 的含义见表

表 4.10　寄存器 0x1A 的 EXT_SYNC_SET 和 DLPF_CFG 位的含义

EXT_SYNC_SET	帧同步的 Bit 位置	DLPF_CFG	加速度传感器(Fs=1kHz)		陀螺仪		
			带宽(Hz)	延时(ms)	带宽(Hz)	延时(ms)	Fs(kHz)
0	输入无效	0	260	0	256	0.98	8
1	TEMP_OUT_L[0]	1	184	2.0	188	1.9	1
2	GYRO_XOUT_L[0]	2	94	3.0	98	2.8	1
3	GYRO_XOUT_L[0]	3	44	4.9	42	4.8	1
4	GYRO_XOUT_L[0]	4	21	8.5	20	8.3	1
5	ACCEL_XOUT_L[0]	5	10	13.8	10	13.4	1
6	ACCEL_YOUT_L[0]	6	5	19.0	5	18.6	1
7	ACCEL_ZOUT_L[0]	7	保留		保留		8

表 4.11　寄存器 0x1B 各位的定义

寄存器的 16 进制地址	寄存器的 10 进制地址	Bit7	Bit6	Bit5	Bit4	Bit3	Bit2	Bit1	Bit0
1B	27	XG_ST	YG_ST	ZG_ST	FS_SEL[1:0]		–	–	–

该寄存器用于触发陀螺仪的自检功能,同时还配置陀螺仪的量程范围。XG_ST,YG_ST,ZG_ST 三位分别控制陀螺仪三轴的自检,它们可以同时设置为 1。

在旋转体系中进行直线运动的质点,由于惯性,有沿着原有运动方向继续运动的趋势。立足于旋转体系,我们认为有一个力驱使质点运动轨迹形成曲线,这个力就是科里奥利力。从物理学的角度考虑,科里奥利力与离心力一样,都不是在惯性系中真实存在的力,而是惯性作用在非惯性系内的体现,同时也是在惯性参考系中引入的惯性力,方便计算。科里奥利力的计算公式如下:

$$F = -2m\omega \times v' \tag{4.22}$$

式中　F 为科里奥利力;m 为质点的质量;v' 为相对于转动参考系质点的运动速度(矢量);ω 为旋转体系的角速度(矢量);$\times$ 表示两个向量的外积符号。

旋转中的陀螺仪会对各种形式的直线运动产生反应,通过记录陀螺仪部件受到的科里奥利力可以进行运动的测量与控制。

自检的原理是:相应轴加一电信号,相当于一个预定义的科里奥利力加到传感器,使传感器输出信号发生变化,根据这个结果就可以观测自检响应。

FS_SEL 用于设置陀螺仪输出的满量程,如表:

表 4.12　寄存器 0x1B 的 FS_SEL 位含义

FS_SEL	满量程范围
0	±250°/s
1	±500°/s
2	±1000°/s
3	±2000°/s

表 4.13　寄存器 0x1C 各位的定义

寄存器的16进制地址	寄存器的10进制地址	Bit7	Bit6	Bit5	Bit4	Bit3	Bit2	Bit1	Bit0
1C	28	XA_ST	YA_ST	ZA_ST	AFS_SEL[1:0]		–	–	–

　　该寄存器用于触发加速度传感器的自检功能并配置加速度的量程范围,也配置数字高通滤波器。加速度传感器可以通过机械部分和电子部分进行自检,XA_ST,YA_ST,ZA_ST 三位分别控制加速度三轴的自检,它们可以同时设置为1。自检的原理是:相应轴加一电信号,相当于加一个外部的力到传感器,使传感器输出信号发生变化,根据这个结果就可以观测自检响应。

　　AFS_SEL 用于设置加速度输出的满量程,如表:

表 4.14　寄存器 0x1C 的 AFS_SEL 位含义

AFS_SEL	满量程范围
0	±2g
1	±4g
2	±8g
3	±16g

寄存器 0x24-0x27 的含义

　　0x24 为 I^2C 主设备控制器,0x25 为 I^2C 从设备地址寄存器,0x26 为 I^2C 从设备内部地址寄存器,0x27 为 I^2C 从设备控制器。

表 4.15　寄存器 0x37 各位的定义

寄存器的16进制地址	寄存器的10进制地址	Bit7	Bit6	Bit5	Bit4	Bit3	Bit2	Bit1	Bit0
37	55	INT_LEVEL	INT_OPEN	LATCH_INT_EN	INT_RD_CLEAR	FSYNC_INT_LEVEL	FSYNC_INT_EN	I2C_BYPASS_EN	–

　　如果要串接磁场传感器,可以配置该寄存器接收管脚的中断信号。

INT_LEVEL 中断级别高或低

INT_OPEN 开中断

LATCH_INT_EN 为 0,管脚发射 50us 的脉冲,为 1 管脚保持高电平直到中断被清除

INT_RD_CLEAR 读操作后中断被清除

FSYNC_ INT_LEVEL 帧中断管脚的级别高或低

FSYNC_ INT_EN 开帧中断管脚

I2C _BYPASS _EN 串接磁场传感器使能

表4.16 加速度数据存储寄存器0x3B-0x40的含义

寄存器的16进制地址	寄存器的10进制地址	Bit7	Bit6	Bit5	Bit4	Bit3	Bit2	Bit1	Bit0
3B	59	ACCEL_XOUT[15:8]							
3C	60	ACCEL_XOUT[7:0]							
3D	61	ACCEL_YOUT[15:8]							
3E	62	ACCEL_YOUT[7:0]							
3F	63	ACCEL_ZOUT[15:8]							
40	64	ACCEL_ZOUT[7:0]							

表4.17 陀螺仪数据存储寄存器0x43-0x48的含义

寄存器的16进制地址	寄存器的10进制地址	Bit7	Bit6	Bit5	Bit4	Bit3	Bit2	Bit1	Bit0
43	67	GYRO_XOUT[15:8]							
44	68	GYRO_XOUT[7:0]							
45	69	GYRO_YOUT[15:8]							
46	70	GYRO_YOUT[7:0]							
47	71	GYRO_ZOUT[15:8]							
48	72	GYRO_ZOUT[7:0]							

表4.18 寄存器0x6A各位的定义

寄存器的16进制地址	寄存器的10进制地址	Bit7	Bit6	Bit5	Bit4	Bit3	Bit2	Bit1	Bit0
6A	106	–	FIFO_EN	I2C_MST_EN	I2C_IF_DIS	–	FIFO_RESET	I2C_MST_RESET	SIG_COND_RESET

该寄存器容许用户管理先进先出缓冲区、I2C主设备的模式和接口,使之使能,还能使之复位。

FIFO_EN 为1先进先出缓冲区使能,为0先进先出缓冲区不可用

I2C_MST_EN 为1则I2C主机模式使能,为0辅助I2C总线由主I2C总线逻辑驱动

I2C_IF_DIS 对于MPU-6050总为0

FIFO_RESET 当FIFO_EN为0时,为1则复位先进先出缓冲区,然后自动清为0

I2C_MST_RESET 当I2C_MST_EN为0时,为1则复位主机模式,然后自动清为0

SIG_COND_RESET 为1,复位所有的传感器(陀螺仪、加速度、温度),然后自动清为0

表4.19 寄存器0x6B各位的定义

寄存器的16进制地址	寄存器的10进制地址	Bit7	Bit6	Bit5	Bit4	Bit3	Bit2	Bit1	Bit0
6B	107	DEVICE_RESET	SLEEP	CYCLE	–	TEMP_DIS	CLKSEL[2:0]		

该寄存器容许用户配置电源的模式和时钟源。

DEVICE _RESET 为 1 将所有内部寄存器复位为缺省值,然后变为 0

SLEEP 为 1 传感器进入休眠模式

CYCLE 为 1 传感器将在休眠模式和唤醒模式之间按 0x6C 设置的周期进行切换

TEMP_DIS 为 1 将屏蔽此传感器的温度检测功能

CLKSEL[2:0]配置式中时钟源

表 4.20　寄存器 0x6B 的 CLKSEL 位含义

CLKSEL	时　钟　源
0	内部 8MHz 时钟源
1	按陀螺仪 X 轴的锁相环
2	按陀螺仪 Y 轴的锁相环
3	按陀螺仪 Z 轴的锁相环
4	按外部 32.768kHz 的锁相环
5	按外部 19.2MHz 的锁相环
6	保留
7	停止设置的时钟,保持开始的时钟周期

4. 飞控中的 MPU-60X0 传感器数据获取与校准代码

下面就飞控中两个传感器的具体工作代码来进行讲解。

（1）陀螺仪部分

```
void Gyro_init() {
  TWBR = ((F_CPU /400000L) - 16) /2; //改变 I2C 的频率 400kHz
  i2c_writeReg(MPU6050_ADDRESS, 0x6B, 0x80);
  delay(5);
  i2c_writeReg(MPU6050_ADDRESS, 0x6B, 0x03);
  i2c_writeReg(MPU6050_ADDRESS, 0x1A, 0);
  i2c_writeReg(MPU6050_ADDRESS, 0x1B, 0x18);
  i2c_writeReg(MPU6050_ADDRESS, 0x37, 0x02);
}
```

在陀螺仪初始化中,均是对寄存器的位设置来达到设置陀螺仪的效果。该代码的设置含义为:

第一句 TWBR = ((F_CPU /400000L) - 16) /2;是将 I^2C 的时钟频率设定为 400kHz,这里 TWBR 用法就不再赘述。i2c_writeReg(MPU6050_ADDRESS, 0x6B, 0x80);可知将 0x6B 寄存器写状态字为 0x80(将此十六进制数转换为二进制数为 10000000),对应着 D7~D0 八位,在上表可看出 DEVICE_RESET 将被置 1,其他位不变。DEVICE_RESET 设置为 1 时,该位复位所有内部寄存器为默认值。随后延时 5ms。

i2c_writeReg(MPU6050_ADDRESS, 0x6B, 0x03);0x03 转换成二进制为 00000011,可知时钟源选择为陀螺仪 Z 轴。

i2c_writeReg(MPU6050_ADDRESS, 0x1A, 0);设置 EXT_SYNC_SET 为 0,从而禁止引脚同步输入数据;设置默认 DLPF_CFG = 0 从而限定加速度计带宽 260Hz,陀螺仪带宽 256Hz。

i2c_writeReg(MPU6050_ADDRESS, 0x1B, 0x18);0x18 转为二进制为 00011000,可见 FS_

SEL=3:将最大范围设置为2000deg/sec(角度/秒)。

i2c_writeReg(MPU6050_ADDRESS, 0x37, 0x02);0x02转换为二进制为00000010,设置的效果为

INT_LEVEL=0;INT_OPEN=0;LATCH_INT_EN=0;INT_RD_CLEAR=0;

FSYNC_INT_LEVEL=0;I²C_BYPASS_EN=1;CLKOUT_EN=0;

如果要串接磁场传感器就要设置这一寄存器。

下面是获取陀螺仪数据的代码:

```
void Gyro_getADC () {
  i2c_getSixRawADC(MPU6050_ADDRESS, 0x43);
  GYRO_ORIENTATION( ((rawADC[0]<<8) |rawADC[1])>>2 ,
                    ((rawADC[2]<<8) |rawADC[3])>>2 ,
  ((rawADC[4]<<8) |rawADC[5])>>2 );
    GYRO_Common();
}
```

这个函数是读取传感器 ADC 的值。

第一句 i2c_getSixRawADC(MPU6050_ADDRESS, 0x43);功能是从 0x43 寄存器开头的 0x43～0x48 中读取六个字节的数据到缓冲队列中,而接下来的 GYRO_ORIENTATION()函数,GYRO_ORIEN-TATION()函数很简单,用一条定义语句来实现,代码为:

```
#define GYRO _ORIENTATION ( X, Y, Z) {imu.gyroADC [ ROLL] = X; imu.GyroADC
[ PITCH] = Y; imu.gyroADC[YAW] = Z;} //将获取并放在缓冲队列里的 6 个数据放在全局变量
```

imu.gyroADC[ROLL]、imu.gyroADC[PITCH]、imu.gyroADC[YAW]三个数组中。处理的过程为将 rawADC[0]的二进制数据左移八位,然后与 rawADC[1]的数据按位相或,然后将得到的结果再右移 2 位,最终就将数据的范围控制在了正负 8192 内。

下面是调用 GYRO 的数据处理通用函数,具体用于陀螺仪的校准。

```
void GYRO_Common() {
  static int16_t previousGyroADC[3] = {0,0,0};
  static int32_t g[3];
  uint8_t axis, tilt = 0;


#if defined MMGYRO //是一种磁控均线陀螺,使用磁控管补充能源,磁控管是一种用来产生微
//波能的电真空器件。
  static int16_t mediaMobileGyroADC[3][MMGYROVECTORLENGTH];
  static int32_t mediaMobileGyroADCSum[3];
  static uint8_t mediaMobileGyroIDX;
  //-----------------------------------
#endif
//下面的判断结构是陀螺仪的校准代码,如果 calibratingG 不为零,伺服电动机不会转动(在
//主程序 loop()函数的最后两行),此结构的目的是计算出 gyroZero[axis]
  if (calibratingG>0) {
    for (axis = 0; axis < 3; axis++) {
      //Reset g[axis] at start of calibration
      if (calibratingG == 512) {   //在 loop()里,当遥控 THR、YAW、PITCH 通道打到
```

//最低,calibratingG = 512,由此进行校准前的 g[axis]重置。在 setup()函数里也有 calib-
//ratingG = 512,那是陀螺仪的配置。

```
        g[axis]=0;
        #if defined(GYROCALIBRATIONFAILSAFE) //陀螺仪校准失败的保护,像这种预
//编译的代码,有时会先出现},但此时在#endif 之前一定会有个{与之配对。
            previousGyroADC[axis] = imu.gyroADC[axis]; //保存数据
        }
        if (calibratingG % 10 == 0) {
            if(abs(imu.gyroADC[axis] - previousGyroADC[axis]) > 8) tilt=1;//
//两个数据相减的绝对值大于8,置 tilt = 1;表示飞控倾斜得厉害会在下面的陀螺仪校准失败的保护
//中将 calibratingG=1000
            previousGyroADC[axis] = imu.gyroADC[axis]; //保存数据
        #endif
        }
        //将 512 次的读取结果相加
        g[axis] +=imu.gyroADC[axis];
        //为下次读取全局变量清零
        imu.gyroADC[axis]=0;
        gyroZero[axis]=0;
        if (calibratingG == 1) {
            gyroZero[axis]=(g[axis]+256)>>9;右移 9 位
        #if defined(BUZZER)
            alarmArray[7] = 4; //蜂鸣器延时发声
        #else
            blinkLED(10,15,1); //LED 报警
        #endif
        }
    }
    #if defined(GYROCALIBRATIONFAILSAFE) //陀螺仪校准保护
    if(tilt) {
        calibratingG=1000;
        LEDPIN_ON;//亮灯
    } else {
        calibratingG--;
        LEDPIN_OFF;
    }
    return;
    #else
    calibratingG--;
    #endif

}
```

```
#ifdef MMGYRO //磁控陀螺的处理:消除零偏
  mediaMobileGyroIDX = ++mediaMobileGyroIDX % conf.mmgyro;
  for (axis = 0; axis < 3; axis++) {
    imu.gyroADC[axis]  -= gyroZero[axis];
  mediaMobileGyroADCSum[axis] -= mediaMobileGyroADC[axis][mediaMobileGy-
roIDX];
      //防止陀螺仪发生故障,两次连续读数之间的变量的限幅
    mediaMobileGyroADC[axis][mediaMobileGyroIDX] = constrain(imu.gyroADC
[axis],previousGyroADC[axis]-800,previousGyroADC[axis]+800);
    mediaMobileGyroADCSum[axis] += mediaMobileGyroADC[axis][mediaMobile-
GyroIDX];
    imu.gyroADC[axis] = mediaMobileGyroADCSum[axis] /conf.mmgyro;
  #else
  for (axis = 0; axis < 3; axis++) {   //消除一般陀螺的零偏
    imu.gyroADC[axis]  -= gyroZero[axis];
      //防止陀螺仪发生故障,两次连续读数之间的变量的限幅滤波
    imu.gyroADC[axis] = constrain(imu.gyroADC[axis],previousGyroADC[axis]
-800,previousGyroADC[axis]+800);
  #endif
    previousGyroADC[axis] = imu.gyroADC[axis]; //保存当前陀螺值,以便下次 loop
()循环时,陀螺限幅滤波之用
  }
  /* 板子方向转移 */
  /* 如果你的机架设计仅用于+模式,并且你不能物理上将飞控旋转至用于 X 模式飞行(反之亦
然) */
  /* 你可以使用其中一个选项虚拟旋转传感器 45°,然后通过飞行模式设定多旋翼飞行器的类
型。 */
    /* 检查电动机顺序与旋转方向是否与新的"前方"匹配! 仅使用其中一项注释! */
  #if defined(SENSORS_TILT_45DEG_LEFT) //向"前方"逆时针旋转 45°
    int16_t temp  = ((imu.gyroADC[PITCH] - imu.gyroADC[ROLL]) *7)/10;
    imu.gyroADC[ROLL] = ((imu.gyroADC[ROLL]  + imu.gyroADC[PITCH]) *7)/10;
    imu.gyroADC[PITCH] = temp;
  #endif
  #if defined(SENSORS_TILT_45DEG_RIGHT) //将"前方"顺时针旋转 45°
    int16_t temp  = ((imu.gyroADC[PITCH] + imu.gyroADC[ROLL]) *7)/10;
    imu.gyroADC[ROLL] = ((imu.gyroADC[ROLL] - imu.gyroADC[PITCH]) *7)/10;
    imu.gyroADC[PITCH] = temp;
  #endif
}
```

(2)加速度计部分

```
void ACC_init () {
i2c_writeReg(MPU6050_ADDRESS, 0x1C, 0x10);
    i2c_writeReg(MPU6050_ADDRESS, 0x6A, 0b00100000);
```

110

```
i2c_writeReg(MPU6050_ADDRESS, 0x37, 0x00);
i2c_writeReg(MPU6050_ADDRESS, 0x24, 0x0D);
i2c_writeReg(MPU6050_ADDRESS, 0x25, 0x80 |MAG_ADDRESS);
i2c_writeReg(MPU6050_ADDRESS, 0x26, MAG_DATA_REGISTER);
i2c_writeReg(MPU6050_ADDRESS, 0x27, 0x86);
}
```

加速度计初始化代码解释如下:

i2c_writeReg(MPU6050_ADDRESS, 0x1C, 0x10);//十六进制 0x10 转换为二进制是 00010000,//对应传感器位可知,AFS_SEL 表示为 10 转为十进制就是 2,AFS_SEL = 2 表示的意思是//FULL //Scale = +/-8G。其他位不做设置

i2c_writeReg(MPU6050_ADDRESS, 0x6A, 0b00100000);//将数据位对照可知 I2C_MST_ //EN = 1(I2C master mode),其他位均为零

i2c_writeReg(MPU6050_ADDRESS, 0x37, 0x00);//直接可知将每一位都置零

i2c_writeReg(MPU6050_ADDRESS, 0x24, 0x0D);//0x0D 转换后为 00001101,可得 I2C_ //MST_CLK = 13(I2C slave speed bus = 400KHz); I2C 从高速总线频率为 400kHz

i2c_writeReg(MPU6050_ADDRESS, 0x25, 0x80 |MAG_ADDRESS);//这句表达的意思为 I2C_ //SLV4_RW = 1(读取操作);I2C_SLV4_ADDR = MAG_ADDRESS,将 MAG_ADDRESS 写入到 I2C_SLV4_ //ADDR 中

i2c_writeReg(MPU6050_ADDRESS, 0x26, MAG_DATA_REGISTER);//将 MAG 的 6 数据字节 //存放在 6 个寄存器中,而第一个寄存器的地址就是 MAG_DATA_REGISTER

```
i2c_writeReg(MPU6050_ADDRESS, 0x27, 0x86);
void ACC_getADC () {
i2c_getSixRawADC(MPU6050_ADDRESS, 0x3B);
ACC_ORIENTATION( ((rawADC[0]<<8) |rawADC[1])>>3 ,
((rawADC[2]<<8) |rawADC[3])>>3 ,
((rawADC[4]<<8) |rawADC[5])>>3 );
  ACC_Common();
}
```

而接下来的 ACC_ORIENTATION() 函数,ACC_ORIENTATION() 函数很简单,用一条定义语句来实现,代码为:

#define ACC_ORIENTATION(X, Y, Z) {imu.accADC[ROLL] = X; imu.accADC[PITCH] = Y; imu.accADC[YAW] = Z;}//将获取并放在缓冲队列里的 6B 的数据放在全局变量 //imu.accADC[ROLL]、imu. accADC[PITCH]、imu. accADC[YAW]三个数组中

```
void ACC_Common(){
static int32_t a[3];
```
if (calibratingA>0) {//calibratingA 不为零,要校准,校准的结果放于 global_ //conf.accZero[]并存到 EEPROM

```
for (uint8_t axis = 0; axis < 3; axis++) {
```
//校准开始将 a[axis]设置为 0

if (calibratingA == 512) a[axis] = 0;//THR 打到最大,YAW、PITCH 打到最小 calibratingA =512)

//总计读取 512 个数据

```
        a[axis] +=imu.accADC[axis];
        //为下一个读数准备,将全局的加速度传感器变量 imu.accADC[axis] 和全局加速度零
//偏变量 global_conf.accZero[axis]清零
        imu.accADC[axis]=0;
        global_conf.accZero[axis]=0;
      }
      //计算平均值,向下的 Z 轴要减去重力加速度 ACC_1G ,并在校准的最后储存到 EEPROM
      if (calibratingA == 1) {
        global_conf.accZero[ROLL]  = (a[ROLL]+256)>>9;//2⁹=512,256 是四舍五入
//用的(256/512=0.5),512 次求和的结果/512
        global_conf.accZero[PITCH] = (a[PITCH]+256)>>9;
        global_conf.accZero[YAW] = ((a[YAW]+256)>>9)-ACC_1G; //for nunchuk
//200=1G
        conf.angleTrim[ROLL]  = 0;
        conf.angleTrim[PITCH]  = 0;
        writeGlobalSet(1);              //储存 accZero 到 EEPROM
      }
    calibratingA--;
  }
  #if defined(INFLIGHT_ACC_CALIBRATION) //飞行中的加速度校准
    static int32_t b[3];
    static int16_t accZero_saved[3]  = {0,0,0};
    static int16_t  angleTrim_saved[2] = {0, 0};
    //测量之前将以前的零偏存起来
    if (InflightcalibratingA==50) { //50 次的平均
      accZero_saved[ROLL]  = global_conf.accZero[ROLL];
      accZero_saved[PITCH] = global_conf.accZero[PITCH];
      accZero_saved[YAW]  = global_conf.accZero[YAW];
      angleTrim_saved[ROLL]  = conf.angleTrim[ROLL];
      angleTrim_saved[PITCH] = conf.angleTrim[PITCH];
    }
    if (InflightcalibratingA>0) {    //飞行中的校准
      for (uint8_t axis = 0; axis < 3; axis++) {
        //开始校准 b[axis] 置零
        if (InflightcalibratingA == 50) b[axis]=0;
        //总计 50 个数据的求和
        b[axis] +=imu.accADC[axis];
        //为下一个读数准备,将全局的加速度传感器变量 imu.accADC[axis] 和全局加速
//度零偏变量 global_conf.accZero[axis]清零
        imu.accADC[axis]=0;
        global_conf.accZero[axis]=0;
      }
      //测完了
```

112

```
    if(InflightcalibratingA = = 1){
      AccInflightCalibrationActive = 0;
      AccInflightCalibrationMeasurementDone = 1;
      #if defined(BUZZER)
       alarmArray[7] = 1;          //校准结束的鸣叫
      #endif
      //储存当前的飞行值直到得到下一次的值
      global_conf.accZero[ROLL]  = accZero_saved[ROLL];
      global_conf.accZero[PITCH] = accZero_saved[PITCH];
      global_conf.accZero[YAW]   = accZero_saved[YAW];
      conf.angleTrim[ROLL]   = angleTrim_saved[ROLL];
      conf.angleTrim[PITCH] = angleTrim_saved[PITCH];
    }
    InflightcalibratingA--;
  }
```
//计算平均值,向下的 Z 轴要减去重力加速度 ACC_1G ,并在校准的最后储存到 EEPROM
```
    if(AccInflightCalibrationSavetoEEProm = = 1){  //飞控着陆了,加锁并且操
```
作已经完成
```
      AccInflightCalibrationSavetoEEProm = 0;
      global_conf.accZero[ROLL]  = b[ROLL]/50;
      global_conf.accZero[PITCH] = b[PITCH]/50;
      global_conf.accZero[YAW]   = b[YAW]/50-ACC_1G; //for nunchuk 200=1G
      conf.angleTrim[ROLL]   = 0;
      conf.angleTrim[PITCH]  = 0;
      writeGlobalSet(1); //写 accZero 到 EEPROM
    }
  #endif
```
//进行零偏校正
```
  imu.accADC[ROLL]  -= global_conf.accZero[ROLL];
  imu.accADC[PITCH] -= global_conf.accZero[PITCH];
  imu.accADC[YAW]   -= global_conf.accZero[YAW];

  #if defined(SENSORS_TILT_45DEG_LEFT)
    int16_t temp = ((imu.accADC[PITCH] - imu.accADC[ROLL]) * 7)/10;
    imu.accADC[ROLL] = ((imu.accADC[ROLL]  + imu.accADC[PITCH]) * 7)/10;
    imu.accADC[PITCH] = temp;
  #endif
  #if defined(SENSORS_TILT_45DEG_RIGHT)
    int16_t temp = ((imu.accADC[PITCH] + imu.accADC[ROLL]) * 7)/10;
    imu.accADC[ROLL] = ((imu.accADC[ROLL]  - imu.accADC[PITCH]) * 7)/10;
    imu.accADC[PITCH] = temp;
  #endif
}
```

5. HMC5883L 介绍

（1）地球磁场简介

地球的磁场象一个条形磁体一样由磁南极指向磁北极。在磁极点处磁场和当地的水平面垂直，在赤道磁场和当地的水平面平行，所以在北半球磁场方向倾斜指向地面。用来衡量磁感应强度大小的单位是 Tesla 或者 Gauss（1Tesla = 10000Gauss）。随着地理位置的不同，通常地磁场的强度是 0.4~0.6 Gauss。需要注意的是，磁北极和地理上的北极并不重合，通常他们之间有 11 度左右的夹角。

地磁场是一个矢量，对于一个固定的地点来说，这个矢量可以被分解为两个与当地水平面平行的分量和一个与当地水平面垂直的分量。如果保持电子罗盘和当地的水平面平行，那么罗盘中磁力计的三个轴就和这三个分量对应起来，如图 4.20 所示。

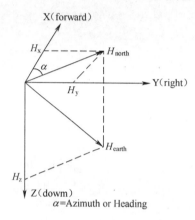

图 4.20　地磁场矢量图

实际上对水平方向的两个分量来说，他们的矢量和总是指向磁北的。罗盘中的航向角（Azimuth）就是当前方向和磁北的夹角。由于罗盘保持水平，只需要用磁力计水平方向两轴（通常为 X 轴和 Y 轴）的检测数据就可以用式 1 计算出航向角。当罗盘水平旋转的时候，航向角在 0°~ 360°之间变化。

$$\tan(\alpha) = Y/X \tag{4.23}$$

（2）磁力计工作原理

磁力计采用各向异性磁致电阻（AMR）材料来检测空间中磁感应强度的大小。这种具有晶体结构的合金材料对外界的磁场很敏感，磁场的强弱变化会导致 AMR 自身电阻值发生变化。

在制造过程中，将一个强磁场加在 AMR 上使其在某一方向上磁化，建立起一个主磁域，与主磁域垂直的轴被称为该 AMR 的敏感轴，如图 4.21 所示。为了使测量结果以线性

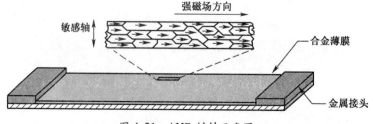

图 4.21　AMR 材料示意图

的方式变化,AMR 材料上的金属导线呈 45°角倾斜排列,电流从这些导线上流过,如图 4.22 所示。由初始的强磁场在 AMR 材料上建立起来的主磁域和电流的方向有 45°的夹角。

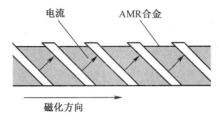

图 4.22　45°角排列的导线

当有外界磁场 Ha 时,AMR 上主磁域方向就会发生变化而不再是初始的方向了,那么磁场方向和电流的夹角 θ 也会发生变化,如图 4.23 所示。对于 AMR 材料来说,θ 角的变化会引起 AMR 自身阻值的变化,并且呈线性关系,如图 4.24 所示。

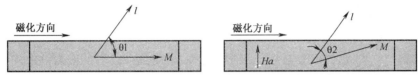

图 4.23　磁场方向和电流方向的夹角

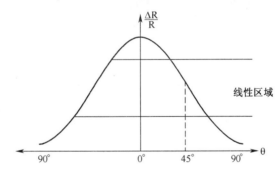

图 4.24　θ-R 特性曲线

利用惠斯通电桥检测 AMR 阻值的变化,如图 4.25 所示。R1/R2/R3/R4 是初始状态相同的 AMR 电阻,但是 R1/R2 和 R3/R4 具有相反的磁化特性。当检测到外界磁场的时候,R1/R2 阻值增加 ΔR 而 R3/R4 减少 ΔR。这样在没有外界磁场的情况下,电桥的输出为零;而在有外界磁场时电桥的输出为一个微小的电压 ΔV。

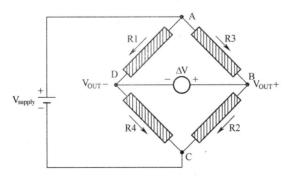

图 4.25　惠斯通电桥

当 R1＝R2＝R3＝R4＝R,在外界磁场的作用下电阻变化为 ΔR 时,电桥输出 ΔV 正比于 ΔR。这就是磁力计的工作原理。

（3）置位/复位(Set/Reset)电路

由于受到外界环境的影响,磁力计中 AMR 上的主磁域方向不会永久保持不变。AMR 磁力计内置有置位/复位电路,通过内部的金属线圈周期性的产生电流脉冲,恢复初始的主磁域。需要注意的是,置位脉冲和复位脉冲产生的效果是一样的,只是方向不同而已。

置位/复位电路给磁力计带来很多优点:

1）即使遇到外界强磁场的干扰,在干扰消失后 AMR 磁力计也能恢复正常工作而不需要用户再次进行校正。

2）即使长时间工作也能保持初始磁化方向实现精确测量,不会因为芯片温度变化或内部噪音增大而影响测量精度。

3）消除由于温漂引起的电桥偏差。

（4）AMR 磁力计的性能参数

AMR 磁力计集成三轴磁力计和三轴加速计,采用数字接口。磁力计的测量范围从 1.3 Gauss 到 8.1 Gauss 共分 7 档,用户可以自由选择。并且在 20 Gauss 以内的磁场环境下都能够保持一致的测量效果和相同的敏感度。它的分辨率可以达到 8 mGauss 并且内部采用 12 位 ADC,以保证对磁场强度的精确测量。和采用霍尔效应原理的磁力计相比,AMR 磁力计的功耗低,精度高,线性度好,并且不需要温度补偿。

AMR 磁力计具有自动检测功能。当控制寄存器 A 被置位时,芯片内部的自测电路会产生一个约为地磁场大小的激励信号并输出。用户可以通过输出数据来判断芯片是否正常工作。

（5）铁磁场干扰及校准

电子指南针主要是通过感知地球磁场的存在来计算磁北极的方向。然而由于地球磁场在一般情况下只有微弱的 0.5 高斯,而一个普通的手机喇叭当相距 2 厘米时仍会有大约 4 高斯的磁场,一个手机马达在相距 2 厘米时会有大约 6 高斯的磁场,这一特点使得针对电子设备表面地球磁场的测量很容易受到电子设备本身的干扰。

磁场干扰是指由于具有磁性物质或者可以影响局部磁场强度的物质存在,使得磁传感器所放置位置上的地球磁场发生了偏差。如图 4.26 所示,在磁传感器的 XYZ 坐标系中,大些的圆表示地球磁场矢量绕 z 轴圆周转动过程中在 XY 平面内的投影轨迹,在没有外界任何磁场干扰的情况下,此轨迹将会是一个标准的以 $O(0,0)$ 为中心的圆。当存在外界磁场干扰的情况时,测量得到的磁场强度矢量 α 将为该点地球磁场 β 与干扰磁场 γ 的矢量和。记作:

$$\alpha_{测量值} = \beta_{地球磁场} + \gamma_{干扰值} \tag{4.24}$$

一般可以认为,干扰磁场 γ 在该点可以视为一个恒定的矢量。有很多因素可以造成磁场的干扰,如摆放在电路板上的马达和喇叭,还有含有铁镍钴等金属的材料如屏蔽罩,螺丝,电阻,LCD 背板以及外壳等等。同样根据安培定律有电流通过的导线也会产生磁场,为了校准这些来自电路板的磁场干扰,主要的工作就是通过计算将 γ 求出。

116

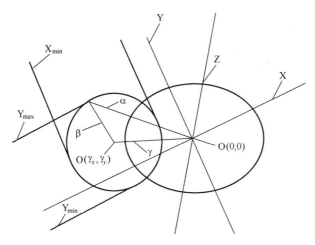

图 4.26　磁传感器 XY 坐标以及磁力线投影轨迹

1）平面校准方法

针对 XY 轴的校准，将配备有磁传感器的设备在 XY 平面内自转，如图 4.26，等价于将地球磁场矢量绕着过点 $O(\gamma x,\gamma y)$ 垂直于 XY 平面的法线旋转，而红色的圆为磁场矢量在旋转过程中在 XY 平面内投影的轨迹。这可以找到圆心的位置为 $((X_{max}+X_{min})/2,(Y_{max}+Y_{min})/2)$。同样将设备在 XZ 平面内旋转可以得到地球磁场在 XZ 平面上的轨迹圆，这可以求出三维空间中的磁场干扰矢量 $\gamma(\gamma_x,\gamma_y,\gamma_z)$。

2）立体 8 字校准方法

一般情况下，当带有传感器的设备在空中各个方向旋转时，测量值组成的空间几何结构实际上是一个圆球，所有的采样点都落在这个球的表面上，如图 4.27 所示，这一点同两维平面内投影得到的圆类似。

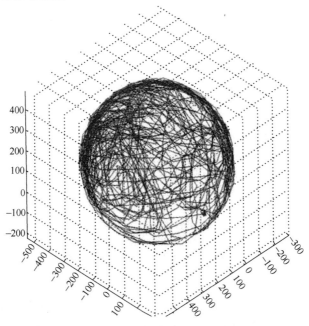

图 4.27　地球磁场空间旋转后在传感器空间坐标内得到球体

这种情况下，可以通过足够的样本点求出圆心 $O(\gamma_x, \gamma_y, \gamma_z)$，即固定磁场干扰矢量的大小及方向。公式如下：

$$(x - \gamma_x)^2 + (y - \gamma_y)^2 + (z - \gamma_z)^2 = R^2 \tag{4.25}$$

（6）倾斜补偿及航偏角计算

经过校准后电子指南针在水平面上已经可以正常使用了。但是更多的时候载体并不是保持水平的，通常它和水平面都有一个夹角。这个夹角会影响航向角的精度，作为高集成度的传感器模组，除了磁力计以外 AMR 磁力仪往往还集成一颗高性能的加速计进行倾斜补偿。加速计同样采用 12 位 ADC，可以达到 1mg 的测量精度。加速计可运行于低功耗模式，并有睡眠/唤醒功能，可大大降低功耗。同时，加速计还集成了 6 轴方向检测，两路可编程中断接口。

对于一个物体在空中的姿态，Pitch($\varPhi$)定义为 x 轴和水平面的夹角，图示方向为正方向；Roll(θ)定义为 y 轴和水平面的夹角。载体在空中的倾斜姿态如图 4.28 所示，通过 3 轴加速度传感器检测出三个轴上重力加速度的分量，再通过式（4.26）可以计算出 Pitch 和 Roll。

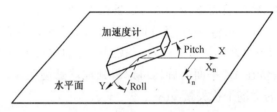

图 4.28　载体在空中的倾斜姿态

$$\theta = \arctan\left(\frac{-g_y}{\sqrt{g_x^2 + g_z^2}}\right), \phi = \arctan\left(\frac{g_x}{g_z}\right) \tag{4.26}$$

式（4.27）和（4.28）可以将磁力计测得的三轴数据（X_M, Y_M, Z_M）转化为航向角需要的 Hy 和 Hx，之后再利用式（4.29）计算出航向角。

$$H_y = Y_M\cos(\theta) + X_M\sin(\theta)\sin(\phi) - Z_M\cos(\phi)\sin(\theta) \tag{4.27}$$

$$H_x = X_M\cos(\phi) + Z_M\sin(\phi) \tag{4.28}$$

$$\psi = \arctan\left(\frac{H_y}{H_x}\right) \tag{4.29}$$

为了降低功耗，可以分别对磁力计和加速计的供电模式进行控制，使其进入睡眠或低功耗模式。并且用户可自行调整磁力计和加速计的数据更新频率，以调整功耗水平。在磁力计数据更新频率为 7.5Hz、加速计数据更新频率为 50Hz 时，消耗电流典型值为 0.83mA。在待机模式时，消耗电流小于 3μA。

（7）寄存器列表

表 4.21 列出了寄存器及其访问。所有地址为 8bits。

表 4.21　HMC5883L 寄存器表

地址	名称	访问
00	配置寄存器 A	读/写
01	配置寄存器 B	读/写

118

地址	名称	访问
02	模式寄存器	读/写
03	数据输出 X MSB 寄存器	读
04	数据输出 X LSB 寄存器	读
05	数据输出 Z MSB 寄存器	读
06	数据输出 Z LSB 寄存器	读
07	数据输出 Y MSB 寄存器	读
08	数据输出 Y LSB 寄存器	读
09	状态寄存器	读
10	识别寄存器 A	读
11	识别寄存器 B	读
12	识别寄存器 C	读

配置寄存器 A

配置寄存器是用来设置的数据输出速率和对测量方法进行配置。表 4.22 中CRA0~CRA7 表明各位的位置。括号中的数目显示是该位的默认值。

表 4.22 配置寄存器 A

CRA7	CRA6	CRA5	CRA4	CRA3	CRA2	CRA1	CRA0
CRA7 (1)	MA1(1)	MA0(1)	D02(1)	D01(0)	D00(0)	MS1(0)	MS0(0)

下面详细介绍配置寄存器各位的意义,如表 4.23~表 4.35。

表 4.23 配置寄存器 A 位分配

位置	名称	描 述
CRA7	CRA7	这个位必须清为 0 下面的配置才有效
CRA6~CRA5	MA1~MA0	选择每次测量的数据输出率(1-8) 00=1; 01=2;10=4; 11=8(缺省)
CRA4~CRA2	D02~D00	配置数据输出速率。这些位设置将三轴的数据写入寄存器的速度
CRA1~CRA0	MS1~MS0	测量配置位。这些位定义装置的测量流程,特别是是否引入适用的偏置电流到测量轴

下表显示连续测量模式下各输出速率的选择方式所有这三个通道应在某一特定数据速率下测量。其他输出速率可以通过控制单测量模式下的 DRDY 中断引脚来获得,最大速率为 160Hz。

表 4.24 数据输出速率

D02	D01	D00	标准数据输出速率（Hz）
0	0	0	0.75
0	0	1	1.5
0	1	0	3

D02	D01	D00	标准数据输出速率（Hz）
0	1	1	7.5
1	0	0	15（默认值）
1	0	1	30
1	1	0	75
1	1	1	不使用

通过后两位 MS0 和 MS1 的配置来选择传感器的测量模式。

表 4.25 测量模式

MS1	MS0	模　　式
0	0	正常测量配置（默认）。在正常的测量配置下,装置按照正常流程进行测量,负载正负极保持悬空和高阻抗
0	1	X、Y、Z 轴正偏压配置。在该配置中,X、Y、Z 三轴强制通过一正电流
1	0	X、Y、Z 轴负偏压配置,在该配置中,X、Y、Z 三轴强制通过一负电流
1	1	保留

配置寄存器 B

配置寄存器 B 设置磁场的增益。

表 4.26 配置寄存器 B

CRB7	CRB6	CRB5	CRB4	CRB3	CRB2	CRB1	CRB0
GN2(0)	GN1(0)	GN0(1)	(0)	(0)	(0)	(0)	(0)

数据位说明

表 4.27 配置寄存器 B 数据位设置说明

位置	名称	描述
CRB7～CRB5	GN2～GN0	增益配置位
CRB4～CRB0	0	这一位必须清为 0 以便检测正确运行

下表描述增益设置。当总磁场强度的某个分量溢出(饱和)时会自动选择一个较低的增益值。

表 4.28 增益设置

GN2	GN1	GN0	推荐的传感器磁场范围	增益（高斯）	输出范围
0	0	0	±0.88Ga	1370	0xF800-0x07FF（−2048−2047）
0	0	1	±1.3Ga	1090（缺省）	0xF800-0x07FF（−2048−2047）
0	1	0	±1.9Ga	820	0xF800-0x07FF（−2048−2047）

GN2	GN1	GN0	推荐的传感器磁场范围	增益(高斯)	输出范围
0	1	1	±2.5Ga	660	0xF800-0x07FF （-2048-2047）
1	0	0	±4.0Ga	440	0xF800-0x07FF （-2048-2047）
1	0	1	±4.7Ga	390	0xF800-0x07FF （-2048-2047）
1	1	0	±5.6Ga	330	0xF800-0x07FF （-2048-2047）
1	1	1	±8.1Ga	230	0xF800-0x07FF （-2048-2047）

模式寄存器

该寄存器是一个 8 位可读可写的寄存器。该寄存器是用来设定传感器的操作模式。MR0~MR7 表明模式寄存器的位,括号里的数字为缺省值。

表 4.29　模式寄存器

MR7	MR6	MR5	MR4	MR3	MR2	MR1	MR0
(1)	(0)	(0)	(0)	(0)	(0)	MD1(0)	MD0(0)

MR7 至 MR2,这些位必须清除以正确运行。每一次单测量操作后 MR7 位在内部设置好。

MR1 至 MR0(即 MD1 至 MD0)模式选择位。用于设定装置的操作模式。

表 4.30　操作模式

MD1	MD0	模　式
0	0	连续测量模式。在连续测量模式下,传感器不断进行测量,并将数据更新至数据寄存器。RDY 升高,此时新数据放置在所有三个寄存器。在上电或写入模式或配置寄存器后,第一次测量可以在三个数据输出寄存器经过一个 $2/f_{DO}$ 后设置,随后的测量可用一个频率 f_{DO} 进行 , f_{DO} 为数据输出的频率
0	1	单一测量模式(默认)。当选择单测量模式时,装置进行单一测量,RDY 设为高位并回到闲置模式。模式寄存器返回闲置模式位值。测量的数据留在输出寄存器中并且 RDY 仍然在高位,直到数据输出寄存器读取或完成另一次测量
1	0	闲置模式
1	1	闲置模式

数据输出 X 寄存器 A 和 B

数据输出 X 寄存器是两个 8 位寄存器,数据输出寄存器 A 和 B。这些寄存器储存从通道 X 所测量结果。数据输出 X 寄存器 A 储存一个来自测量结果中的 MSB(高 8 位数据),数据输出寄存器 B 储存一个来自测量结果中的 LSB(低 8 位数据)。存储在这两个寄存器的值是一个 16 位值以二进制的补码形式存在,其范围是 0xF800 到 0x07FF。所有位的默认值均为 0。在下一次有效测量完成进行之后,该寄存器上的值将被清除。同样数据输出 Y、Z 寄存器 A 和 B 与上相同。当一个或一个以上的输出寄存器在被读取时，如果所有六种数据输出寄存器未被读取完，那么新的数据不能被更新到相应的数据输出寄存器。这一要求也影响 DRDY 和 RDY，在新的数据未被更新到所有输出寄存器之前是不能被清除的。

状态寄存器

状态寄存器是一个 8 位只读寄存器。该寄存器是表明传感器的状态，SR0 到 SR7 表明状态寄存器位的位置。

表 4.31　状态寄存器

SR7	SR6	SR5	SR4	SR3	SR2	SR1	SR0
(0)	(0)	(0)	(0)	(0)	(0)	LOCK(0)	RDY(0)

表 4.32　状态寄存器位指示

位置	名称	描　述
SR7~SR2	0	这些位预留
SR1	LOCK	数据输出寄存器锁存。当六个数据输出寄存器上的一些但不是全部数据被读取时，该位置位。当该位置位时，六个数据输出寄存器被锁定且任何新的数据将不会被更新至这些寄存器中，除非符合以下三个条件之一：1. 所有 6 个寄存器已被读取或模式改变；2. 模式发生变化；3. 测量配置发生变化
SR0	RDY	准备就绪位。当数据都写入了 6 个数据寄存器，该位置位。在一个或几个数据写入输出寄存器以后且在装置开始向数据输出寄存器写入数据时该位被清除。当 RDY 位已清除，RDY 应保持清除状态至少 250 微秒。DRDY 引脚可被用来作为一种替代的状态寄存器的监测装置为测量数据

寄存器 A、B、C 的标识号

括号中的数字是寄存器 A、B、C 的标识号。这是一个只读寄存器。

表 4.33　寄存器 A 标识号

IRA7	IRA6	IRA5	IRA4	IRA3	IRA2	IRA1	IRA0
0	1	0	0	1	0	0	0

表 4.34　寄存器 B 标识号

IRA7	IRA6	IRA5	IRA4	IRA3	IRA2	IRA1	IRA0
0	0	1	1	0	1	0	0

表 4.35　寄存器 C 标识号

IRA7	IRA6	IRA5	IRA4	IRA3	IRA2	IRA1	IRA0
0	0	1	1	0	0	1	1

（8）操作实例

HMC5883L 加电后能快速达到稳定状态，在单一测量模式下只要 6 毫秒就能得到 6 个字节的磁场数据并放在寄存器（DXRA，DXRB，DYRA，DYRB，DZRA 和 DZRB）中。为了将单一模式切换为连续测量模式时,加电后传送三个字节数据:0x3C 0x02 0x00,这样就将00写入到模式寄存器,传感器的工作模式就从单一模式切换到连续测量模式,如果以15Hz数据传输率(出厂默认值)进行寄存器数据的更新,67毫秒寄存器就要通过I2C通信进行一次读写。全部六个寄存器在新的数据写入之前必须进行正确读取。

自测试操作

为确定HMC5883L是否能正常运行,其配备了自测功能模块,方法是产生一个偏置电流激励传感器得到一个标准的磁场强度。为执行该自测功能,配置寄存器A的最低位(MS1和MS0)要从00更改为01。

然后,通过在模式寄存器中进行设置使传感器进入单一测量模式(0x01),要得到每个磁矢量值其实要进行两次数据的测量。第一次为置位脉冲后的测量外部磁场的数据。第二次是将X、Y、Z三轴设置为正偏置模式,传感器内部就会产生一个正偏置电流(大约10mA),而创建一个1.1高斯的自测磁场,再加上外部磁场的数据。第二次测量值减去第一次测量值即可得出一个纯净的地磁测量值,这样就可以存放于数据输出寄存器中。

如果配置寄存器B保持在出厂默认值0x40,数值+951(1.16Ga * 820 LSB/Ga)将被放置在X和Y数据输出寄存器中,值+886(1.08Ga * 1820 LSB/Ga)会放在Z数据输出寄存器中。自测模式后,将配置寄存器A的MS1和MS0位设置回00。如果单一测量模式不是预设的操作模式,也要改变模式寄存器。

比例因数校准

使用上面的自测模式所述的方法,用户可校准传感器的灵敏度的比例因数以使各轴的数据相互匹配。因为传感器在正偏置模式(或相对的负偏置模式)时对所有三轴都应用了已知的人造磁场,因而数据输出寄存器中的结果可用于传感器的比例因数校准。

同样的,内置自测试程序可以用来定期地补偿由于温度变化而带来的比例误差。通过将自测试的数据输出与在已知的温度下得到的数据进行比较,可以找到一个补偿因数。例如,如果室温下自测试数据输出是1130,而在当前温度下数据输出是1150,那么(1130/1150)的比例因子应该应用于所有当前的磁场读数中。使用这种方式无须用到温度传感器。

6. 飞控中 HMC5883L 磁场传感器代码

```
void setup() {
initSensors();
}
initSensors() {
Mag_init();
}

#define HMC58X3_R_CONFA 0     //配置寄存器 A 地址
#define HMC58X3_R_CONFB 1     //配置寄存器 B 地址
#define HMC58X3_R_MODE 2     //模式寄存器地址
#define HMC58X3_X_SELF_TEST_GAUSS(+1.16)//当施加偏置电流时 X 轴方向磁强,单位 Gs
#define HMC58X3_Y_SELF_TEST_GAUSS(+1.16) //当施加偏置电流时 Y 轴方向磁强
#define HMC58X3_Z_SELF_TEST_GAUSS(+1.08) //当施加偏置电流时 Z 轴方向磁强
```

```
#define SELF_TEST_LOW_LIMIT(243.0/390.0)  //增益是 5 时,内部自检时的磁场强度下
//限 0.623Gs
#define SELF_TEST_HIGH_LIMIT(575.0/390.0)  //增益是 5 时,内部自检时的磁场强度上
//限 1.474Gs
#define HMC_POS_BIAS 1    //正偏
#define HMC_NEG_BIAS 2    //负偏


#define MAG_ADDRESS 0x1E        芯片地址
#define MAG_DATA_REGISTER 0x03    传感器数据寄存器地址的首地址

void Mag_init() {
    int32_t xyz_total[3]={0,0,0};    //定义为 32 的变量,计算时不会产生溢出
    bool bret=true;                //误差指示器

    delay(50);    //开始之前延迟 50ms
    i2c_writeReg(MAG_ADDRESS, HMC58X3_R_CONFA, 0x010 + HMC_POS_BIAS); //Reg A
DOR=0x010 + MS1,MS0 set to pos bias
    //寄存器 A 的数据输出速率位 DOR 三位设置为 010,即将速率设为 3Hz,MS1、MS0 设为正偏。
    //增益改变后首先得的测量值应该和原来的增益得到的值是一样的
    //新设置的增益对以后的测量值有影响

    i2c_writeReg(MAG_ADDRESS, HMC58X3_R_CONFB, 2 << 5);  //设置增益
    i2c_writeReg(MAG_ADDRESS,HMC58X3_R_MODE, 1);
    delay(100);
    getADC();        //获得一个采样值,然后丢弃它

    for(uint8_t i=0; i<10; i++) { //收集十个采样值
      i2c_writeReg(MAG_ADDRESS,HMC58X3_R_MODE, 1);  设置为单次测量模式
      delay(100);
      getADC();//读取原始数据,避免范围发生变化

      //将有噪声的数据取平均
      xyz_total[0]+=imu.magADC[0];
      xyz_total[1]+=imu.magADC[1];
      xyz_total[2]+=imu.magADC[2];

      //磁化饱和了吗?
      if(-(1<<12) >= min(imu.magADC[0],min(imu.magADC[1],imu.magADC[2]))) {
        bret=false;
        break;    //磁化饱和了,循环没有意义,中断循环
      }
    }
```

```
    //（按同样的增益）负偏
    i2c_writeReg(MAG_ADDRESS,HMC58X3_R_CONFA, 0x010 + HMC_NEG_BIAS);   //Reg A
//DOR＝0x010 + MS1,MS0 输出速率和上相同,将 MS1、MS0 设为负偏压
    for(uint8_t i = 0; i<10; i++) {
      i2c_writeReg(MAG_ADDRESS,HMC58X3_R_MODE, 1);   //单次测量模式
      delay(100);
      getADC();//读取原始数据,避免范围发生变化

    //将有噪声的数据取平均
      xyz_total[0]-=imu.magADC[0];
      xyz_total[1]-=imu.magADC[1];
      xyz_total[2]-=imu.magADC[2];

    //磁化饱和了吗?
      if(-(1<<12) >= min(imu.magADC[0],min(imu.magADC[1],imu.magADC[2]))) {
        bret = false;
        break;//磁化饱和了,循环没有意义,中断循环
      }
    }
    //自检操作
    magGain[0] = fabs(820.0 * HMC58X3_X_SELF_TEST_GAUSS * 2.0 * 10.0/xyz_total
[0]);
    magGain[1] = fabs(820.0 * HMC58X3_Y_SELF_TEST_GAUSS * 2.0 * 10.0/xyz_total
[1]);
    magGain[2] = fabs(820.0 * HMC58X3_Z_SELF_TEST_GAUSS * 2.0 * 10.0/xyz_total
[2]);

    //结束自检模式
    i2c_writeReg(MAG_ADDRESS ,HMC58X3_R_CONFA ,0x70 );   //配置寄存器 A  —0 11
//100 00 数据采样样本:8 ;输出频率:15Hz ;正常模式
    i2c_writeReg(MAG_ADDRESS ,HMC58X3_R_CONFB ,0x20 ); //配置寄存器 B  —001
//00000 配置增益为 1.3Gs
    i2c_writeReg(MAG_ADDRESS ,HMC58X3_R_MODE ,0x00 ); //配置模式寄存器 00000000,
//连续测量模式
    delay(100);
    magInit = 1;

    if(! bret) { //有错误,让增益为 1 吧
      magGain[0] = 1.0;
      magGain[1] = 1.0;
      magGain[2] = 1.0;
    }
  }
```

```
void getADC() {
  i2c_getSixRawADC(MAG_ADDRESS,MAG_DATA_REGISTER);//数据处理
    MAG_ORIENTATION(((rawADC[0]<<8) | rawADC[1]) ,
          ((rawADC[4]<<8) | rawADC[5]) ,
          ((rawADC[2]<<8) | rawADC[3]) );
}
#define MAG_ORIENTATION(X, Y, Z)  {imu.magADC[ROLL]  = X; imu.magADC
[PITCH]  = Y; imu.magADC[YAW]  = Z;}

void loop()  {
Mag_getADC()
}

static float  magGain[3] = {1.0,1.0,1.0};  //传感器的初始化,增益都为1
static uint8_t  magInit = 0;

uint8_t Mag_getADC() { //测得的值有效返回1,否则返回0
  static uint32_t t, tCal = 0;
  static int16_t magZeroTempMin[3];
  static int16_t magZeroTempMax[3];
  uint8_t axis;
  if( currentTime < t ) return 0;      //每一次读数间隔100ms
  t = currentTime + 100000;
  TWBR =((F_CPU /400000L) - 16) /2; //设置 I2C 时钟频率400kHz
  Device_Mag_getADC();
  imu.magADC[ROLL]  = imu.magADC[ROLL] * magGain[ROLL];  //增益系数和数据
//相乘
  imu.magADC[PITCH] = imu.magADC[PITCH] * magGain[PITCH];
  imu.magADC[YAW]   = imu.magADC[YAW] * magGain[YAW];
  if(f.CALIBRATE_MAG) {  校准
    tCal = t;
    for(axis=0;axis<3;axis++) {
      global_conf.magZero[axis] = 0;
      magZeroTempMin[axis] = imu.magADC[axis];
      magZeroTempMax[axis] = imu.magADC[axis];
    }
    f.CALIBRATE_MAG = 0;
  }
  if(magInit) { //校准完之后才能应用偏移
    imu.magADC[ROLL]  -= global_conf.magZero[ROLL];
    imu.magADC[PITCH] -= global_conf.magZero[PITCH];
    imu.magADC[YAW]   -= global_conf.magZero[YAW];
```

```
    }

    if(tCal ! = 0) {
      if((t - tCal) < 30000000) { //30s: you have 30s to turn the multi in all di-
rections
        LEDPIN_TOGGLE;
        for(axis = 0;axis<3;axis++) {    // 保证数值范围
          if(imu.magADC[axis] < magZeroTempMin[axis]) magZeroTempMin[axis] =
imu.magADC[axis];
          if(imu.magADC[axis] > magZeroTempMax[axis]) magZeroTempMax[axis] =
imu.magADC[axis];
        }
      } else {
        tCal = 0;
        for(axis = 0;axis<3;axis++)
          global_conf.magZero[axis] = (magZeroTempMin[axis] + magZeroTempMax
[axis])>>1;
```
// 平均数据二值
```
        writeGlobalSet(1);
      }
    } else {
      #if defined(SENSORS_TILT_45DEG_LEFT)
        int16_t temp = ((imu.magADC[PITCH] - imu.magADC[ROLL]) * 7)/10;
        imu.magADC[ROLL] = ((imu.magADC[ROLL]  + imu.magADC[PITCH]) * 7)/10;
        imu.magADC[PITCH] = temp;
      #endif
      #if defined(SENSORS_TILT_45DEG_RIGHT)
        int16_t temp = ((imu.magADC[PITCH] + imu.magADC[ROLL]) * 7)/10;
        imu.magADC[ROLL] = ((imu.magADC[ROLL]  - imu.magADC[PITCH]) * 7)/10;
        imu.magADC[PITCH] = temp;
      #endif
    }
    return 1;
  }

  void Device_Mag_getADC() {
    getADC();
  }
```

7. BMP085 介绍

BMP 是数字压力传感器,可以通过测试上下楼气压的变化间接算出水平面高度的变化,海拔与大气压力的关系在大气物理学里面有明确的定义。根据不同的大气模型,会有不同的气压与海拔的对应关系。影响压力测量的因素有很多,除了关键的海拔以及温度

的影响,诸如空气的流动(如风、空调等)都影响空气压力的测量。海拔与压力大小的关系以及温度等的关系为:

$$P_s = P_b \exp\left[\left(\frac{-g_n}{R \times T_b}\right) \times (H - H_b)\right] \tag{4.30}$$

$$h = \frac{r \times H}{r - H} \tag{4.31}$$

式中:P_s 为大气静压;P_b 为海平面气压(相应层下界气压),$P_b = 101325\text{Pa}$;R 为气体常数 $R = 287.05287\text{m}^2/\text{k} \cdot \text{s}^2$;$H_b$ 为海平面高度(相应层下界高度)$H_b = 0\text{m}$;g_n 为自由落体标准加速度,$g_n = 9.80665\text{m}/\text{s}^2$;$T_b$ 为相应层大气温度,$T_b = 288\text{K} = 15℃$;H 为重力势高度;r 为地球半径;h 为所求的高度。

BMP085 的控制程序编写思路如图 4.29 所示。

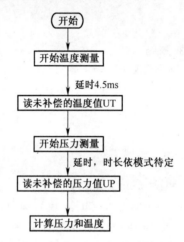

图 4.29　温度和压力测量开发流程图

MCU 程序对于 BMP085 的控制可以包括读取数据与发送控制命令两类。MCU 与 BMP085 之间采用(I^2C)总线进行通信,I2C 总线由两条线组成 SDA 与 SCL,时序关系如图 4.30 所示。

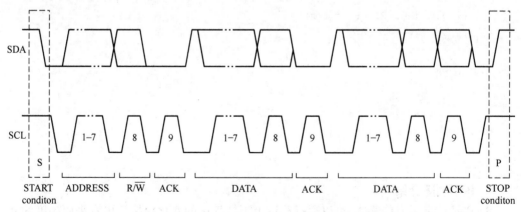

图 4.30　(I2C)总线的时序图

对于 I^2C 总线,有以下几个关键部分需要注意:

（1）I2C 启动；

（2）I2C 地址；

（3）R/W 位；

（4）ACK 位；

（5）DATA 位；

（6）IIC 停止位。

MCU 对 BMP085 发送控制命令的方式如图 4.31 所示。

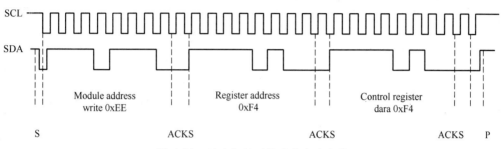

图 4.31　压力起始测量的脉冲时序图

向 BMP085 发送命令的步骤如下：

（1）发送模块地址+W（表示写操作），如图 4.31 中的 0xEE。

（2）发送寄存器地址（Register address），如图 4.31 中的第一个 0xF4。

（3）发送寄存器的值（Control register data），如图 4.31 中的第二个 0xF4。寄存器的值代表 BMP085 要进行的测量方式。不同的值分别代表：测量温度、低精度压力测量、中精度压力测量和高精度压力测量。

例如，向 BMP085 写寄存器地址 0xF4 代表要 BMP085 进行测量，具体进行什么测量（温度、高精度压力、中精度压力还是低精度压力）要由发向寄存器的值（Control register data）决定，在图 4.31 中 Control register data 是 0xF4。对照表 4.36 可以看出，0xF4 代表要进行超高精度的压力测量，需要的测量时间为 25.5ms。

表 4.36　不同类型测量的控制寄存器值

测量内容	控制寄存器值	最大转换时间/ms
温度	0x2E	4.5
低精度压力	0x34	4.5
标准精度压力	0x74	7.5
高精度压力	0xB4	13.5
超高精度压力	0xF4	25.5

从 BMP085 读取数据的方法如图 4.32 所示。

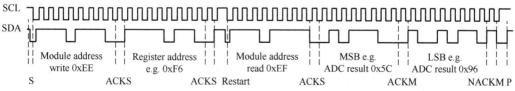

图 4.32　从 BMP085 读压力值的脉冲时序图

从 BMP085 读取数据的步骤如下:

(1)发送模块地址+W(表示写操作),如图 4.32 中的 0xEE。

(2)送寄存器地址(Register address),如图 4.32 中的第一个 0xF6。

(3)重新开始 IIC 传输(Restart)。

(4)发送模块地址+R(表示要进行读操作),如图 4.32 中的 0xEF。

(5)读取测量值的高 8 位(MSB)。

(6)读取测量值的低 8 位(LSB)。

不同寄存器地址的意义如表 4.37 所示。

表 4.37 不同寄存器的地址

寄存器名称	寄存器地址
EEPROM	0xAA 到 0xBF
温度(UT)或压力(UP)值	0xF6(MSB 高 8 位)、0xF7(LSB 低 8 位)、0xF6(XLSB)

BMP085 控制程序总结如下:

从图 4.31 与图 4.32 可以清楚地看出 MCU 控制 BMP085 的方法,这里再进行一些简单的概括。其实对 BMP085 的控制可以概括为两句话:向固定的寄存器(0xF4)写特定值(表 4.36 中的控制寄存器值);从特定的寄存器(表 4.37 中的寄存器地址)读返回值。每次通信时的 Module address 都是一个固定的值,主要是为了符合 IIC 协议。

(1)向固定的寄存器(0xF4)写特定值其实就是向 0xF4 地址写不同的值从而完成温度测量或者不同的压力精度的测量。

(2)从特定的寄存器读返回值,从 EEPROM 读取 Calibration 所需要的数据,共有 11 个 Word(双字节)。从 0xF6,0xF7,0xF8 读取 UT 或者 UP,具体是 UP 还是 UT 要由前面进行的操作决定(进行了温度转换就存有温度数据,进行了压力转换就存有压力数据)。

8. 飞控中 BMP085 气压测高计代码

```
//********************************
//BMP085 I2C 地址:0x77(7bit)
//原理:
//   (1)从寄存器里读校准的数据(只在初始化里读一次)
//   (2)读未补偿的温度值(并不一定在每次 loop()里都做)
//   (3)读未补偿的压力值
//   (4)用原始的的温度和压力计算标准温度下的压力
//下面的代码使用的最大精度设置(采样设置 3)

//********************************

#if defined(BMP085)
#define BMP085_ADDRESS 0x77

static struct{   //传感器寄存器来自于 BOSCH 的 BMP085 数据资料
  int16_t  ac1, ac2, ac3;
  uint16_t ac4, ac5, ac6;
```

130

```c
    int16_t   b1, b2, mb, mc, md;
    union {uint16_t val; uint8_t raw[2]; } ut; //未补偿的温度值
    union {uint32_t val; uint8_t raw[4]; } up; //未补偿的压力值
    uint8_t   state;
    uint32_t deadline;   //截止期限
} bmp085_ctx;
#define OSS 3     //采样设置3


void i2c_BMP085_readCalibration(){   //读校准值
    delay(10);
    //一口气读校准值
    size_t s_bytes = (uint8_t *)&bmp085_ctx.md -(uint8_t *)&bmp085_ctx.ac1 +
sizeof(bmp085_ctx.ac1);
    i2c_read_reg_to_buf(BMP085_ADDRESS, 0xAA, &bmp085_ctx.ac1, s_bytes);
    //现在固定字节顺序
    int16_t *p;
    for(p = &bmp085_ctx.ac1; p <= &bmp085_ctx.md; p++) {
      swap_endianness(p, sizeof( *p));//交换字节顺序
    }
}


void  Baro_init() {
    delay(10);
    i2c_BMP085_readCalibration();
    delay(5);
    i2c_BMP085_UT_Start();
    bmp085_ctx.deadline = currentTime+5000;//截止期限为5000ms
}


//读未补偿温度值:首先发送命令
void i2c_BMP085_UT_Start(void) {
    i2c_writeReg(BMP085_ADDRESS,0xf4,0x2e);
    i2c_rep_start(BMP085_ADDRESS<<1);
    i2c_write(0xF6);
    i2c_stop();
}


//读未补偿压力值:首先发送命令
void i2c_BMP085_UP_Start() {
    i2c_writeReg(BMP085_ADDRESS,0xf4,0x34+(OSS<<6)); //采样设置3时控制寄存
//器值
    i2c_rep_start(BMP085_ADDRESS<<1); //I2C写方向 => 0
    i2c_write(0xF6);
```

```
  i2c_stop();
}
```

// 读未补偿压力值：读结果。数据手册建议在发送命令后延迟 25.5 ms（采样设置 3）
```
void i2c_BMP085_UP_Read() {
  i2c_rep_start((BMP085_ADDRESS<<1) |1);//I2C 读方向 => 1
  bmp085_ctx.up.raw[2] = i2c_readAck();
  bmp085_ctx.up.raw[1] = i2c_readAck();
  bmp085_ctx.up.raw[0] = i2c_readNak();
}
```

// 读未补偿温度值：读结果。数据手册建议在发送命令后延迟 4.5 ms
```
void i2c_BMP085_UT_Read() {
  i2c_rep_start((BMP085_ADDRESS<<1) |1);//I2C 读方向 => 1
  bmp085_ctx.ut.raw[1] = i2c_readAck();
  bmp085_ctx.ut.raw[0] = i2c_readNak();
}
```

```
void i2c_BMP085_Calculate() {
  int32_t  x1, x2, x3, b3, b5, b6, p, tmp;
  uint32_t b4, b7;
  //温度计算
  x1 =((int32_t)bmp085_ctx.ut.val - bmp085_ctx.ac6) * bmp085_ctx.ac5 >> 15;
  x2 =((int32_t)bmp085_ctx.mc << 11) /(x1 + bmp085_ctx.md);
  b5 = x1 + x2;
  baroTemperature =(b5 * 10 + 8) >> 4; //精度 0.01℃
  //压力计算
  b6 = b5 - 4000;
  x1 =(bmp085_ctx.b2 *(b6 * b6 >> 12)) >> 11;
  x2 = bmp085_ctx.ac2 * b6 >> 11;
  x3 = x1 + x2;
  tmp = bmp085_ctx.ac1;
  tmp =(tmp*4 + x3) << OSS;
  b3 =(tmp+2)/4;
  x1 = bmp085_ctx.ac3 * b6 >> 13;
  x2 =(bmp085_ctx.b1 *(b6 * b6 >> 12)) >> 16;
  x3 =((x1 + x2) + 2) >> 2;
  b4 =(bmp085_ctx.ac4 *(uint32_t)(x3 + 32768)) >> 15;
  b7 =((uint32_t)(bmp085_ctx.up.val >>(8-OSS)) - b3) *(50000 >> OSS);
  p = b7 < 0x80000000 ? (b7 * 2) /b4 :(b7 /b4) * 2;
  x1 =(p >> 8) *(p >> 8);
  x1 =(x1 * 3038) >> 16;
  x2 =(-7357 * p) >> 16;
```

```
    baroPressure = p +((x1 + x2 + 3791) >> 4);
  }


  //返回0:没有可用的数据,没有计算;  1:可用新值  ;2:计算了但没有更新值
  uint8_t Baro_update() {        //在初始化程序中开始第一次的未补偿温度的转换
    if(currentTime < bmp085_ctx.deadline) return 0;
    bmp085_ctx.deadline = currentTime+6000; //根据资料多1.5ms的盈余(6ms-4.5ms
//的温度转换时间)
    TWBR =((F_CPU /400000L) - 16) /2; //改变I2C时钟频率为400kHz,与BMP085通信
//这个速度足够了
    if(bmp085_ctx.state == 0) {
      i2c_BMP085_UT_Read();
      i2c_BMP085_UP_Start();
      bmp085_ctx.state = 1;
      Baro_Common();
      bmp085_ctx.deadline += 21000;    //6000+21000=27000根据资料多1.5ms的盈
//余(在采样设置3时压力转换时间为25.5ms,27ms-25.5ms=1.5ms)
      return 1;
    } else {
      i2c_BMP085_UP_Read();
      i2c_BMP085_UT_Start();
      i2c_BMP085_Calculate();
      bmp085_ctx.state = 0;
      return 2;
    }
  }
  #endif


  #if BARO
    void Baro_Common() {
      static int32_t baroHistTab[BARO_TAB_SIZE];
      static uint8_t baroHistIdx;

      uint8_t indexplus1 =(baroHistIdx + 1);
      if(indexplus1 == BARO_TAB_SIZE) indexplus1 = 0;
      baroHistTab[baroHistIdx] = baroPressure;
      baroPressureSum += baroHistTab[baroHistIdx];
      baroPressureSum -= baroHistTab[indexplus1];
      baroHistIdx = indexplus1;
    }
  #endif
```

9. 传感器及其传输协议设计

在本系统的设计中,I2C所需连接的传感器有HMC5883、BMP085、MPU6050,最后传

递给主控芯片上进行处理。图 4.33 所示为整体示意图。

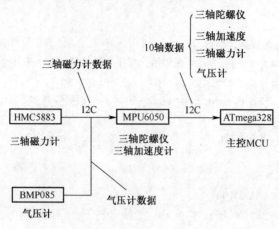

图 4.33　I2C 连接传感器

第五章　机器人数据的滤波算法

遥控的输入、电动机的输出、传感器检测的数据因为经过外界各种各样的干扰或者自身固有的缺陷,会有跳变、偏移正确数据等情况,可以说,不经过数据实时处理,这些数据根本不可用,甚至造成机器人的损坏。本章列举了多种滤波算法,并针对飞控介绍了滤波算法实际的应用。

第一节　滤波算法列举

滤波方法有很多,单片机因为内存少,而且是实时的、动态的滤波,其算法应该相对比较简单实用。

1. 递推平均滤波算法

```
/* 方法:把连续获得的 N 个采样值看成一个队列,队列的长度固定为 N
 *      每次采样到一个新数据放入队尾,并扔掉原来队首的一次数据(先进先出原则)
 *      把队列中的 N 个数据进行算术平均运算,获得新的滤波结果
 *      N 值得选取:流量 N=12,压力 N=4,液面 N=4~12,温度 N=1~4
 * 优点:对周期性干扰有良好的抑制作用,平滑度高
 *      适用于高频振荡系统
 * 缺点:灵敏度低,对偶然出现的脉冲性干扰的抑制作用较差
 *      不易消除由于脉冲干扰所引起的采样值偏差
 *      不适用于脉冲干扰比较严重的场合
 *      比较浪费 RAM
 */
int Filter_Value;

void setup() {
  Serial.begin(9600);
  randomSeed(analogRead(0));  //产生随机种子
}

void loop() {
  Filter_Value = Filter();  //获得滤波器输出值
  Serial.println(Filter_Value);
  delay(50);
}
```

```
//用于随机产生一个 300 左右的当前值
int Get_AD()
{
  return random(295, 305);
}


//递推平均滤波法
#define FILTER_N 12
int filter_buf[FILTER_N + 1];
int Filter()
{
  int i;
  int filter_sum = 0;
  filter_buf[FILTER_N] = Get_AD();
  for(i = 0; i<FILTER_N; i++)
  {
    filter_buf[i] = filter_buf[i+1];    //所有数据左移,低位扔掉
    filter_sum += filter_buf[i];
  }
  return(int)(filter_sum / FILTER_N);
}
```

2. 加权递推平均滤波算法

```
/* 方法:是对递推平均滤波算法的改进,即不同时刻的数据加不同的权
*       通常是越接近现时刻的数据,权取得越大
*       给予新采样值的权系数越大,则灵敏度越高,但信号平滑度越低
* 优点:适用于有较大滞后时间常数的对象和采样周期较短的系统
* 缺点:对于滞后时间常数较小,采样周期较长,变化缓慢的信号,不能迅速反应系统当前所受干
扰的严重程度,滤波效果差
*/
int Filter_Value;

void setup() {
  Serial.begin(9600);
  randomSeed(analogRead(0));    //产生随机种子
}

void loop() {
  Filter_Value = Filter();
  Serial.println(Filter_Value);
  delay(50);
}


//用于随机产生一个 300 左右的当前值
```

```
int Get_AD()
{
  return random(295,305);
}
```

// 加权递推平均滤波算法
```
#define FILTER_N 12
int code[FILTER_N] = {1,2,3,4,5,6,7,8,9,11,12};  // 加权系数表
int sum_code = 1 + 2 + 3 + 4 + 5 + 6 + 7 + 8 + 9 + 10 + 11 + 12;  // 加权系数相加
int filter_buf[FILTER_N + 1];

int Filter()
{
  int i;
  int filter_sum = 0;
  filter_buf[FILTER_N] = Get_AD();
  for(i = 0; i<FILTER_N; i++)
  {
    filter_buf[i] = filter_buf[i+1];  // 所有数据左移,低位扔掉
    filter_sum += filter_buf[i] * code[i];
  }
  filter_sum /= sum_code;
  return filter_sum;
}
```

3. 算术平均滤波算法

```
/* 方法:连续取 N 个采样值进行算术平均运算
*       N 值较大时,信号平滑度较高,但灵敏度较低
*       N 值较小时,信号平滑度较低,但灵敏度较高
*       N 值的选取,一般流量 N = 12,压力 N = 4
* 优点:适用于一般具有随机干扰的信号进行滤波
*       这种信号的特点是一个平均值,信号在某一数值范围附近上下波动
* 缺点:对于测量速度较慢或数值计算速度较快的实时控制不适用,比较浪费 RAM
*/
int Filter_Value;

void setup() {
  Serial.begin(9600);
  randomSeed(analogRead(0));// 产生随机数种子
}

void loop() {
  Filter_Value = Filter();// 获得滤波器输出值
  Serial.println(Filter_Value);
```

```
    delay(50);
}


//用于产生一个300左右的当前值
int Get_AD()
{
    return random(295, 305);
}


//算术平均滤波法
#define FILTER_N 12
int Filter()
{
    int i;
    int filter_sum = 0;
    for(i = 0; i<FILTER_N; i++)
    {
        filter_sum += Get_AD();
        delay(1);
    }
    return(int)(filter_sum /FILTER_N);
}
```

4. 限幅滤波法(程序判断滤波法)

```
/* 方法:根据经验判断,确定两次采样允许的最大偏差值(设为A)
 *        每次检测到新值时判断:
 *        如果本次值与上次值之差<=A,则本次值有效
 *        如果本次值与上次值之差>=A,则本次值无效,放弃使用,用上次值代替
 * 优点:能有效克服因偶然因素引起的脉冲干扰
 * 缺点:无法抑制那种周期性的干扰
 *        平滑度差
 */
int Filter_Value;
int Value;


void setup() {
    Serial.begin(9600);
    randomSeed(analogRead(0));   //产生随机数种子
    Value = 300;
}


void loop() {
    Filter_Value = Filter();   //获得滤波器输出值
    Value = Filter_Value; //最近一次有效的采样值
```

138

```
  Serial.println(Filter_Value);
  delay(50);
}


//用于随机产生一个300左右的当前值
int Get_AD()
{
  return random(295, 305);
}


//限幅滤波法(程序判断滤波法)
#define FILTER_A 1
int Filter()
{
  int NewValue;
  NewValue = Get_AD();
  if(((NewValue-Value) > FILTER_A) ||((Value - NewValue) > FILTER_A))
    return Value;
  else
    return NewValue;
}
```

5. 限幅平均滤波法

```
/ *  方法:相当于"限幅滤波法+递推平均滤波法"
*         每次采样到的新数据先进行限幅处理
*         再送入队列进行递推平均滤波处理
* 优点:融合了两种滤波算法的优点
*         对于偶然出现的脉冲干扰,可消除由于脉冲干扰所引起的采样值偏差
* 缺点:比较浪费 RAM
* /
#define FILTER_N 12
int Filter_Value;
int filter_buf[FILTER_N];


void setup() {
  Serial.begin(9600);
  randomSeed(analogRead(0));   //产生随机种子
  filter_buf[FILTER_N - 2] = 300;
}


void loop() {
  Filter_Value = Filter();//获得滤波器输出值
  Serial.println(Filter_Value);
  delay(50);
```

```
            }

   //用于产生一个 300 左右的当前值
   int Get_AD()
   {
     return random(295, 305);
   }


   //限幅平均滤波算法
   #define FILTER_A 1
   int Filter()
   {
     int i;
     int filter_sum = 0;
     filter_buf[FILTER_N - 1] = Get_AD();
     if((((filter_buf[FILTER_N - 1] - filter_buf[FILTER_N - 2]) > FILTER_A) ||
   ((filter_buf[FILTER_N - 2] - filter_buf[FILTER_N - 1]) > FILTER_A))
        filter_buf[FILTER_N - 1] = filter_buf[FILTER_N - 2];
     for(i = 0; i<FILTER_N - 1; i++)
     {
       filter_buf[i] = filter_buf[i+1];
       filter_sum += filter_buf[i];
     }
     return(int) filter_sum /(FILTER_N - 1);
   }
```

6. 限幅消抖滤波算法

```
/* 方法:相当于"限幅滤波 + 消抖滤波"
 *      先限幅后消抖
 * 优点:结合了两种算法的优点
 *      避免干扰值导入系统
 * 缺点:不适用于快速变化的参数
 */
int Filter_Value;
int Value;

void setup() {
  Serial.begin(9600);
  randomSeed(analogRead(0));    //产生随机种子
  Value = 300;
}

void loop() {
  Filter_Value = Filter();    //获得滤波器输出值
```

```
  Serial.println(Filter_Value);
  delay(50);
}


//用于产生一个 300 左右的当前值
int Get_AD()
{
  return random(295,305);
}


//限幅消抖滤波算法
#define FILTER_A 1
#define FILTER_N 5
int i = 0;
int Filter()
{
  int NewValue;
  int new_value;
  NewValue = Get_AD();
  if(((NewValue - Value) > FILTER_A) ||((Value - NewValue) > FILTER_A))
  {
    new_value = Value;
  }
  else
  {
    new_value = NewValue;
  }
  if(Value ! = new_value)
  {
    i++;
    if(i>FILTER_N)
    {
      i = 0;
      Value = new_value;
    }
  }
  else
  {
    i = 0;
  }
  return Value;
}
```

7. 消抖滤波法

```
/*  方法:设置滤波计数器,将每次采样值与当前有效值比较
*         如果采样值<=当前有效值,则计数器清零
*         如果采样值>当前有效值,则计数器加1,并判断计数器是否>=上限N(溢出)
*         如果计数器溢出,则将本次值替换当前有效值,并清计数器
*  优点:对于变化缓慢的被测参数有较好的滤波效果
*         可避免在临界值附近控制器的反复开/关跳动或显示器上的数值抖动
*  缺点:对于快速变化的参数不宜
*         如果在计数器溢出的那一次采样到的值恰好是干扰值,则会将干扰值当作有效值导入
系统
*/
int Filter_Value;
int Value;

void setup() {
  Serial.begin(9600);
  randomSeed(analogRead(0));
  Value = 300;
}

void loop() {
  Filter_Value = Filter();   //获得滤波器输出值
  Serial.println(Filter_Value);
  delay(50);
}

//用于随机产生一个300左右的当前值
int Get_AD()
{
  return random(295, 305);
}

//消抖滤波法
#define FILTER_N 12
int i = 0;
int Filter()
{
  int new_value;
  new_value = Get_AD();
  if(Value ! = new_value)
  {
    i++;
    if(i>FILTER_N)
```

```
      {
        i = 0;
        Value = new_value;
      }
    }
  else
    i = 0;
  return Value;
}
```

8. 中位滤波法

```
/* 方法:连续采样 N 次(N 取奇数),把 N 次采样值按大小排列
 *       取中间值为有效值
 * 优点:能有效克服因偶然因素引起的波动干扰
 *       对温度、液位的变化缓慢的被测参数有良好的滤波效果
 * 缺点:对流量、速度等变化快的参数不宜
 */
int Filter_Value;

void setup() {
  Serial.begin(9600);
  randomSeed(analogRead(0)); //产生随机种子
}

void loop() {
  Filter_Value = Filter();   //获得滤波器输出值
  Serial.println(Filter_Value); //串口输出
  delay(50);
}

//随机产生一个 300 左右的当前值
int Get_AD()
{
  return random(295, 305);
}

//中位值滤波算法
#define FILTER_N 101
int Filter()
{
  int filter_buf[FILTER_N];
  int i, j;
  int filter_temp;
  for(i = 0; i < FILTER_N; i++)
```

143

```
      {
        filter_buf[i] = Get_AD();
        delay(1);
      }

    //用冒泡法对采样值进行排序
    for(j=0; j<FILTER_N - 1; j++)
    {
      for(i=0; i<FILTER_N-j-1; i++)
      {
        if(filter_buf[i] > filter_buf[i+1])
        {
          filter_temp = filter_buf[i];
          filter_buf[i] = filter_buf[i+1];
          filter_buf[i+1] = filter_temp;
        }
      }
    }
    return filter_buf[(FILTER_N-1) /2];
}
```

9. 中位值平均滤波算法

```
/* 方法:采一组队列去掉最大值和最小值后取平均值
 *       相当于"中位值滤波法+算术平均滤波法"
 *       连续采样 N 个数值,去掉一个最大值和一个最小值
 *       然后计算 N-2 个数值的算术平均值
 *       N 值的选取:3~14
 * 优点:融合了"中位值滤波法+算术平均滤波法"两种算法的优点
 *       对于偶然出现的脉冲性干扰,可消除由其所引起的采样值偏差
 *       对于周期性干扰有良好的抑制作用
 *       平滑度高,适用于高频振荡的系统
 * 缺点:计算速度较慢
 *       比较浪费 RAM
 */
int Filter_Value;

void setup() {
  Serial.begin(9600);
  randomSeed(analogRead(0));   //产生随机数种子
}

void loop() {
  Filter_Value = Filter();   //获得滤波器输出值
  Serial.println(Filter_Value);
  delay(50);
```

144

```
}

// 用于随机产生一个 300 左右的当前值
int Get_AD()
{
  return random(295, 305);
}


// 中位值平均滤波算法
#define FILTER_N 100
int Filter()
{
  int i, j;
  int filter_temp, filter_sum = 0;
  int filter_buf[FILTER_N];
  for(i = 0; i<FILTER_N; i++)
  {
    filter_buf[i] = Get_AD();
    delay(1);
  }
  // 采样值从小到大排列(冒泡法)
  for(j = 0; j<FILTER_N-1; j++)
  {
    for(i = 0; i<FILTER_N-j-1; i++)
    {
      if(filter_buf[i] >filter_buf[i+1])
      {
        filter_temp = filter_buf[i];
        filter_buf[i] = filter_buf[i+1];
        filter_buf[i+1] = filter_temp;
      }
    }
  }
  // 去除最大值与最小值后求平均
  for(i = 1; i<FILTER_N-1; i++)
  filter_sum += filter_buf[i];
  return filter_sum /(FILTER_N-2);
}
```

10. 低通滤波算法

控制系统中,大部分被测信号都是低频信号,而脉冲信号则属于高频信号。采用低通滤波方法,可以消除高频干扰对测量精度的影响。

将普通硬件 RC 低通滤波器(图 5.1)的微分方程用差分方程来表示,便可以用软件算法来模拟硬件滤波的功能。

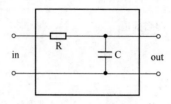

图 5.1　RC 低通滤波器

经推导,低通滤波算法如下:
$$Y(k) = X(k) + (1 - a) \cdot Y(k - 1) \tag{5.1}$$
式中:$X(k)$ 为本次采样值;$Y(k-1)$ 为上次的滤波输出值;$Y(k)$ 为本次滤波的输出值;a 为滤波系数,$a = 1 - e^{-T/\tau}$,其值通常远小于 1,其中 T 为采样周期,τ 为 RC 滤波器的时间常数。

由式(5.1)可知,本次滤波的输出值主要取决于上次滤波的输出值(注意不是上次的采样值,这和加权平均滤波是有本质区别的),本次采样值对滤波输出的影响是比较小的,但多少有些修正作用。

这种算法模拟了具有较大惯性的低通滤波功能,当目标参数为变化很慢的物理量时,效果很好,但它不能滤除高于 1/2 采样频率的干扰信号。除低通滤波外,同样可用软件来模拟高通滤波和带通滤波。虽然采样值为单元字节,为保证运算精度,滤波输出值用双字节表示,其中一字节整数,一字节小数,否则有可能因为每次舍去尾数而使输出不会变化。

```
int Filter_Value;
int Value;

void setup() {
  Serial.begin(9600);
  randomSeed(analogRead(0));   //产生随机数种子
  Value = 300;
}

void loop() {
  Filter_Value = Filter();   //获得滤波器输出值
  Serial.println(Filter_Value);
  delay(50);
}

//用于随机产生一个300左右的当前值
int Get_AD()
{
  return random(295, 305);
}

//一阶滞后滤波算法
```

```
#define FILTER_A 0.01
int Filter()
{
  int NewValue;
  NewValue = Get_AD();
  Value =(int)((float) NewValue * FILTER_A +(1.0 - FILTER_A) * (float)Val-
ue);
  return Value;
}
```

第二节　飞控中的滤波算法

1. 遥控中的滤波算法

此算法在飞控中的示例程序为:先获取遥控通道的采集值存在 rcValue 中,然后再求其算数平均值,并将值赋在 rcData 中。

```
volatile uint16_t rcValue[RC_CHANS] = {1502, 1502, 1502, 1502, 1502, 1502,
1502, 1502, 1502, 1502, 1502, 1502}; //遥控通道值的范围为 [1000;2000]
static uint8_t rcChannel[RC_CHANS] = {PITCH,YAW,THROTTLE,ROLL, AUX1, AUX2,
AUX3,AUX4,8,9,10,11}; //RC_CHANS 是指遥控的通道
ISR(PCINT0_vect) {      //引脚中断
  uint8_t pin;
  uint16_t cTime,dTime;   //定义端口开始时间、结束时间
static uint16_t edgeTime;   //定义静态的边缘时间
  pin = PINB;
  cTime = micros();
  sei();//打开中断
      //如果第四个引脚为高电平,则将边缘时间记录为开始时间,若为低电平,则得到通道电
//平的宽度,并需要其值在[300;2200]范围之间
  if(! (pin & 1<<4)) {      //indicates if the bit 4 of the arduino port [B0-B7]
is not at a high state(so that we match here only descending PPM pulse)
    dTime = cTime-edgeTime;
      if(900<dTime&&dTime<2200) rcValue[0] = dTime; //just a verification:
the value must be in the range [1000;2000] + some margin
    } else edgeTime = cTime;    //if the bit 2 is at a high state(ascending PPM
pulse), we memorize the time
  } //记录开始的时间
  //读原来的遥控数据,主要得到 data = rcValue[rcChannel[chan]];
  uint16_treadRawRC(uint8_t chan) {
    uint16_t data;
    uint8_toldSREG;
    oldSREG = SREG;   //保持当前的状态
    cli(); //关中断,不容许中断嵌套
```

```
        data = rcValue[rcChannel[chan]]; //Let's copy the data Atomically
        SREG = oldSREG;          //Let's restore interrupt state
         return data; // We return the value correctly copied when the IRQ's
where disabled
    }
    //对获取的遥控通道的值进行算术平均处理
    voidcomputeRC() {
        static uint16_t rcData4Values[RC_CHANS][4], rcDataMean[RC_CHANS];
        static uint8_t rc4ValuesIndex = 0;
        uint8_tchan,a;
        rc4ValuesIndex++;
        if(rc4ValuesIndex == 4) rc4ValuesIndex = 0;
        for(chan = 0; chan< RC_CHANS; chan++) {
            rcData4Values[chan][rc4ValuesIndex] = readRawRC(chan);
            rcDataMean[chan] = 0;
            for(a=0;a<4;a++) rcDataMean[chan] += rcData4Values[chan][a];
            rcDataMean[chan]=(rcDataMean[chan]+2)>>2;
              if(rcDataMean[chan] <(uint16_t)rcData[chan] -3)  rcData[chan] =
                 rcDataMean[chan]+2;
              if(rcDataMean[chan] >(uint16_t)rcData[chan] +3)  rcData[chan] =
                 rcDataMean[chan]-2;
        }
    }
```

2. 传感器及姿态计算中的滤波算法

1）平滑滤波

```
typedef struct {//定义结构体 imu,用于存储传感器传来的数据和计算得到的数据
  int16_t  accSmooth[3];   //加速度平滑,还需要 accsmooth 函数
  int16_t  gyroData[3];     //陀螺仪的数据
  int16_t  gyroADC[3];     //传感器传来的陀螺仪数据
} imu_t;
imu_t imu;//imu_t 的成员 imu
static int16_t gyroADCprevious[3] = {0,0,0};//定义静态变量 gyroADCprevious,并
//赋初值,保存上一次的结果,以便平均
    int16_t gyroADCp[3];
    int16_t gyroADCinter[3];
    void setup() {
        Serial.begin(115200);//设置串口波特率为 115200
    }

    void loop() {
        //这里重点在比较滤波算法,所以随机产生一组数,对于传感器如何采集数据和传输在传感器
//章节有详细介绍
    for(axis = 0; axis < 3; axis++)
```

148

```
    { imu.gyroADC[axis]=random(180);
    }
#if defined(NUNCHUCK)
```
//这里 imu.gyroData 的值包括 imu.gyroADC 的值占 3/4,而之前的值 gyroADCprevious 占
//1/4,这里对之前的值的预先处理将在后面有讲到,这里旨在对递推平均滤波的讲解
```
    for(axis = 0; axis < 3; axis++) {
        imu.gyroData[axis] =(imu.gyroADC[axis] * 3+gyroADCprevious[axis])>>
```
//2;//右移两位相当于除以 4
```
        gyroADCprevious[axis] = imu.gyroADC[axis];   //保存结果
    }
#else
    for(axis = 0; axis < 3; axis++) {
    gyroADCp[axis] =  imu.gyroADC[axis];
      gyroADCinter[axis] =  imu.gyroADC[axis]+gyroADCp[axis];
      imu.gyroData[axis] =(gyroADCinter[axis]+gyroADCprevious[axis])/3;
      gyroADCprevious[axis] = gyroADCinter[axis]>>1;
      if(! ACC) imu.accADC[axis]=0;
    }
#endif
#if defined(GYRO_SMOOTHING)
    static int16_t gyroSmooth[3] = {0,0,0};
    for(axis = 0; axis < 3; axis++) {
    imu.gyroData[axis] =(int16_t)(((int32_t)((int32_t)gyroSmooth[axis] *
        (conf.Smoothing[axis]-1) )+imu.gyroData[axis]+1 ) / conf.Smoothing
        [axis]);
      gyroSmooth[axis] = imu.gyroData[axis];
    }
#elif defined(TRI)
    static int16_t gyroYawSmooth = 0;
    imu.gyroData[YAW] =(gyroYawSmooth * 2+imu.gyroData[YAW])/3;
    gyroYawSmooth = imu.gyroData[YAW];
#endif

//将其计算结果输出,并在串口监视器中显示
for (axis = 0; axis < 3; axis++) {
    Serial.print(imu.gyroData[axis]); Serial.print(" \t");
    Serial.print(gyroADCprevious[axis]); Serial.print(" \t");
    Serial.print(" \n");
  }
}
```
2) 互补滤波器:加速度计和陀螺仪

互补滤波法相当于一种特殊的加权滤波法,它主要是针对不同方法所采集的同一参
数的值进行加权处理,由于不同方法在不同情况下采集参数的准确度不一样,为了更精确

地得到某一参数的值,会对不同方法采集的值乘上相应的权重分配。在它之前或之后可能都会事先进行相应的算法处理。陀螺仪、加速度计和磁场传感器是采用不同方法测量物体三个方向的偏角的传感器,各有优缺点,互补滤波器是让它们各尽其能、互相补充的滤波方法。

(1) 加速度计用来测量重力加速度,图 5.2(a)中 X 轴向加速度为 0g,Y 轴向加速度为 1g。图 5.2(b)中 X 轴向有正向的加速度,图 5.2(c)中 X 轴向有负向的加速度。这就使 Y 轴方向的加速度减少(<1g)。这样就可以用来测量斜角。注意:X 轴方向上改变一个很小的角度它的灵敏度远远高于 Y 轴。

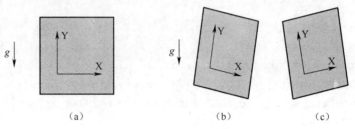

(a)   (b)   (c)

图 5.2   加速度计测量原理

(2) 陀螺仪可以测量角速度,当静止时读"0"。旋转后可以用测量的角速度乘以时间得到角度,但一旦停止就又为 0 了,因此需要用到积分运算。当然角速度是有方向的。图 5.3(a)为陀螺仪正转,图 5.3(b)为陀螺仪反转。

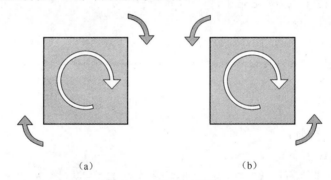

(a)   (b)

图 5.3   陀螺仪测量原理

(3) 磁场传感器能够指向地磁场的 N-S 极,虽然受各种因素影响,不同地区的指向不同,但是只要采用一定的方法校准,在微型飞行器能飞行的范围内还是能非常准确地指明物体的方向角的。

IMU 传感器测量姿态见表 5.1。

表 5.1   IMU 传感器测量姿态表

传感器	PITCH	ROLL	YAW
陀螺仪	√	√	√
加速度传感器	√	√	
磁场传感器			√

陀螺仪的短期测得的值比较准,但是由于存在温漂,因为要进行积分运算,测量一定

时间就会形成累积误差。所以要通过加速度计进行角度修正,但是加速度计在高频段噪声比较大,所以要将陀螺仪高通、加速度计低通后进行一定比列的融合,才能比较准确地反应角度的变化。

互补滤波器可以结合多个方法采样值,能够避免不同采样方法中的不准确情况,适用于有较大纯滞后时间常数的对象和采样周期较短的系统,但对于纯滞后时间常数较小,采样周期较长,变化缓慢的信号,不能迅速反应系统当前所受干扰的严重程度,滤波效果差。

图 5.4 为互补滤波器原理图。

此算法在飞控中的程序中随机获取磁场传感器、陀螺仪加速度传感器的值,并存放在 magADC[3]、gyroADC[3]、accADC[3]中,获取的子程序已经在上一章进行了讲解,而在飞控中,这些值都是由传感器采集的,并传到这些变量值,进行一系列处理后再进行比较滤波处理得到空间角度的偏量,最终结果放在 EstG32. A[axis]和 EstM32. A[axis]中以便在稍后计算 att. angle[axis]、att. heading(见下一章)。

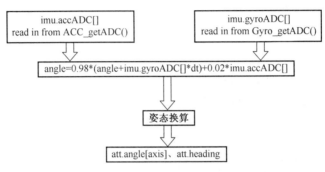

图 5.4　互补滤波器程序原理图

```
#define ACC_LPF_FACTOR 4        //加速度低通滤波因子,增加此值会减小加速度传感器检测
                                //的噪声,但会增加滞后时间
#define GYR_CMPF_FACTOR 600    //定义陀螺仪/加速度传感器互补滤波器因子,增加此值会减
                                //小加速度的影响
#define GYR_CMPFM_FACTOR 250   //定义陀螺仪/磁场传感器互补滤波器因子,增加此值会减小
                                //磁场的影响
#define INV_GYR_CMPF_FACTOR  (1.0f/(GYR_CMPF_FACTOR  + 1.0f))
#define INV_GYR_CMPFM_FACTOR  (1.0f/(GYR_CMPFM_FACTOR + 1.0f))
typedef struct {
  int16_t  accSmooth[3];
  int16_t  gyroData[3];
  int16_t  magADC[3];
  int16_t  gyroADC[3];
  int16_t  accADC[3];
} imu_t;
imu_t imu;

typedef struct fp_vector {
  float X,Y,Z;
```

```
} t_fp_vector_def;

typedef union {
    float A[3];
    t_fp_vector_def V;
} t_fp_vector;

typedef struct int32_t_vector {
    int32_t X,Y,Z;
} t_int32_t_vector_def;

typedef union {
    int32_t A[3];
    t_int32_t_vector_def V;
} t_int32_t_vector;

static t_fp_vector EstG;
static t_int32_t_vector EstG32;
static t_int32_t_vector EstM32;
static t_fp_vector EstM;

void rotateV(struct fp_vector *v,float * delta) {//根据陀螺仪的数据计算三轴姿
                //态角,注意:假设陀螺仪测量的角度很小,$\cos\theta=1$,$\sin\theta=\theta$;在第六章会有
                //详细介绍
    fp_vector v_tmp = *v;
    v->Z -= delta[ROLL]  * v_tmp.X + delta[PITCH] * v_tmp.Y;
    v->X += delta[ROLL]  * v_tmp.Z - delta[YAW]   * v_tmp.Y;
    v->Y += delta[PITCH] * v_tmp.Z + delta[YAW]   * v_tmp.X;
}

static int32_t accLPF32[3]    = {0, 0, 1};

static t_fp_vector EstG;
static t_int32_t_vector EstG32;
static t_int32_t_vector EstM32;
static t_fp_vector EstM;

setup()  {  Serial.begin(115200);  }
loop()
{
ACC_getADC();//获取加速度的值 imu.accADC[axis],在上一章传感器部分有介绍
Gyro_getADC();//获取陀螺仪的值 imu.gyroADC[axis],单位为刻度/微秒,是角速度
Mag_getADC();//获取磁场传感器的值 imu.magADC[axis]
```

```
float scale, deltaGyroAngle[3];
//GYRO_SCALE 是陀螺仪单位刻度所对应的弧度数,根据传感器的不同会有所不同,单位为:弧度
//＊微秒／刻度。Scale 的单位为:弧度＊微秒／刻度
static uint16_t previousT;
uint16_t currentT = micros();
scale =(currentT - previousT) ＊ GYRO_SCALE;单位是:弧度＊微秒／刻度
previousT = currentT;
for (axis = 0; axis < 3; axis++) {
    deltaGyroAngle[axis] = imu.gyroADC[axis]   ＊ scale; //改变的弧度数
    //下面是加速度低通滤波器,a＝1／2^ACC_LPF_FACTOR
    accLPF32[axis]    -= accLPF32[axis]>>ACC_LPF_FACTOR;
    accLPF32[axis] += imu.accADC[axis];
    imu.accSmooth[axis] = accLPF32[axis]>>ACC_LPF_FACTOR;
     accMag +=(int32_t)imu.accSmooth[axis]＊imu.accSmooth[axis];//计算加速度
```
$$// \ a = \sqrt{a_x^2 + a_y^2 + a_z^2}$$
```
}

rotateV(&EstG.V,deltaGyroAngle);   //将陀螺仪测量值转化为三轴姿态角以便和加速度
                            计算的姿态角进行互补计算
rotateV(&EstM.V,deltaGyroAngle); //将陀螺仪测量值转化为三轴姿态角以便和磁场计算
                            的姿态角进行互补计算
accMag = accMag＊100／((int32_t)ACC_1G＊ACC_1G);   //加速度值单位换算
validAcc = 72 <(uint16_t)accMag &&(uint16_t)accMag < 133;//限定加速度值的范围

for (axis = 0; axis < 3; axis++) {
    if( validAcc )       EstG.A[axis] =(EstG.A[axis] ＊ GYR_CMPF_FACTOR +
imu.accSmooth[axis]) ＊ INV_GYR_CMPF_FACTOR;
    EstG32.A[axis] = EstG.A[axis]; //32 位整型计算比浮点计算要快一些
    EstM.A[axis] =(EstM.A[axis] ＊ GYR_CMPFM_FACTOR  + imu.magADC[axis]) ＊
INV_GYR_CMPFM_FACTOR;
    EstM32.A[axis] = EstM.A[axis]; //32 位整型计算比浮点计算要快一些
 }
Serial.print(EstG32.A [ROLL]); Serial.print(" \t");//输出值。稍后会采用姿态算
                            法利用此值计算 att.angle[axis]、att.heading(见下一
                            章)
Serial.print(EstG32.A [PITCH]); Serial.print(" \t");
Serial.print(EstM.A[YAW]); Serial.println(" \t");
}
```
互补滤波器算法关系如图 5.5 所示。

3) 卡尔曼滤波

(1) 原理

1960 年,卡尔曼(Kalman)发表了用递归方法解决离散数据线性滤波问题的论文,这

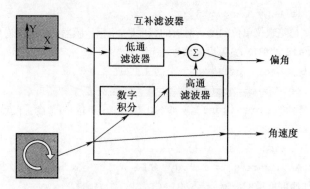

图 5.5 互补滤波器算法关系图

就是卡尔曼滤波的方法。卡尔曼滤波属于一种软件滤波方法,其基本思想是:以最小均方误差为最佳估计准则,采用信号与噪声的状态空间模型,利用前一时刻的估计值和当前时刻的观测值来更新对状态变量的估计,求出当前时刻的估计值,算法根据建立的系统方程和观测方程对需要处理的信号做出满足最小均方误差的估计。

① 建立系统数学模型:其假设系统状态可以用 n 维空间的一个向量 $x \in R^n$ 来表示。定义系统状态变量为 $x_k \in R^n$,系统控制输入为 θ_k,系统过程激励噪声为 $\boldsymbol{W}_k$,可得出系统的状态随机差分方程为

$$\boldsymbol{x}_k = \boldsymbol{F}\boldsymbol{x}_{k-1} + \boldsymbol{B}\dot{\theta}_k + \boldsymbol{W}_k \tag{5.2}$$

定义观测变量 $\boldsymbol{Z}_k \in R^m$,观测噪声为 $\boldsymbol{V}_k$,得到量测方程:

$$z_k = \boldsymbol{H}\boldsymbol{X}_k + \boldsymbol{V}_k \tag{5.3}$$

假设 $\boldsymbol{W}_k$、$\boldsymbol{V}_k$ 为相互独立的,正态分布的白色噪声,过程激励噪声协方差矩阵为 $\boldsymbol{Q}_k$,观测噪声协方差矩阵为 $\boldsymbol{R}$,即:

$$\boldsymbol{W}_k \sim N(0, \boldsymbol{Q}_k) \tag{5.4}$$

$$\boldsymbol{V}_k \sim N(0, \boldsymbol{R}) \tag{5.5}$$

$\boldsymbol{F}$、$\boldsymbol{B}$、$\boldsymbol{H}$ 是状态变换矩阵,是从建立的系统数学模型中导出来的调整系数。

② 滤波器计算原型:首先用 $\hat{x}_{k|k-1}$ 表示用 k 时刻之前的状态值预测 k 时刻的状态,叫先验状态;用 $\hat{x}_{k|k}$ 表示 k 时刻的状态估计,需要用到给定的 k 时刻的观测方程,叫后验状态,那么有方程

$$\hat{x}_{k|k} = \boldsymbol{F}\hat{x}_{k|k-1} + \boldsymbol{B}\dot{\theta}_k \tag{5.6}$$

用 $\hat{\boldsymbol{P}}_{k-1|k-1}$ 表示用 k 时刻之前误差协方差矩阵,$\hat{\boldsymbol{P}}_{k|k-1}$ 表示用 k 时刻之前误差协方差矩阵估计 k 时刻误差的协方差矩阵,则:

$$\boldsymbol{P}_{k|k-1} = \boldsymbol{F}\boldsymbol{P}_{k-1|k-1}\boldsymbol{F}^{\mathrm{T}} + \boldsymbol{Q}_k \tag{5.7}$$

将观测值与估计的状态做运算,可以得到新息:

$$\widetilde{y}_k = z_k - \boldsymbol{H}\widetilde{x}_{k|k-1} \tag{5.8}$$

新息的协方差为

$$S_k = \boldsymbol{H}\boldsymbol{P}_{k|k-1}\boldsymbol{H}^{\mathrm{T}} + R \tag{5.9}$$

下一步是计算卡尔曼滤波增益,新息里也含有噪声,卡尔曼滤波增益是对新息的相信程度,定义为

154

$$K_k = P_{k|k-1} H^{\mathrm{T}} S_k^{-1} \qquad (5.10)$$

则有

$$\hat{x}_{k|k} = \hat{x}_{k|k-1} + K_k \widetilde{y}_k \qquad (5.11)$$

后验误差方差矩阵的递推式为

$$P_{k|k} = (I - K_k H) P_{k|k-1} \qquad (5.12)$$

I 是一个方阵。上面一系列方程,需要初始化-1 时刻的 $\hat{x}_{k|k-1}$ 和 $P_{k|k-1}$ 的值,输入测量值是 z_k ,最后的输出是 $\hat{x}_{k|k}$ 。

图 5.6 为卡尔曼滤波程序原理图。

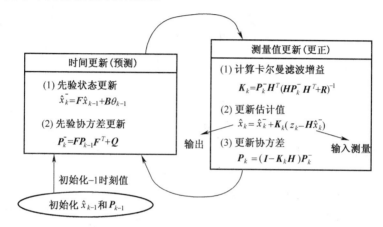

图 5.6 卡尔曼滤波程序原理图

③ 滤波器模型的建立:

对于加速度传感器和陀螺仪测量值的卡尔曼滤波的输出为

$$x_k = \begin{bmatrix} \theta \\ \dot{\theta} \end{bmatrix} \qquad (5.13)$$

θ 为角度,单位为度, $\dot{\theta}_b$ 为偏移量,单位为(°/s)。传递矩阵 F 为

$$F = \begin{bmatrix} 1 & -\Delta t \\ 0 & 1 \end{bmatrix} \qquad (5.14)$$

Δt 是时间步长。控制输入矩阵 B 为

$$B = \begin{bmatrix} \Delta t \\ 0 \end{bmatrix} \qquad (5.15)$$

W_k 是均值为 0,协方差为 Q_k 的过程噪声。Q_k 为

$$Q_k = \begin{bmatrix} Q_\theta & 0 \\ 0 & Q_{\dot{\theta}_b} \end{bmatrix} \Delta t \qquad (5.16)$$

观测矩阵 H 为

$$H = \begin{bmatrix} 1 & 0 \end{bmatrix} \qquad (5.17)$$

R 等于测量值的方差。误差方差矩阵 P 是个 2×2 的矩阵:

$$P = \begin{bmatrix} P_{00} & P_{01} \\ P_{10} & P_{11} \end{bmatrix} \qquad (5.18)$$

具体编程实现的步骤为:

第一步:离散 Kalman 滤波时间更新方程(预测)

$$\hat{x}_{k|k-1} = \boldsymbol{F}\hat{x}_{k-1|k-1} + \boldsymbol{B}\dot{\theta}_k$$

$$\begin{bmatrix} \theta \\ \dot{\theta}_b \end{bmatrix}_{k|k-1} = \begin{bmatrix} 1 & -\Delta t \\ 0 & 1 \end{bmatrix} \begin{bmatrix} \theta \\ \dot{\theta}_b \end{bmatrix}_{k-1|k-1} + \begin{bmatrix} \Delta t \\ 0 \end{bmatrix} \dot{\theta}_k$$

$$= \begin{bmatrix} \theta - \dot{\theta}_b \Delta t \\ \dot{\theta}_b \end{bmatrix}_{k-1|k-1} + \begin{bmatrix} \Delta t \\ 0 \end{bmatrix} \dot{\theta}_k$$

$$= \begin{bmatrix} \theta - \dot{\theta}_b \Delta t + \dot{\theta}\Delta t \\ \dot{\theta}_b \end{bmatrix}$$

$$= \begin{bmatrix} \theta + \Delta t(\dot{\theta} - \dot{\theta}_b) \\ \dot{\theta}_b \end{bmatrix} \quad (5.19)$$

第二步:更新协方差矩阵

$$\boldsymbol{P}_{k|k-1} = \boldsymbol{F}\boldsymbol{P}_{k-1|k-1}\boldsymbol{F}^{\mathrm{T}} + \boldsymbol{Q}_k$$

$$\begin{bmatrix} P_{00} & P_{01} \\ P_{10} & P_{11} \end{bmatrix}_{k|k-1} = \begin{bmatrix} 1 & -\Delta t \\ 0 & 1 \end{bmatrix} \begin{bmatrix} P_{00} & P_{01} \\ P_{10} & P_{11} \end{bmatrix}_{k-1|k-1} \begin{bmatrix} 1 & 0 \\ -\Delta t & 1 \end{bmatrix} + \begin{bmatrix} Q_\theta & 0 \\ 0 & Q_{\theta_b} \end{bmatrix} - \Delta t$$

$$= \begin{bmatrix} P_{00} - \Delta t P_{10} & P_{01} - \Delta t P_{11} \\ P_{10} & P_{11} \end{bmatrix}_{k-1|k-1} \begin{bmatrix} 1 & 0 \\ -\Delta t & 1 \end{bmatrix} + \begin{bmatrix} Q_\theta & 0 \\ 0 & Q_{\theta_b} \end{bmatrix} - \Delta t$$

$$= \begin{bmatrix} P_{00} - \Delta t P_{10} - \Delta t(P_{01} - \Delta t P_{11}) & P_{01} - \Delta t P_{11} \\ P_{10} - \Delta t P_{11} & P_{11} \end{bmatrix}_{k-1|k-1} + \begin{bmatrix} Q_\theta & 0 \\ 0 & Q_{\theta_b} \end{bmatrix} - \Delta t$$

$$= \begin{bmatrix} P_{00} - \Delta t P_{10} - \Delta t(P_{01} - \Delta t P_{11}) + Q_\theta \Delta t & P_{01} - \Delta t P_{11} \\ P_{10} - \Delta t P_{11} & P_{11} + Q_{\theta_b}\Delta t \end{bmatrix}$$

$$= \begin{bmatrix} P_{00} - \Delta t(P_{10} - P_{01} - \Delta t P_{11} + Q_\theta) & P_{01} - \Delta t P_{11} \\ P_{10} - \Delta t P_{11} & P_{11} + Q_{\theta_b}\Delta t \end{bmatrix} \quad (5.20)$$

第三步:计算角度和偏差(newAngle)

$$\widetilde{y}_k = z_k - \boldsymbol{H}\hat{x}_{k|k-1}$$

$$= z_k - \begin{bmatrix} 1 & 0 \end{bmatrix} \begin{bmatrix} \theta \\ \dot{\theta}_b \end{bmatrix}_{k|k-1}$$

$$= z_k - \theta_{k|k-1} \quad (5.21)$$

第四步:计算卡尔曼滤波增益

$$S_k = \boldsymbol{H}\boldsymbol{P}_{k|k-1}\boldsymbol{H}^{\mathrm{T}} + R$$

$$= \begin{bmatrix} 1 & 0 \end{bmatrix} \begin{bmatrix} P_{00} P_{01} \\ P_{10} P_{11} \end{bmatrix}_{k|k-1} \begin{bmatrix} 1 \\ 0 \end{bmatrix} + R$$

$$= P_{00k|k-1} + R$$

$$= P_{00k|k-1} + \text{var}(v) \qquad (5.22)$$

第五步:计算卡尔曼滤波增益

$$\boldsymbol{K}_k = \boldsymbol{P}_{k|k-1}\boldsymbol{H}^{\text{T}}S_k^{-1}$$

$$\begin{bmatrix} K_0 \\ K_1 \end{bmatrix}_k = \begin{bmatrix} P_{00} P_{01} \\ P_{10} P_{11} \end{bmatrix}_{k|k-1} \begin{bmatrix} 1 \\ 0 \end{bmatrix} S_k^{-1}$$

$$= \begin{bmatrix} P_{00} \\ P_{10} \end{bmatrix}_{k|k-1} S_k^{-1}$$

$$= \frac{\begin{bmatrix} P_{00} \\ P_{10} \end{bmatrix}_{k|k-1}}{S_k} \qquad (5.23)$$

第六步:对 k 时刻状态值进行估计

$$\hat{x}_{k|k} = \hat{x}_{k|k-1} + \boldsymbol{K}_k \tilde{y}_k$$

$$\begin{bmatrix} \theta \\ \dot{\theta}_b \end{bmatrix}_{k|k} = \begin{bmatrix} \theta \\ \dot{\theta}_b \end{bmatrix}_{k|k-1} + \begin{bmatrix} K_0 \\ K_1 \end{bmatrix}_k \tilde{y}_k$$

$$= \begin{bmatrix} \theta \\ \dot{\theta}_b \end{bmatrix}_{k|k-1} + \begin{bmatrix} K_0 & \tilde{y} \\ K_1 & \tilde{y} \end{bmatrix}_k \qquad (5.24)$$

第七步: k 时刻协方差估计

$$\boldsymbol{P}_{k|k} = (\boldsymbol{I} - \boldsymbol{K}_k\boldsymbol{H})\boldsymbol{P}_{k|k-1}$$

$$\begin{bmatrix} P_{00} P_{01} \\ P_{10} P_{11} \end{bmatrix}_{k|k} = \left(\begin{bmatrix} 1 & 0 \\ 0 & 1 \end{bmatrix} - \begin{bmatrix} K_0 \\ K_1 \end{bmatrix}_k \begin{bmatrix} 1 & 0 \end{bmatrix} \right) \begin{bmatrix} P_{00} P_{01} \\ P_{10} P_{11} \end{bmatrix}_{k|k-1}$$

$$= \left(\begin{bmatrix} 1 & 0 \\ 0 & 1 \end{bmatrix} - \begin{bmatrix} K_0 & 0 \\ K_1 & 0 \end{bmatrix}_k \right) \begin{bmatrix} P_{00} P_{01} \\ P_{10} P_{11} \end{bmatrix}_{k|k-1}$$

$$= \begin{bmatrix} P_{00} P_{01} \\ P_{10} P_{11} \end{bmatrix}_{k|k-1} - \begin{bmatrix} K_0 P_{00} & K_0 P_{01} \\ K_1 P_{00} & K_1 P_{01} \end{bmatrix}_k \qquad (5.25)$$

(2) 头文件

① 头文件 Kalman_h

作者:Kristian Lauszus, TKJ Electronics

网址:http://www.tkjelectronics.com

```
#ifndef _Kalman_h
#define _Kalman_h

class Kalman {
public:
    Kalman() {        //构造函数,为变量赋初值
        Q_angle = 0.001;    //角度噪声方差
        Q_bias = 0.003;     //角漂移量噪声方差
```

```
        R_measure = 0.03;   //测量误差方差

        angle = 0; //初始化角度
        bias = 0; //初始化偏移量

        P[0][0] = 0; //误差方差矩阵
        P[0][1] = 0;
        P[1][0] = 0;
        P[1][1] = 0;
};
//角度的单位是度,角度率单位是(°/s),dt 的单位是秒
double getAngle(double newAngle, double newRate, double dt) {
    /*第一步*/
    rate = newRate - bias;
    angle += dt * rate;
    /*第二步*/
    P[0][0] += dt *(dt * P[1][1] - P[0][1] - P[1][0] + Q_angle);
    P[0][1] -= dt * P[1][1];
    P[1][0] -= dt * P[1][1];
    P[1][1] += Q_bias * dt;
    /*第四步*/
    S = P[0][0] + R_measure;
    /*第五步*/
    K[0] = P[0][0] /S;
    K[1] = P[1][0] /S;
    /*第三步*/
    y = newAngle - angle;
    /*第六步*/
    angle += K[0] * y;
    bias += K[1] * y;
    /*第七步*/
    P[0][0] -= K[0] * P[0][0];
    P[0][1] -= K[0] * P[0][1];
    P[1][0] -= K[1] * P[0][0];
    P[1][1] -= K[1] * P[0][1];

    return angle;
};
void setAngle(double newAngle) { angle = newAngle; }; //设置开始角度
double getRate() { return rate; }; //返回无偏角速度

void setQangle(double newQ_angle) { Q_angle = newQ_angle; };
void setQbias(double newQ_bias) { Q_bias = newQ_bias; };
```

```cpp
    void setRmeasure(double newR_measure) { R_measure = newR_measure; };

    double getQangle() { return Q_angle; };
    double getQbias() { return Q_bias; };
    double getRmeasure() { return R_measure; };

private:
    /* 滤波的变量 */
    double Q_angle;   //加速度过程噪声方差
    double Q_bias;    //陀螺仪角速度噪声方差
    double R_measure; //测量知识方差

    double angle;     //滤波后的角度,是 2×1 的状态向量
    double bias;      //陀螺仪滤波后的角速度,是 2×1 的状态向量
    double rate;      //从角速度和偏移量计算得的无偏角速度

    double P[2][2];   //误差方差矩阵,是个 2×2 的矩阵
    double K[2];      //增益,是个 2×1 的向量
    double y;         //角度差
    double S;         //估计误差
};

#endif
```

② 主文件 Kalman. cpp

```cpp
#include <Wire.h>
#include "Kalman.h"

#define RESTRICT_PITCH //限制滚动角在 90°范围
#define RAD_TO_DEG 57.295778
#define DEG_TO_RAD 0.0174533
Kalman kalmanX, kalmanY, kalmanZ; //创建对象

const uint8_t MPU6050 = 0x68; //如果 PCB 上的 AD0 是低电平,则 I²C 地址是 0x68, 否则
                              //应该是 0x69
const uint8_t HMC5883L = 0x1E; //磁场传感器的 I²C 地址

/* IMU 的数据 */
double accX, accY, accZ;
double gyroX, gyroY, gyroZ;
double magX, magY, magZ;
int16_t tempRaw;

double roll, pitch, yaw; //Roll、pitch 由加速度传感器得到,yaw 由磁场传感器得到
```

```
double gyroXangle, gyroYangle, gyroZangle; //三个方向角度都由陀螺仪得到
double compAngleX, compAngleY, compAngleZ; //由互补滤波器得到三个方向的角度
double kalAngleX, kalAngleY, kalAngleZ; //由 Kalman 滤波器得到三个方向的角度

uint32_t timer;
uint8_t i2cData[14]; //I2C 数据缓冲

#define MAG0MAX 603
#define MAG0MIN -578

#define MAG1MAX 542
#define MAG1MIN -701

#define MAG2MAX 547
#define MAG2MIN -556

float magOffset[3] = {(MAG0MAX + MAG0MIN) / 2,(MAG1MAX + MAG1MIN) / 2,
(MAG2MAX + MAG2MIN) /2 };
double magGain[3];

void setup() {
  delay(100); //等待传感器准备好

  Serial.begin(9600);
  Wire.begin();
  TWBR =((F_CPU /400000L) - 16) /2; //设置 I2C 的频率为 400kHz

  i2cData[0] = 7; //设置采样率为1000Hz :8kHz /(7+1) = 1000Hz
  i2cData[1] = 0x00; //屏蔽FSYNC(同步写)功能 并设置Acc 滤波频率为260 Hz, Gyro 滤
                     //波频率为256 Hz, 8 kHz 采样率
  i2cData[2] = 0x00; //设置 Gyro 满刻度范围为±250°/s
  i2cData[3] = 0x00; //设置 Acc 满刻度范围为±2g
  while(i2cWrite(MPU6050, 0x19, i2cData, 4, false)); //一次写四个寄存器
  while(i2cWrite(MPU6050, 0x6B, 0x01, true)); //采用陀螺仪 X 方向锁相环固定频率
                     //并禁用休眠模式
  while(i2cRead(MPU6050, 0x75, i2cData, 1));
  if(i2cData[0] ! = 0x68) { //读 "WHO_AM_I" 寄存器
    Serial.print(F("Error reading sensor"));
    while(1);
  }

  while(i2cWrite(HMC5883L, 0x02, 0x00, true)); //配置设备的连续工作模式
```

160

```
    calibrateMag();    //校正磁场传感器

    delay(100); //等待传感器稳定

    /*设置Kalman和gyro初始角度*/
    updateMPU6050();
    updateHMC5883L();
    updatePitchRoll();
    updateYaw();

    kalmanX.setAngle(roll); //首先设置roll初始角度
    gyroXangle = roll;
    compAngleX = roll;

    kalmanY.setAngle(pitch); //然后pitch
    gyroYangle = pitch;
    compAngleY = pitch;

    kalmanZ.setAngle(yaw); //最后yaw
    gyroZangle = yaw;
    compAngleZ = yaw;

    timer = micros(); //初始化定时器
}

void loop() {
    /*更新惯性测量队员IMU的值*/
    updateMPU6050();
    updateHMC5883L();

    double dt =(double)(micros() - timer) /1000000; //计算dt
    timer = micros();


    /* Roll和pitch估计*/
    updatePitchRoll();
    double gyroXrate = gyroX /131.0; //转换成°/s
    double gyroYrate = gyroY /131.0; //转换成°/s

#ifdef RESTRICT_PITCH
    //当加速度传感器的角度在-180°和180°间跳来跳去时修正它
    if((roll < -90 && kalAngleX > 90) ||(roll > 90 && kalAngleX < -90)) {
        kalmanX.setAngle(roll);
```

161

```
        compAngleX = roll;
        kalAngleX = roll;
        gyroXangle = roll;
    } else
        kalAngleX = kalmanX.getAngle(roll, gyroXrate, dt); //使用卡尔曼滤波算法计
//算角度

    if(abs(kalAngleX) > 90)
        gyroYrate = -gyroYrate; //转换角速度,以便限制加速度传感器的读数
    kalAngleY = kalmanY.getAngle(pitch, gyroYrate, dt);
  #else
    //当加速度传感器的角度在-180°和180°间跳来跳去时修正它
    if((pitch < -90 && kalAngleY > 90) ||(pitch > 90 && kalAngleY < -90)) {
        kalmanY.setAngle(pitch);
        compAngleY = pitch;
        kalAngleY = pitch;
        gyroYangle = pitch;
    } else
        kalAngleY = kalmanY.getAngle(pitch, gyroYrate, dt); //使用卡尔曼滤波算法计
//算角度
    if(abs(kalAngleY) > 90)
        gyroXrate = -gyroXrate; //转换角速度,以便限制加速度传感器的读数
    kalAngleX = kalmanX.getAngle(roll, gyroXrate, dt); //使用卡尔曼滤波算法计算
//角度
  #endif


    /* Yaw 估计 */
    updateYaw();
    double gyroZrate = gyroZ /131.0; //转换成°/s
    //当 Yaw 方向的角度在-180°和 180°间跳来跳去时修正它
    if((yaw < -90 && kalAngleZ > 90) ||(yaw > 90 && kalAngleZ < -90)) {
        kalmanZ.setAngle(yaw);
        compAngleZ = yaw;
        kalAngleZ = yaw;
        gyroZangle = yaw;
    } else
        kalAngleZ = kalmanZ.getAngle(yaw, gyroZrate, dt); //使用卡尔曼滤波算法计算
//角度

    /* Estimate angles using gyro only */
    gyroXangle += gyroXrate * dt; //不使用滤波计算 gyro 角度
    gyroYangle += gyroYrate * dt;
```

162

```
    gyroZangle += gyroZrate * dt;
    //gyroXangle += kalmanX.getRate() * dt; //使用卡尔曼滤波算法的无偏角速度计算
//gyro 角度
    //gyroYangle += kalmanY.getRate() * dt;
    //gyroZangle += kalmanZ.getRate() * dt;


    /* Estimate angles using complimentary filter */
    compAngleX = 0.93 *(compAngleX + gyroXrate * dt) + 0.07 * roll; //使用互补
                            //滤波器计算角度
    compAngleY = 0.93 *(compAngleY + gyroYrate * dt) + 0.07 * pitch;
    compAngleZ = 0.93 *(compAngleZ + gyroZrate * dt) + 0.07 * yaw;


    //当漂移太多时重新设置 gyro 角度
    if(gyroXangle < -180 ||gyroXangle > 180) gyroXangle = kalAngleX;
    if(gyroYangle < -180 ||gyroYangle > 180)    gyroYangle = kalAngleY;
    if(gyroZangle < -180 ||gyroZangle > 180)    gyroZangle = kalAngleZ;


    /*输出数据 */
#if 1
    Serial.print(roll); Serial.print("\t");
    Serial.print(gyroXangle); Serial.print("\t");
    Serial.print(compAngleX); Serial.print("\t");
    Serial.print(kalAngleX); Serial.print("\t");

    Serial.print("\t");

    Serial.print(pitch); Serial.print("\t");
    Serial.print(gyroYangle); Serial.print("\t");
    Serial.print(compAngleY); Serial.print("\t");
    Serial.print(kalAngleY); Serial.print("\t");

    Serial.print("\t");
    Serial.print(yaw); Serial.print("\t");
    Serial.print(gyroZangle); Serial.print("\t");
    Serial.print(compAngleZ); Serial.print("\t");
    Serial.print(kalAngleZ); Serial.print("\t");
#endif
#if 0 //Set to 1 to print the IMU data
    Serial.print(accX /16384.0); Serial.print("\t"); //转换成 g
    Serial.print(accY /16384.0); Serial.print("\t");
    Serial.print(accZ /16384.0); Serial.print("\t");
    Serial.print(gyroXrate); Serial.print("\t"); //转换成°/s
    Serial.print(gyroYrate); Serial.print("\t");
```

```
    Serial.print(gyroZrate); Serial.print(" \t");
    Serial.print(magX); Serial.print(" \t"); //增益和偏移之后的补偿
    Serial.print(magY); Serial.print(" \t");
    Serial.print(magZ); Serial.print(" \t");
#endif
#if 0 //Set to 1 to print the temperature
    Serial.print(" \t");
    double temperature =(double)tempRaw /340.0 + 36.53;
    Serial.print(temperature); Serial.print(" \t");
#endif

    Serial.println();

    delay(10);
}


void updateMPU6050() {
    while(i2cRead(MPU6050, 0x3B, i2cData, 14)); //获得加速度和陀螺仪的值
    accX =((i2cData[0] << 8) | i2cData[1]);
    accY = -((i2cData[2] << 8) | i2cData[3]);
    accZ =((i2cData[4] << 8) | i2cData[5]);
    tempRaw =(i2cData[6] << 8) | i2cData[7];
    gyroX = -(i2cData[8] << 8) | i2cData[9];
    gyroY =(i2cData[10] << 8) | i2cData[11];
    gyroZ = -(i2cData[12] << 8) | i2cData[13];
}


void updateHMC5883L() {
    while(i2cRead(HMC5883L, 0x03, i2cData, 6)); //获得磁场传感器的值
    magX =((i2cData[0] << 8) | i2cData[1]);
    magZ =((i2cData[2] << 8) | i2cData[3]);
    magY =((i2cData[4] << 8) | i2cData[5]);


}


void updatePitchRoll() {
#ifdef RESTRICT_PITCH //Eq. 25 and 26
    roll = atan2(accY, accZ) * RAD_TO_DEG;   //atan2 输出±π/2
    pitch = atan(-accX /sqrt(accY * accY + accZ * accZ)) * RAD_TO_DEG;//转换成
//角度
#else //Eq. 28 and 29
    roll = atan(accY /sqrt(accX * accX + accZ * accZ)) * RAD_TO_DEG;
    pitch = atan2(-accX, accZ) * RAD_TO_DEG;
```

164

```
  #endif
}

void updateYaw() {
  magX *= -1;  //校正后做的坐标转换
  magZ *= -1;

  magX *= magGain[0];
  magY *= magGain[1];
  magZ *= magGain[2];

  magX -= magOffset[0];
  magY -= magOffset[1];
  magZ -= magOffset[2];
  double rollAngle = kalAngleX * DEG_TO_RAD;
  double pitchAngle = kalAngleY * DEG_TO_RAD;

  double Bfy = magZ * sin(rollAngle) - magY * cos(rollAngle);
  double Bfx = magX * cos(pitchAngle) + magY * sin(pitchAngle) * sin(rol-
lAngle) + magZ * sin(pitchAngle) * cos(rollAngle);

  yaw = atan2(-Bfy, Bfx) * RAD_TO_DEG;

  yaw *= -1;
}

void calibrateMag() {
  i2cWrite(HMC5883L, 0x00, 0x11, true);
  delay(100);  //等待传感器准备好
  updateHMC5883L();  //读正偏值

  int16_t magPosOff[3] = { magX, magY, magZ };

  i2cWrite(HMC5883L, 0x00, 0x12, true);
  delay(100);  //等待传感器准备好
  updateHMC5883L();  //读负偏值

  int16_t magNegOff[3] = { magX, magY, magZ };

  i2cWrite(HMC5883L, 0x00, 0x10, true);  //回到正常情况

  magGain[0] = -2500 / float(magNegOff[0] - magPosOff[0]);
  magGain[1] = -2500 / float(magNegOff[1] - magPosOff[1]);
```

165

```
    magGain[2] = -2500 / float(magNegOff[2] - magPosOff[2]);
    magGain[0] = 0;
    magGain[1] = 0;
    magGain[2] = 0;
#if 0
    Serial.print("Mag cal: ");
    Serial.print(magNegOff[0] - magPosOff[0]);
    Serial.print(",");
    Serial.print(magNegOff[1] - magPosOff[1]);
    Serial.print(",");
    Serial.println(magNegOff[2] - magPosOff[2]);
    Serial.print("Gain: ");
    Serial.print(magGain[0]);
    Serial.print(",");
    Serial.print(magGain[1]);
    Serial.print(",");
    Serial.println(magGain[2]);
#endif
}
```

第六章　机器人位姿分析

机器人的位置和姿态包含了三轴的位移和偏转角度,它们对时间的一阶导数构成了速度和角速度,对时间的二阶导数构成了加速度和角加速度,乘上质量和惯量后就构成了力和力矩。机器人开始运动后这些参数都要动态地发生变化,采用简洁的算法可以计算出这些参数值,为控制打好基础。飞控上的姿态计算直接和传感器检测数据挂钩,四元数计算位姿可以提高计算的速度和减少内存的占用。

第一节　机器人运动学

机器人操作涉及到各物体之间的关系和各物体与机械手之间的关系。物体之间的关系是用齐次坐标变换来描述的。本节采用齐次坐标变换来描述机械手各关节坐标之间、各物体之间以及各物体与机械手之间的关系。首先介绍向量和平面的表示方法,然后引出向量的坐标变换,这些变换基本上是由平移和旋转组成,因此可以用坐标系来描述各物体和机械手的空间位置和姿态。稍后还要介绍逆变换,逆变换是运动学求解的基础。

1. 齐次变换

1) 点向量(Point vectors)

点向量描述空间的一个点在某个坐标系的空间位置。同一个点在不同坐标系的描述及位置向量的值也不同。如图 6.1 中,点 p 在 E 坐标系中表示为 $^E\boldsymbol{v}$,在 H 坐标系中表示为 $^H\boldsymbol{u}$,且 $\boldsymbol{v} \neq \boldsymbol{u}$。一个点向量可表示为

$$\boldsymbol{v} = a\boldsymbol{i} + b\boldsymbol{j} + c\boldsymbol{k} \tag{6.1}$$

通常将一个 n 维空间的点用 $n+1$ 维列矩阵表示,即齐次坐标变换,如除 x、y、z 三个方向上的分量外,再加一个比例因子 w,即

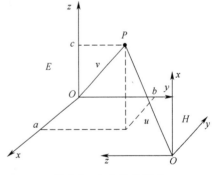

图 6.1　点向量的描述

$$\boldsymbol{v} = \begin{bmatrix} x & y & z & w \end{bmatrix}^{\mathrm{T}} \tag{6.2}$$

式中:$a=x/w,b=y/w,c=z/w$,上标 T 表示转置。

如果 $w=0$,就表示坐标轴。

传统的直角坐标系是由三个单位点向量构成的:$[1\ 0\ 0]^{\mathrm{T}}$,$[0\ 1\ 0]^{\mathrm{T}}$,$[0\ 0\ 1]^{\mathrm{T}}$,原点的向量为,$[0\ 0\ 0]^{\mathrm{T}}$,所对应的齐次变换为$[1\ 0\ 0\ 0]^{\mathrm{T}}$,$[0\ 1\ 0\ 0]^{\mathrm{T}}$,$[0\ 0\ 1\ 0]^{\mathrm{T}}$,$[0\ 0\ 0\ \mathrm{w}]^{\mathrm{T}}$,要表达坐标系,$w=1$,即传统的参考直角坐标系的齐次表示为

$$H_0 = \begin{bmatrix} 1 & 0 & 0 & 0 \\ 0 & 1 & 0 & 0 \\ 0 & 0 & 1 & 0 \\ 0 & 0 & 0 & 1 \end{bmatrix} \tag{6.3}$$

2）平面（Planes）

平面可用一个行向量表示，即：

$$p = \begin{bmatrix} a & b & c & d \end{bmatrix} \tag{6.4}$$

它表示了平面 p 的法线方向为$\begin{bmatrix} a & b & c \end{bmatrix}$，且距坐标原点的距离为$-d/m$，其中 $m = \sqrt{a^2 + b^2 + c^2}$。

注意：平面$\begin{bmatrix} 0 & 0 & 0 & 0 \end{bmatrix}$无定义。

3）变换（Transformation）

H 空间的变换是由 4×4 矩阵来完成的，它可以表示平移、旋转等多种变换。如已知点 u（在平面 p 上），它的平移、旋转变换 v（在平面 q 上）用矩阵积表示为

$$v = Hu \tag{6.5}$$

式中：H 为 4×4 变换矩阵，它可以是多个 4×4 矩阵的乘积，每个子矩阵都是一种变换；而 u 和 v 为 4×1 的点列向量。相应的平面 p 到 q 的变换是

$$q = pH^{-1} \tag{6.6}$$

式中：H^{-1}为 H 的逆阵；p 和 q 为 1×4 的平面行向量。

经变换后的平面向量 q 与点向量 v 的点乘为

$$q \cdot v = pH^{-1} \cdot Hu = p \cdot u \tag{6.7}$$

与变换前平面 p 与点 u 的点乘相等，说明了点在平面上，证明了变换的等效性。

4）平移变换（Translation transformation）

用向量 $h = ai + bj + ck$ 进行平移，其相应的 H 变换矩阵是

$$H = \mathrm{Trans}(a,b,c) = \begin{bmatrix} 1 & 0 & 0 & a \\ 0 & 1 & 0 & b \\ 0 & 0 & 1 & c \\ 0 & 0 & 0 & 1 \end{bmatrix} \tag{6.8}$$

因此对向量 $u = \begin{bmatrix} x & y & z & w \end{bmatrix}^T$，经 H 变换为向量 v 可表示为

$$v = \begin{bmatrix} x + aw \\ y + bw \\ z + cw \\ w \end{bmatrix} = \begin{bmatrix} x/w + a \\ y/w + b \\ z/w + c \\ 1 \end{bmatrix} \tag{6.9}$$

可见，平移实际上是对已知向量 $u = \begin{bmatrix} x & y & z & w \end{bmatrix}^T$ 与平移向量 $h = \begin{bmatrix} a & b & c & 1 \end{bmatrix}^T$ 相加。

5）旋转变换（Rotation transformation）

如图 6.2 所示，绕 x, y, z 轴旋转一个角度，旋转的正方向遵循右手螺旋法则，相应变换是：

$$\mathrm{Rot}(x,\varphi) = \begin{bmatrix} 1 & 0 & 0 & 0 \\ 0 & \cos\varphi & -\sin\varphi & 0 \\ 0 & \sin\varphi & \cos\varphi & 0 \\ 0 & 0 & 0 & 1 \end{bmatrix} \tag{6.10}$$

$$\text{Rot}(y,\theta)=\begin{bmatrix}\cos\theta & 0 & \sin\theta & 0\\ 0 & 1 & 0 & 0\\ -\sin\theta & 0 & \cos\theta & 0\\ 0 & 0 & 0 & 1\end{bmatrix}\qquad(6.11)$$

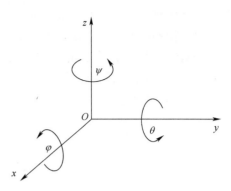

$$\text{Rot}(z,\psi)=\begin{bmatrix}\cos\psi & -\sin\psi & 0 & 0\\ \sin\psi & \cos\psi & 0 & 0\\ 0 & 0 & 1 & 0\\ 0 & 0 & 0 & 1\end{bmatrix}\qquad(6.12)$$

图 6.2　旋转变换

【例】　点 $u=7i+3j+2k$，它绕 z 轴旋转 $90°$ 为 v。

经式(6.12)变换得到（$\sin\psi=1,\cos\psi=0$）

$$v=\text{Rot}(z,90°)u=\begin{bmatrix}0 & -1 & 0 & 0\\ 1 & 0 & 0 & 0\\ 0 & 0 & 1 & 0\\ 0 & 0 & 0 & 1\end{bmatrix}\begin{bmatrix}7\\ 3\\ 2\\ 1\end{bmatrix}=\begin{bmatrix}-3\\ 7\\ 2\\ 1\end{bmatrix}\qquad(6.13)$$

起始点 u 和终点 v 如图 6.3 所示。如将 v 点再绕 y 轴旋转 $90°$ 得到 w。用式(6.14)变换得到：

$$w=\text{Rot}(y,90°)v=\begin{bmatrix}0 & 0 & 1 & 0\\ 0 & 1 & 0 & 0\\ -1 & 0 & 0 & 0\\ 0 & 0 & 0 & 1\end{bmatrix}\begin{bmatrix}-3\\ 7\\ 2\\ 1\end{bmatrix}=\begin{bmatrix}2\\ 7\\ 3\\ 1\end{bmatrix}\qquad(6.14)$$

结果如图 6.4 所示。如果将上述两次旋转式子结合起来，写成一个表达式得到：

$$w=\text{Rot}(y,90°)\,v=\text{Rot}(y,90°)\text{Rot}(z,90°)u\qquad(6.15)$$

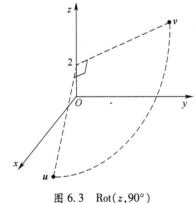

图 6.3　Rot(z,90°)

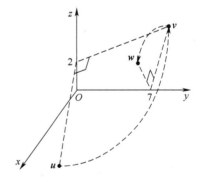

图 6.4　Rot(y,90°)Rot(z,90°)

用两个变换矩阵 Rot(y,90°)、Rot(z,90°) 和起始点 u 代入上式计算的结果与前面分两次计算的结果相同。

如果按着逆序旋转，首先绕 y 轴旋转 $90°$，然后再绕 z 轴旋转 $90°$，其结果为

$$w_1=\text{Rot}(z,90°)\text{Rot}(y,90°)u=\begin{bmatrix}0 & -1 & 0 & 0\\ 1 & 0 & 0 & 0\\ 0 & 0 & 1 & 0\\ 0 & 0 & 0 & 1\end{bmatrix}\begin{bmatrix}0 & 0 & 1 & 0\\ 0 & 1 & 0 & 0\\ -1 & 0 & 0 & 0\\ 0 & 0 & 0 & 1\end{bmatrix}\begin{bmatrix}7\\ 3\\ 2\\ 1\end{bmatrix}=\begin{bmatrix}-3\\ 2\\ -7\\ 1\end{bmatrix}\quad(6.16)$$

逆序旋转的结果如图 6.5 所示。显然,变换的顺序不同,其结果也不同 。这从矩阵相乘是不可交换的($AB \neq BA$)也可以得到证明。

如对经过两次变换得到的点向量w 再进行一次平移(平移向量 $h = 4i - 3j + 7k$),则可得到如图 6.6 所示的点向量 n。

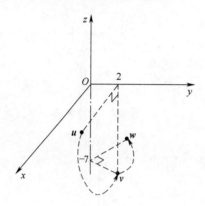

图 6.5　$\mathrm{Rot}(z,90°)\mathrm{Rot}(y,90°)$

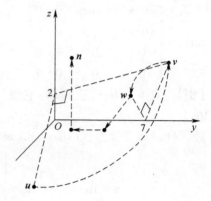

图 6.6　$\mathrm{Trans}(4,-3,7)\mathrm{Rot}(y,90°)\mathrm{Rot}(z,90°)$

$$n = \mathrm{Trans}(4, -3, 7)\ w = \begin{bmatrix} 1 & 0 & 0 & 4 \\ 0 & 1 & 0 & -3 \\ 0 & 0 & 1 & 7 \\ 0 & 0 & 0 & 1 \end{bmatrix} \begin{bmatrix} 2 \\ 7 \\ 3 \\ 1 \end{bmatrix} = \begin{bmatrix} 6 \\ 4 \\ 10 \\ 1 \end{bmatrix} \qquad (6.17)$$

总之,齐次变换矩阵 H 由四个列向量组成,它的前三个列向量称为方向向量(绕 x、y、z 轴旋转),第四个列向量称为平移向量,如果第四个数是 1,那么它的平移分量(沿 x、y、z 轴的平移量)由前三个元素确定。齐次变换矩阵 H 是一个 4×4 矩阵,它可以是多个 4×4 矩阵的乘积,见下式:

$$H = H_n H_{n-1} \cdots H_3 H_2 H_1 \qquad (6.18)$$

每一个 4×4 矩阵就是一个变换,特别注意:向量首先绕参考坐标系 z 轴旋转,然后绕参考坐标系 y 轴旋转的结果 ($\mathrm{Rot}(y,\theta)\mathrm{Rot}(z,\psi)u$) 和向量首先绕参考坐标系 y 轴旋转,然后绕参考坐标系 z 轴旋转的结果 ($\mathrm{Rot}(z,\psi)\mathrm{Rot}(y,\theta)u$) 是不相同的,它们的关系是左乘的关系。

6)坐标系(Coordinate frames)

一个向量 u 经过 H 变换(即旋转和平移变换)后变为新的向量 n,也可以这样理解:一个点 A 在原坐标系的向量用 u 表示,将坐标系经过 H 变换后,不动点 A 在新坐标系的向量用 n 表示,即 $n = Hu$,如图 6.7 所示。

这样 H 矩阵就是坐标系的变换,它可以是多个 4×4 矩阵的乘积:

$$H = H_0 H_1 H_2 \cdots H_{n-1} H_n \qquad (6.19)$$

只不过一个坐标系经过 H_i 变换后下一个 H_{i+1} 变换不是以原坐标系进行变换,而是以新

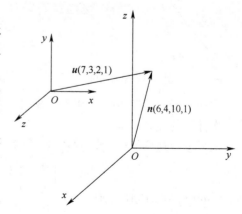

图 6.7　向量的 H 变换

170

坐标系 $\boldsymbol{H}_i$ 为参照进行变换,是矩阵右乘。

一般的情况下,如果我们用一个旋转和/或平移变换矩阵右乘一个坐标系的变换,那么产生的平移和/或旋转是相对于前一个变换的坐标系(当前坐标系)的轴来说的。如果我们用一个描述平移和/或旋转的变换矩阵左乘一个坐标系的变换,那么产生的平移和/或旋转总是相对于基坐标系来说的。

机械连杆坐标系:机械连杆位置和姿态可以用坐标系 $\{B\}$ 的位姿来表示,如图 6.8 所示。坐标系 $\{B\}$ 可以这样来确定:取连杆接头即关节的中心点为原点 O_B;关节轴为 Z_B 轴,Z_B 轴的单位方向矢量 $\boldsymbol{a}$ 称为接近矢量,指向朝外;两手指的连线为 Y_B 轴,Y_B 轴的单位方向矢量 $\boldsymbol{o}$ 称为姿态矢量,指向可任意选定;X_B 轴与 Y_B 轴及 Z_B 轴垂直,X_B 轴的单位方向矢量 $\boldsymbol{n}$ 称为法向矢量,且 $\boldsymbol{n} = \boldsymbol{o} \times \boldsymbol{a}$,指向符合右手法则。连杆的位置矢量为固定参考系原点指向手部坐标系 $\{B\}$ 原点的矢量 $\boldsymbol{P}$,手部的方向矢量为 $\boldsymbol{n}$、$\boldsymbol{o}$、$\boldsymbol{a}$。于是连杆的位姿可用 4×4 矩阵表示为

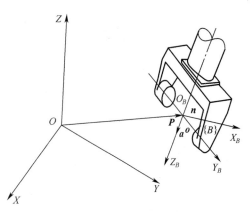

图 6.8　机械连杆坐标系

$$\boldsymbol{T} = \begin{bmatrix} \boldsymbol{n} & \boldsymbol{o} & \boldsymbol{a} & \boldsymbol{P} \end{bmatrix} = \begin{bmatrix} n_X & o_X & a_X & P_X \\ n_Y & o_Y & a_Y & P_Y \\ n_Z & o_Z & a_Z & P_Z \\ 0 & 0 & 0 & 1 \end{bmatrix} \tag{6.20}$$

7) 物体的描述(Object representation)

变换可用来描述物体的位置与方向(方位)。如图 6.9 所示的楔形物体用六个角点来描述,这六个角点是相对于物体所在的参考坐标系的。如果把物体绕 z 轴旋转 90°,然后绕 y 轴旋转 90°,接着沿 x 方向平移 4 个单位,我们可以描述这个变换为

$$\mathrm{Trans}(4,0,0)\,\mathrm{Rot}(y,90°)\,\mathrm{Rot}(z,90°) = \begin{bmatrix} 0 & 0 & 1 & 4 \\ 1 & 0 & 0 & 0 \\ 0 & 1 & 0 & 0 \\ 0 & 0 & 0 & 1 \end{bmatrix} \tag{6.21}$$

这个变换表示了对参考坐标系的旋转和平移操作,变换后物体的六个角点为

$$\begin{bmatrix} 4 & 4 & 6 & 6 & 4 & 4 \\ 1 & -1 & -1 & 1 & 1 & -1 \\ 0 & 0 & 0 & 0 & 4 & 4 \\ 1 & 1 & 1 & 1 & 1 & 1 \end{bmatrix} = \begin{bmatrix} 0 & 0 & 1 & 4 \\ 1 & 0 & 0 & 0 \\ 0 & 1 & 0 & 0 \\ 0 & 0 & 0 & 1 \end{bmatrix} \begin{bmatrix} 1 & -1 & -1 & 1 & 1 & -1 \\ 0 & 0 & 0 & 0 & 4 & 4 \\ 0 & 0 & 0 & 2 & 2 & 0 \\ 1 & 1 & 1 & 1 & 1 & 1 \end{bmatrix}$$

$$\tag{6.22}$$

变换后该物体在坐标上的方位如图 6.10 所示。

8) 逆变换(Inverse transformation)

所谓逆变换就是将被变换的坐标系返回到原来的坐标系,在数学上就是求变换矩阵

的逆。

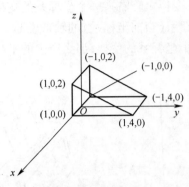

图 6.9 楔形物体

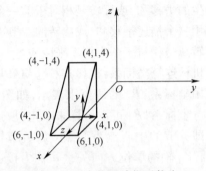

图 6.10 变换后的楔形物体

下面我们写出变换矩阵的一般表达形式：

$$T = \begin{bmatrix} n_x & o_x & a_x & p_x \\ n_y & o_y & a_y & p_y \\ n_z & o_z & a_z & p_z \\ 0 & 0 & 0 & 1 \end{bmatrix} \qquad (6.23)$$

式中：$\boldsymbol{n}$、$\boldsymbol{o}$、$\boldsymbol{a}$ 是旋转变换列向量；$\boldsymbol{p}$ 是平移向量。其逆是

$$\boldsymbol{T}^{-1} = \begin{bmatrix} n_x & n_y & n_z & -\boldsymbol{p} \cdot \boldsymbol{n} \\ o_x & o_y & o_z & -\boldsymbol{p} \cdot \boldsymbol{o} \\ a_x & a_y & a_z & -\boldsymbol{p} \cdot \boldsymbol{a} \\ 0 & 0 & 0 & 1 \end{bmatrix} \qquad (6.24)$$

式中的"·"表示向量的点积。

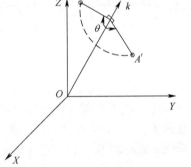

图 6.11 一般性旋转

9）一般性旋转变换（General rotation transformation）

图 6.11 所示为点 A 在空间直角坐标系中绕过原点任意轴 k 的一般旋转变换。

绕任意过原点的单位矢量 $\boldsymbol{k}$ 旋转 θ 角的情况。k_X、k_Y、k_Z 分别为 $\boldsymbol{k}$ 矢量在固定参考系坐标轴 X、Y、Z 上的三个分量，且 $k_X^2 + k_Y^2 + k_Z^2 = 1$。

可以证得，绕任意过原点的单位矢量 $\boldsymbol{k}$ 转角的旋转算子为

$$\mathrm{Rot}(\boldsymbol{k}, \theta) = \begin{bmatrix} k_X k_X \mathrm{vers}\theta + c\theta & k_Y k_X \mathrm{vers}\theta - k_Z s\theta & k_Z k_X \mathrm{vers}\theta + k_Y s\theta & 0 \\ k_X k_Y \mathrm{vers}\theta + k_Z s\theta & k_Y k_Y \mathrm{vers}\theta + c\theta & k_Z k_Y \mathrm{vers}\theta - k_X s\theta & 0 \\ k_X k_Y \mathrm{vers}\theta - k_Y s\theta & k_Y k_Z \mathrm{vers}\theta + k_X s\theta & k_Z k_Z \mathrm{vers}\theta + c\theta & 0 \\ 0 & 0 & 0 & 1 \end{bmatrix} \qquad (6.25)$$

式中：$\mathrm{vers}\theta = 1 - \cos\theta$。

式（6.25）称为一般旋转齐次变换通式。

10）变换方程（Transform equations）

研究一下图 6.12 描述的一个物体与机械手情况，机械手用变换 $\boldsymbol{Z}$ 相对于基坐标系被

172

定位。机械手的端点用变换$^Z\boldsymbol{T}_6$来描述,而末端执行器用变换$^{T6}\boldsymbol{E}$来描述。物体用变换$\boldsymbol{B}$相对于基坐标系被定位。最后,机械手末端抓手用变换$^B\boldsymbol{G}$相对于物体被定位。末端抓手位置的描述有两种方式,一种是相对于物体的描述,一种是相对于机械手的描述。由于两种方式描述的是同一个点,我们可以把这个描述等同起来,得到

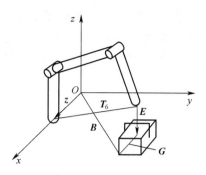

图 6.12　机械手操纵物体

$$\boldsymbol{Z}^Z\boldsymbol{T}_6^{T6}\boldsymbol{E} = \boldsymbol{B}^B\boldsymbol{G} \tag{6.26}$$

这个方程可以用有向变换图来表示(见图 6.13)。图的每一段表示一个变换。

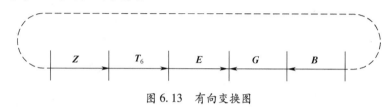

图 6.13　有向变换图

用$\boldsymbol{Z}^{-1}$左乘和用$\boldsymbol{E}^{-1}$右乘方程(6.26),得到

$$\boldsymbol{T}_6 = \boldsymbol{Z}^{-1}\boldsymbol{B}\boldsymbol{G}\boldsymbol{E}^{-1} \tag{6.27}$$

实际中,描述一个连杆与下一个连杆之间关系的齐次变换称$\boldsymbol{A}$矩阵。$\boldsymbol{A}$矩阵是描述连杆坐标系之间的相对平移和旋转的齐次变换。

连续变换的若干$\boldsymbol{A}$矩阵的积称为$\boldsymbol{T}$矩阵,对于一个六连杆(六自由度)机械手有

$$\boldsymbol{T}_6 = \boldsymbol{A}_1\boldsymbol{A}_2\boldsymbol{A}_3\boldsymbol{A}_4\boldsymbol{A}_5\boldsymbol{A}_6 \tag{6.28}$$

六连杆的机械手有六个自由度(所谓自由度,就是含有可变化位姿的运动变量),其中三个自由度用来确定位置,三个自由度用来确定方向。$\boldsymbol{T}_6$表示机械手在基坐标中的位置与方向。则变换矩阵$\boldsymbol{T}_6$有下列元素:

$$\boldsymbol{T}_6 = \begin{bmatrix} n_x & o_x & a_x & p_x \\ n_y & o_y & a_y & p_y \\ n_z & o_z & a_z & p_z \\ 0 & 0 & 0 & 1 \end{bmatrix} \tag{6.29}$$

2. 机器人运动学

物体的位姿包括物体的位置和姿态,其中姿态有多种描述方法:

1)欧拉角(Euler Angles)

欧拉角描述方法是:先绕z轴旋转φ,然后绕新的y(即y')轴旋转θ,最后绕更新的z(z'')轴旋转ψ(见图 6.14)。欧拉变换 $\mathrm{Euler}(\varphi,\theta,\psi)$ 可以通过连乘三个旋转矩阵来求得:

$$\mathrm{Euler}(\varphi,\theta,\varphi) = \mathrm{Rot}(z,\varphi)\mathrm{Rot}(y,\theta)\mathrm{Rot}(z,\psi) =$$

$$\begin{bmatrix} \cos\varphi\cos\theta\cos\psi - \sin\varphi\sin\psi & -\cos\varphi\cos\theta\sin\psi - \sin\varphi\cos\psi & \cos\varphi\sin\theta & 0 \\ \sin\varphi\cos\theta\cos\psi + \cos\varphi\sin\psi & -\sin\varphi\cos\theta\sin\psi + \cos\varphi\cos\psi & \sin\varphi\sin\theta & 0 \\ -\cos\psi\sin\theta & \sin\theta\sin\psi & \cos\theta & 0 \\ 0 & 0 & 0 & 1 \end{bmatrix} \tag{6.30}$$

在一系列旋转中,旋转的次序是重要的。应注意,旋转序列如果按相反的顺序进行,则是绕基坐标中的轴旋转:绕 z 轴旋转 ψ ,接着绕 y 轴旋转 θ ,最后再一次绕 z 轴旋转 φ ,结果如图 6.15 所示,它与图 6.14 是一致的。

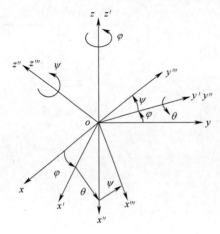

图 6.14　欧拉角

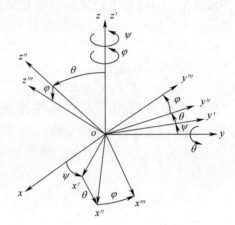

图 6.15　基于基坐标的欧拉角

2) 摇摆、俯仰和偏转(Roll, Pitch and Yaw)

摇摆、俯仰和偏转为另一种旋转。如图 6.16 所示,就像水中航行的一条小船一样,绕着它前进的方向(z 轴)旋转 φ 称为摇摆,绕着它的横向中轴(y 轴)旋转 θ 称为俯仰,绕着它甲板的垂直向上的方向(x 轴)旋转 ψ 称为偏转。借助于这种旋转来描述机械手的末端执行器如图 6.17 所示。规定旋转的次序为

$$RPY(\varphi,\theta,\psi) = Rot(z,\varphi)Rot(y,\theta)Rot(x,\psi) \qquad (6.31)$$

即:绕 x 轴旋转 ψ ,接着绕 y 轴旋转 θ ,最后绕 z 轴旋转 φ 。这个变换如下:

$$RPY(\varphi,\theta,\psi) = \begin{bmatrix} \cos\varphi\cos\theta & \cos\varphi\sin\theta\sin\psi - \sin\varphi\cos\psi & \cos\varphi\sin\theta\cos\psi + \sin\varphi\sin\psi & 0 \\ \sin\varphi\cos\theta & \cos\varphi\cos\psi + \sin\varphi\sin\theta\sin\psi & \sin\varphi\sin\theta\cos\psi - \cos\varphi\sin\psi & 0 \\ -\sin\theta & \cos\theta\sin\psi & \cos\theta\cos\psi & 0 \\ 0 & 0 & 0 & 1 \end{bmatrix}$$

$$(6.32)$$

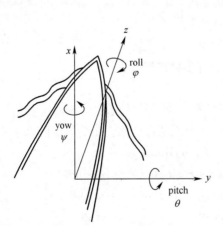

图 6.16　ROLL,PITCH,YAW 角

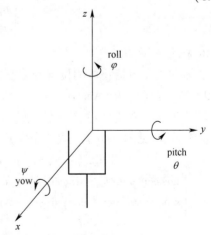

图 6.17　机械手的 ROLL,PITCH,YAW 坐标

有些描述方法既涉及姿态又含有位置的变化。

3）圆柱坐标（Cylindrical Coordinates）

在圆柱坐标中确定机械手的位置是沿 x 轴平移 r，接着绕 z 轴旋转 α，最后沿着 z 轴平移 z。

$$Cyl(z,\alpha,r)=Trans(0,0,z)Rot(z,\alpha)Trans(r,0,0)=\begin{bmatrix} \cos\alpha & -\sin\alpha & 0 & r\cos\alpha \\ \sin\alpha & \cos\alpha & 0 & r\sin\alpha \\ 0 & 0 & 1 & z \\ 0 & 0 & 0 & 1 \end{bmatrix}$$

（6.33）

4）球坐标（Spherical Coordinates）

用球坐标来确定位置向量的方法是：沿着 z 轴平移 r，然后绕 y 轴旋转 β，最后绕 z 轴旋转 α。

$$Sph(\alpha,\beta,r)=Rot(z,\alpha)Rot(y,\beta)Trans(0,0,r)=\begin{bmatrix} \cos\alpha\cos\beta & -\sin\alpha & \cos\alpha\sin\beta & r\cos\alpha\sin\beta \\ \sin\alpha\cos\beta & \cos\alpha & \sin\alpha\sin\beta & r\sin\alpha\sin\beta \\ -\sin\beta & 0 & \cos\beta & r\cos\beta \\ 0 & 0 & 0 & 1 \end{bmatrix}$$

（6.34）

5）运动学方程

根据以上式子可以确定 T_6，而 A_1 到 A_6 的确定需要分析各个关节的变量。

串联杆型机械手由一系列通过连杆与其活动关节连接在一起所组成。

如图 6.18 所示，任何一个连杆都可以用两个量来描述：一个是公共垂线距离 a_n，另一个是与 a_n 垂直的平面上两个轴的夹角 α_n，习惯上称 a_n 为连杆长度，α_n 称为连杆的扭转角。

如图 6.19 所示，在每个关节轴上有两个连杆与之相连，即关节轴有两个公垂线与之垂直，每一个连杆一个。两个相连的连杆的相对位置用 d_n 和 θ_n 确定，d_n 是沿着 n 关节轴两个垂线的距离，θ_n 是在垂直这个关节轴的平面上两个被测垂线之间的夹角，d_n 和 θ_n 分别称作连杆之间的距离及夹角。

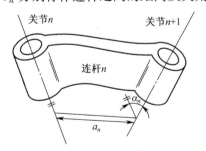

图 6.18　连杆长和扭转角

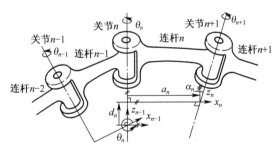

图 6.19　连杆参数

$$A_i=Rot(z,\theta)Trans(0,0,d)Trans(a,0,0)Rot(x,\alpha)=\begin{bmatrix} \cos\theta & -\sin\theta\cos\alpha & \sin\theta\sin\alpha & a\cos\theta \\ \sin\theta & \cos\theta\cos\alpha & -\cos\theta\sin\alpha & a\sin\theta \\ 0 & \sin\alpha & \cos\alpha & d \\ 0 & 0 & 0 & 1 \end{bmatrix}$$

（6.35）

机械手的坐标变换图如图 6.20 所示,根据此图就可以列出方程,如果已知 A_i 求 T,即: $T_6 = A_1 A_2 A_3 A_4 A_5 A_6$,则是正运动学方程,否则为逆运动学方程。求解逆运动学方程涉及很多分母很小的精度问题、同一个关节变量多个表达式的多解问题、三角函数和开方的编程高速高精度运行问题。

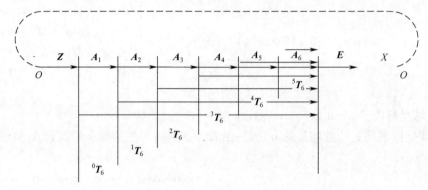

图 6.20　机械手的坐标变换图

3. 机器人逆运动学

1) 欧拉变换的逆运动学解(Inverse solution of Euler Angles)

$$T = \text{Euler}(\varphi, \theta, \psi) = \text{Rot}(z, \varphi) \text{Rot}(y, \theta) \text{Rot}(z, \psi) \tag{6.36}$$

$$
\begin{bmatrix}
n_x & o_x & a_x & p_x \\
n_y & n_y & a_y & p_y \\
n_z & o_z & a_z & p_z \\
0 & 0 & 0 & 0
\end{bmatrix}
$$

$$
=
\begin{bmatrix}
\cos\varphi\cos\theta\cos\psi - \sin\varphi\sin\psi & -\cos\varphi\cos\theta\sin\psi - \sin\varphi\cos\psi & \cos\varphi\sin\theta & 0 \\
\sin\varphi\cos\theta\cos\psi + \cos\varphi\sin\psi & -\sin\varphi\cos\theta\sin\psi + \cos\varphi\cos\psi & \sin\varphi\sin\theta & 0 \\
-\cos\varphi\sin\theta & \sin\theta\sin\psi & \cos\theta & 0 \\
0 & 0 & 0 & 1
\end{bmatrix} \tag{6.37}
$$

按照一般的方法,很快可以求出:

$$\theta = \arccos(a_z), \varphi = \arccos(a_x/\sin\theta), \psi = \arccos(-n_z/\sin\theta) \tag{6.38}$$

但是 $\theta \to 2k\pi$ 时精度很差,而且 $\cos\theta = \cos(-\theta)$ 。为此,推导另外一种求法:

$$\varphi = \arctan\left(\frac{a_y}{a_x}\right), \theta = \arctan\left(\frac{\cos\varphi a_x + \sin\varphi a_y}{a_z}\right), \psi = \arctan\left(\frac{-\sin\varphi n_x + \cos\varphi n_y}{-\sin\varphi o_x + \cos\varphi o_y}\right)$$

$$\tag{6.39}$$

其中,反正切有如下的快速高精度算法,而且不存在角度正负不辨的情况。

2) RPY 变换的逆运动学解(Inverse solution of RPY)

$$
T =
\begin{bmatrix}
n_x & o_x & a_x & p_x \\
n_y & o_y & a_y & p_y \\
n_z & o_z & a_z & p_z \\
0 & 0 & 0 & 1
\end{bmatrix}
= \text{RPY}(\varphi, \theta, \psi)
$$

$$= \begin{bmatrix} \cos\varphi\cos\theta & \cos\varphi\sin\theta\sin\psi - \sin\varphi\sin\psi & \cos\varphi\sin\theta\cos\psi + \sin\varphi\sin\psi & 0 \\ \sin\varphi\cos\theta & \sin\varphi\sin\theta\sin\psi + \cos\varphi\cos\psi & \sin\varphi\sin\theta\cos\psi - \cos\varphi\sin\psi & 0 \\ -\sin\theta & \cos\theta\sin\psi & \cos\theta\cos\varphi & 0 \\ 0 & 0 & 0 & 1 \end{bmatrix} \tag{6.40}$$

$$\varphi = \arctan\left(\frac{n_y}{n_x}\right), \theta = \arctan\left(\frac{-n_z}{\cos\varphi n_x + \sin\varphi n_y}\right), \psi = \arctan\left(\frac{-\sin\varphi a_x + \cos\varphi a_y}{-\sin\varphi o_x + \cos\varphi o_y}\right) \tag{6.41}$$

第二节　机器人运动的微分变换

1. 机器人运动的雅可比矩阵

机器人雅可比矩阵揭示了操作空间与关节空间的映射关系。雅可比矩阵是各个关节变量的微小改变对机器人位姿变化的影响,简单地说是机器人位姿对各个关节的偏导数。雅可比矩阵对时间的一阶导数,就构成了机器人操作空间与关节空间的速度映射关系,雅可比矩阵对时间的二阶导数,就表示了二者之间力的传递关系,为确定机器人的静态关节力矩以及不同坐标系间速度、加速度和静力的变换提供了便捷的方法。

下面举例说明雅可比矩阵把一个关节速度向量变换为手爪相对基坐标的广义速度向量 $\boldsymbol{v}$ 的变换矩阵。

图 6.21 所示为二自由度平面关节型机器人(2R 机器人),端点位置 X、Y 与关节 θ_1、θ_2 的关系为

$$X = l_1\cos(\theta_1) + l_2\cos(\theta_1 + \theta_2) \tag{6.42}$$

$$Y = l_1\sin(\theta_1) + l_2\sin(\theta_1 + \theta_2) \tag{6.43}$$

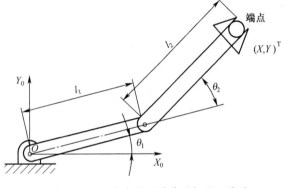

图 6.21　二自由度平面关节型机器人简图

将其微分得

$$\mathrm{d}X = \frac{\partial X}{\partial\theta_1}\mathrm{d}\theta_1 + \frac{\partial X}{\partial\theta_2}\mathrm{d}\theta_2 \tag{6.44}$$

$$\mathrm{d}Y = \frac{\partial Y}{\partial\theta_1}\mathrm{d}\theta_1 + \frac{\partial Y}{\partial\theta_2}\mathrm{d}\theta_2 \tag{6.45}$$

将其写成矩阵形式为

$$\begin{bmatrix} \mathrm{d}X \\ \mathrm{d}Y \end{bmatrix} = \begin{bmatrix} \dfrac{\partial X}{\partial\theta_1} & \dfrac{\partial X}{\partial\theta_2} \\ \dfrac{\partial Y}{\partial\theta_1} & \dfrac{\partial Y}{\partial\theta_2} \end{bmatrix} \begin{bmatrix} \mathrm{d}\theta_1 \\ \mathrm{d}\theta_2 \end{bmatrix} \tag{6.46}$$

雅可比矩阵为

$$J = \begin{bmatrix} \dfrac{\partial X}{\partial \theta_1} & \dfrac{\partial X}{\partial \theta_2} \\[2ex] \dfrac{\partial Y}{\partial \theta_1} & \dfrac{\partial Y}{\partial \theta_2} \end{bmatrix} = \begin{bmatrix} -l_1\sin(\theta_1) - l_2\sin(\theta_1 + \theta_2) & -l_2\sin(\theta_1 + \theta_2) \\[1ex] l_1\cos(\theta_1) + l_2\cos(\theta_1 + \theta_2) & l_2\cos(\theta_1 + \theta_2) \end{bmatrix} \quad (6.47)$$

一般的,对于有 n 个关节变量(n 最好不要大于 7),有:

$$J(q) = \begin{bmatrix} \dfrac{\partial X}{\partial q_1} & \dfrac{\partial X}{\partial q_2} & \cdots & \dfrac{\partial X}{\partial q_n} \\[2ex] \dfrac{\partial Y}{\partial q_1} & \dfrac{\partial Y}{\partial q_2} & \cdots & \dfrac{\partial Y}{\partial q_n} \\[2ex] \dfrac{\partial Z}{\partial q_1} & \dfrac{\partial Z}{\partial q_2} & \cdots & \dfrac{\partial Z}{\partial q_n} \\[2ex] \dfrac{\partial \varphi_x}{\partial q_1} & \dfrac{\partial \varphi_x}{\partial q_2} & \cdots & \dfrac{\partial \varphi_x}{\partial q_n} \\[2ex] \dfrac{\partial \varphi_y}{\partial q_1} & \dfrac{\partial \varphi_y}{\partial q_2} & \cdots & \dfrac{\partial \varphi_y}{\partial q_n} \\[2ex] \dfrac{\partial \varphi_z}{\partial q_1} & \dfrac{\partial \varphi_z}{\partial q_2} & \cdots & \dfrac{\partial \varphi_z}{\partial q_n} \end{bmatrix} \quad (6.48)$$

2. 机器人速度分析

上面的雅可比矩阵对时间的一阶导数就构成了机器人速度雅可比矩阵,可对机器人进行速度分析。

二自由度机器人的速度为

$$\boldsymbol{v} = \begin{bmatrix} v_x \\ v_y \end{bmatrix} = \begin{bmatrix} -l_1\sin(\theta_1) - l_2\sin(\theta_1 + \theta_2) & -l_2\sin(\theta_1 + \theta_2) \\ l_1\cos(\theta_1) + l_2\cos(\theta_1 + \theta_2) & l_2\cos(\theta_1 + \theta_2) \end{bmatrix} \begin{bmatrix} \dot{\theta}_1 \\ \dot{\theta}_2 \end{bmatrix} = \boldsymbol{J} \begin{bmatrix} \dot{\theta}_1 \\ \dot{\theta}_2 \end{bmatrix}$$

$$(6.49)$$

如图 6.22 所示的二自由度机械手,手部沿固定坐标系 X 轴正向以 1.0m/s 的速度移动,杆长 $l_1 = l_2 = 0.5\text{m}$。设在某瞬时 $\theta_1 = 30°$, $\theta_2 = 60°$,求相应瞬时的关节速度。

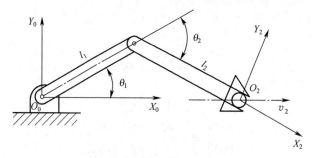

图 6.22 机械手爪沿 x 方向运动

解:由上式得: $\dot{\boldsymbol{\theta}} = \boldsymbol{J}^{-1}\boldsymbol{v}$,且 $\boldsymbol{v} = \begin{bmatrix} 1 & 0 \end{bmatrix}^{\text{T}}$,即 $v_x = 1$, $v_y = 0$,因此

178

$$\begin{bmatrix} \dot{\theta}_1 \\ \dot{\theta}_2 \end{bmatrix} = \frac{1}{l_1 l_2 \sin(\theta_2)} \begin{bmatrix} l_2 \cos(\theta_1 + \theta_2) & l_2 \sin(\theta_1 + \theta_2) \\ -l_1 \cos(\theta_1) - l_2 \cos(\theta_1 + \theta_2) & -l_1 \sin(\theta_1) - l_2 \sin(\theta_1 + \theta_2) \end{bmatrix} \begin{bmatrix} 1 \\ 0 \end{bmatrix}$$

$$\tag{6.50}$$

$$\dot{\theta}_1 = \frac{\cos(\theta_1 + \theta_2)}{l_1 \sin(\theta_2)} = -2\mathrm{rad/s} \tag{6.51}$$

$$\dot{\theta}_2 = \frac{\cos(\theta_1)}{l_1 \sin(\theta_2)} - \frac{\cos(\theta_1 + \theta_2)}{l_1 \sin(\theta_2)} = 4\mathrm{rad/s} \tag{6.52}$$

因此,在该瞬时两关节的位置分别为 $\theta_1 = 30°$, $\theta_2 = -60°$;角速度分别为: $\dot{\theta}_1 = -2\mathrm{rad/s}$, $\dot{\theta}_2 = 4\mathrm{rad/s}$,手部瞬时速度为 $1\mathrm{m/s}$ 。

第三节　机器人动力学

动力学是机器人控制的基础,本节主要研究机械手的动力学问题。机械手通常是一种开链式多关节机构,是一种复杂的动力学系统,需要采用系统的分析方法来研究它的动态特性。本节我们运用拉格朗日力学原理来分析机械手的动力学问题,因为拉格朗日方法能以最简单的形式求得非常复杂的系统的动力学方程。本节运用拉格朗日力学原理分析和求取两自由度机械手的动力学方程,多自由度机械手动力学方程的求取方法和步骤与其类似。

拉格朗日算子 L 定义为系统的动能 K 与势能 P 的差

$$L = K - P \tag{6.53}$$

系统的动能和势能可以用任何能使问题简化的坐标系统来表示,并不一定要使用笛卡儿坐标。

动力学方程通常表述为

$$F_i = \frac{\mathrm{d}}{\mathrm{d}t} \frac{\partial L}{\partial \dot{q}_i} - \frac{\partial L}{\partial q_i} \tag{6.54}$$

式中: q_i 是表示动能和势能的坐标值; $\dot{q}_i$ 是速度; F_i 是对应的力或力矩, F_i 是力还是力矩,这取决于 q_i 是直线坐标还是角度坐标。这些力、力矩和坐标分别称为广义力、广义力矩和广义坐标。

推导机械手的动力学方程可按下述五个步骤进行:

(1) 首先计算机械手任意连杆上任意一点的速度 $\dot{q}_i$;

(2) 再计算它的动能 K ;

(3) 然后推导势能 P ;

(4) 形成拉格朗日算子 $L = K - P$;

(5) 对拉格朗日算子进行微分得到动力学方程 $F_i = \frac{\mathrm{d}}{\mathrm{d}t} \frac{\partial L}{\partial \dot{q}_i} - \frac{\partial L}{\partial q_i}$

为了说明问题,我们看一个具体例子,假定有如图 6.23 所示的两连杆的机械手,两个连杆的质量分别为 m_1 、 m_2 ,由连杆的端部质量代表,两个连杆的长度分别为 d_1 、 d_2 ,机械手直接悬挂在加速度为 g 的重力场中,广义坐标为 θ_1 和 θ_2。

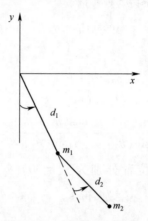

图 6.23　两连杆的机械手

质量 m_1 的动能表达式为:

$$K_1 = \frac{1}{2}m_1 d_1^2 \dot{\theta}_1^2 \tag{6.55}$$

势能与质量的垂直高度有关,高度用 y 坐标表示,于是势能为

$$P_1 = -m_1 g d_1 \cos(\theta_1) \tag{6.56}$$

对于质量 m_2,由图 6.23,其直角坐标位置表达式为

$$x_2 = d_1 \sin(\theta_1) + d_2 \sin(\theta_1 + \theta_2) \tag{6.57}$$

$$y_2 = -d_1 \cos(\theta_1) - d_2 \cos(\theta_1 + \theta_2) \tag{6.58}$$

然后求微分,得到速度的直角坐标分量为

$$\dot{x}_2 = d_1 \cos(\theta_1)\dot{\theta}_1 + d_2 \cos(\theta_1 + \theta_2)(\dot{\theta}_1 + \dot{\theta}_2) \tag{6.59}$$

$$\dot{y}_2 = d_1 \sin(\theta_1)\dot{\theta}_1 + d_2 \sin(\theta_1 + \theta_2)(\dot{\theta}_1 + \dot{\theta}_2) \tag{6.60}$$

动能为

$$K_2 = \frac{1}{2}m_2 d_1^2 \dot{\theta}_1^2 + \frac{1}{2}m_2 d_2^2(\dot{\theta}_1^2 + 2\dot{\theta}_1^2\dot{\theta}_2^2 + \dot{\theta}_2^2) + m_2 d_1 d_2 \cos(\theta_2)(\dot{\theta}_1^2 + \dot{\theta}_1\dot{\theta}_2) \tag{6.61}$$

势能为

$$P_2 = -m_2 g d_1 \cos(\theta_1) - m_2 g d_2 \cos(\theta_1 + \theta_2) \tag{6.62}$$

拉格朗日算子 $L=K-P$ 可求得:

$$L = \frac{1}{2}(m_1 + m_2)d_1^2\dot{\theta}_1^2 + \frac{1}{2}m_2 d_2^2(\dot{\theta}_1^2 + 2\dot{\theta}_1^2\dot{\theta}_2^2 + \dot{\theta}_2^2) + m_2 d_1 d_2 \cos(\theta_2)(\dot{\theta}_1^2 + \dot{\theta}_1\dot{\theta}_2^2) +$$
$$(m_1 + m_2)g d_1 \cos(\theta_1) + m_2 g d_2 \cos(\theta_1 + \theta_2) \tag{6.63}$$

对拉格朗日算子进行微分:

$$\frac{\partial L}{\partial \dot{\theta}_1} = (m_1 + m_2)d_1^2\dot{\theta}_1^2 + m_2 d_2^2\dot{\theta}_1^2 + m_2 d_2^2\dot{\theta}_2^2 + 2m_2 d_1 d_2 \cos(\theta_2)\dot{\theta}_1 + m_2 d_1 d_2 \cos(\theta_2)\dot{\theta}_2$$

$$\tag{6.64}$$

$$\frac{\mathrm{d}}{\mathrm{d}t}\frac{\partial L}{\partial \dot{\theta}_1} = [(m_1 + m_2)d_1^2 + m_2 d_2^2 + 2m_2 d_1 d_2 \cos(\theta_2)]\ddot{\theta}_1 + [m_2 d_2^2 + m_2 d_1 d_2 \cos(\theta_2)]\ddot{\theta}_2 -$$

180

$$2m_2d_1d_2\sin(\theta_2)\dot{\theta}_1\dot{\theta}_2 - m_2d_1d_2\sin(\theta_2)\dot{\theta}_2^2 \tag{6.65}$$

$$\frac{\partial L}{\partial \theta_1} = -(m_1 + m_2)gd_1\sin(\theta_1) - m_2gd_2\sin(\theta_1 + \theta_2) \tag{6.66}$$

$$T_1 = \frac{\mathrm{d}}{\mathrm{d}t}\frac{\partial L}{\partial \dot{\theta}_1} - \frac{\partial L}{\partial \theta_1} = \left[(m_1 + m_2)d_1^2 + m_2d_2^2 + 2m_2d_1d_2\cos(\theta_2)\right]\ddot{\theta}_1 + \left[m_2d_2^2 + \right.$$

$$\left. m_2d_1d_2\cos(\theta_2)\right]\ddot{\theta}_2 - 2m_2d_1d_2\sin(\theta_2)\dot{\theta}_1\dot{\theta}_2 - m_2d_1d_2\sin(\theta_2)\dot{\theta}_2^2 +$$

$$(m_1 + m_2)gd_1\sin(\theta_1) + m_2gd_2\sin(\theta_1 + \theta_2) \tag{6.67}$$

$$\frac{\partial L}{\partial \dot{\theta}_2} = m_2d_2^2\dot{\theta}_1 + m_2d_2^2\dot{\theta}_2 + m_2d_1d_2\cos(\theta_2)\dot{\theta}_1 \tag{6.68}$$

$$\frac{\mathrm{d}}{\mathrm{d}t}\frac{\partial L}{\partial \dot{\theta}_2} = m_2d_2^2\ddot{\theta}_1 + m_2d_2^2\ddot{\theta}_2 + m_2d_1d_2\cos(\theta_2)\ddot{\theta}_1 - m_2d_1d_2\sin(\theta_2)\dot{\theta}_1\dot{\theta}_2 \tag{6.69}$$

$$\frac{\partial L}{\partial \theta_2} = -m_2d_1d_2\sin(\theta_2)(\dot{\theta}_1^2 + \dot{\theta}_1\dot{\theta}_2) - m_2gd_2\sin(\theta_1 + \theta_2) \tag{6.70}$$

$$T_2 = \frac{\mathrm{d}}{\mathrm{d}t}\frac{\partial L}{\partial \dot{\theta}_2} - \frac{\partial L}{\partial \theta_2} = \left[m_2d_2^2 + m_2d_1d_2\cos(\theta_2)\right]\ddot{\theta}_1 + m_2d_2^2\ddot{\theta}_2 +$$

$$m_2d_1d_2\cos(\theta_2)\dot{\theta}_1^2 + m_2gd_2\sin(\theta_1 + \theta_2) \tag{6.71}$$

$$T_1 = D_{11}\ddot{\theta}_1 + D_{12}\ddot{\theta}_2 + D_{111}\dot{\theta}_1^2 + D_{122}\dot{\theta}_2^2 + D_{112}\dot{\theta}_1\dot{\theta}_2 + D_{121}\dot{\theta}_2\dot{\theta}_1 + D_1 \tag{6.72}$$

$$T_2 = D_{12}\ddot{\theta}_1 + D_{22}\ddot{\theta}_2 + D_{111}\dot{\theta}_1^2 + D_{222}\dot{\theta}_2^2 + D_{212}\dot{\theta}_1\dot{\theta}_2 + D_{221}\dot{\theta}_2\dot{\theta}_1 + D_2 \tag{6.73}$$

在方程中各项系数 D 的含义如下：

D_{ii}——关节 i 的等效惯量，关节 i 的加速度使关节 i 产生的力矩 $D_{ii}\ddot{\theta}_i$；

D_{ij}——关节 i 与关节 j 之间的耦合惯量，关节 i 或关节 j 的加速度分别使关节 j 或 i 产生的力矩 $D_{ij}\ddot{\theta}_i$ 和 $D_{ij}\ddot{\theta}_j$；

D_{ijj}——由关节 j 的速度产生的作用在关节 i 上的向心力 $D_{ijj}\dot{\theta}_j^2$ 系数；

D_{ijk}——作用在关节 i 上的复合向心力(科氏力)的组合项 $D_{ijk}\dot{\theta}_j\dot{\theta}_k + D_{ijk}\dot{\theta}_k\dot{\theta}_j$ 系数，这是关节 j 和关节 k 的速度产生的结果；

D_i——作用在关节 i 上的重力。

惯量项和重力项在机械手的控制中特别重要，因为它们影响到伺服稳定性和位置精度。向心力和科氏向心力仅当机械手高速运动时才比较重要，通常情况下，由它们造成的误差比较小。比较而言，转动机构的惯量 I_{ai} 往往很大，因而应尽量减小等效惯量和耦合惯量与结构的相关性。

第四节　飞控上姿态计算

在 RPY 坐标系中，假设机器人关节上的传感器水平放置并指向北方，δ 为地磁的磁倾角，如图 6.24 所示。

则加速度传感器 $\boldsymbol{G}_r$ 和磁场传感器 $\boldsymbol{B}_r$ 初始向量表示为：

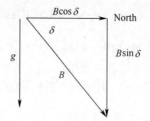

图 6.24 磁场和加速度方向示意图

$$G_r = \begin{bmatrix} 0 \\ 0 \\ g \end{bmatrix} \tag{6.74}$$

$$B_r = B \begin{bmatrix} \cos\delta \\ 0 \\ \sin\delta \end{bmatrix} \tag{6.75}$$

重力加速度 $g = 9.81\mathrm{ms}^{-2}$, B 是地磁场强度, 随着地域的不同, 变化范围为 $22\mu\mathrm{T} \sim 67\mu\mathrm{T}$, 随着机械臂的旋转运动, 其加速度和磁场向量为

$$G_p = R_x(\varphi)R_y(\theta)R_z(\psi)G_r = R_x(\varphi)R_y(\theta)R_z(\psi)\begin{bmatrix} 0 \\ 0 \\ g \end{bmatrix} \tag{6.76}$$

当然, 这里假设只有重力加速度。$R_x(\varphi)$, $R_y(\theta)$, $R_z(\psi)$ 见前面。

$$B_p = R_x(\varphi)R_y(\theta)R_z(\psi)B_r = R_x(\varphi)R_y(\theta)R_z(\psi)B\begin{bmatrix} \cos\delta \\ 0 \\ \sin\delta \end{bmatrix} \tag{6.77}$$

当然这里只有地磁场的影响。如果考虑机器人自身的铁磁影响 V, 则

$$B_p = R_x(\varphi)R_y(\theta)R_z(\psi)B\begin{bmatrix} \cos\delta \\ 0 \\ \sin\delta \end{bmatrix} + V = R_x(\varphi)R_y(\theta)R_z(\psi)B\begin{bmatrix} \cos\delta \\ 0 \\ \sin\delta \end{bmatrix} + \begin{bmatrix} V_x \\ V_y \\ V_z \end{bmatrix} \tag{6.78}$$

因为对重力的检测只能得到摇摆角和俯仰角, 所以首先讨论 φ 和 θ, 根据逆运动学方程有:

$$R_y(-\theta)R_x(-\varphi)G_p = R_y(-\theta)R_x(-\varphi)\begin{bmatrix} G_{px} \\ G_{py} \\ G_{pz} \end{bmatrix} = R_z(\psi)\begin{bmatrix} 0 \\ 0 \\ g \end{bmatrix} = \begin{bmatrix} 0 \\ 0 \\ g \end{bmatrix} \tag{6.79}$$

$$\begin{bmatrix} \cos\theta & 0 & \sin\theta \\ 0 & 1 & 0 \\ -\sin\theta & 0 & \cos\theta \end{bmatrix}\begin{bmatrix} 1 & 0 & 0 \\ 0 & \cos\varphi & -\sin\varphi \\ 0 & \sin\varphi & \cos\varphi \end{bmatrix}\begin{bmatrix} G_{px} \\ G_{py} \\ G_{pz} \end{bmatrix} = \begin{bmatrix} \cos\theta & \sin\theta\sin\varphi & \sin\theta\cos\varphi \\ 0 & \cos\varphi & -\sin\varphi \\ -\sin\theta & \cos\theta\sin\varphi & \cos\theta\cos\varphi \end{bmatrix}\begin{bmatrix} G_{px} \\ G_{py} \\ G_{pz} \end{bmatrix} = \begin{bmatrix} 0 \\ 0 \\ g \end{bmatrix} \tag{6.80}$$

$$\tan\varphi = \frac{G_{py}}{G_{pz}} \tag{6.81}$$

$$\tan\theta = \frac{-G_{px}}{G_{py}\sin\varphi + G_{pz}\cos\varphi} = \frac{-G_{px}}{\sqrt{G_{py}^2 + G_{pz}^2}} \qquad (6.82)$$

下面讨论偏转角 ψ。

$$\boldsymbol{R}_z(\psi)B\begin{bmatrix} \cos\delta \\ 0 \\ \sin\delta \end{bmatrix} = \begin{bmatrix} \cos\psi B\cos\delta \\ -\sin\psi B\cos\delta \\ B\sin\delta \end{bmatrix} = \boldsymbol{R}_y(-\theta)\boldsymbol{R}_x(-\varphi)(\boldsymbol{B}_p - \boldsymbol{V}) \qquad (6.83)$$

将地磁场 $\boldsymbol{B}_p$ 机器人自身的铁磁影响 $\boldsymbol{V}$ 作为一个整体为磁场传感器检测的值 $\boldsymbol{B}$。

$$\boldsymbol{R}_y(-\theta)\boldsymbol{R}_x(-\varphi)(\boldsymbol{B}_p - \boldsymbol{V}) = \boldsymbol{R}_y(-\theta)\boldsymbol{R}_x(-\varphi)\begin{bmatrix} B_x \\ B_y \\ B_z \end{bmatrix} \qquad (6.84)$$

即

$$\begin{bmatrix} \cos\psi B\cos\delta \\ -\sin\psi B\cos\delta \\ B\sin\delta \end{bmatrix} = \begin{bmatrix} B_x\cos\theta + B_y\sin\theta\sin\varphi + B_z\sin\theta\cos\varphi \\ B_y\cos\varphi - B_z\sin\varphi \\ -B_x\sin\theta + B_y\cos\theta\sin\varphi + B_z\cos\theta\cos\varphi \end{bmatrix} \qquad (6.85)$$

消除 δ 并结合求得的 $\tan\varphi$ 和 $\tan\theta$ 可得：

$$\tan\psi = \frac{B_z G_{py} - B_y G_{pz}}{[B_x(G_{py}^2 + G_{pz}^2) - B_y G_{px} G_{py} - B_z G_{px} G_{pz}]/\sqrt{G_{px}^2 + G_{py}^2 + G_{pz}^2}} \qquad (6.86)$$

下面的代码是先获取传感器的值,并进行滤波处理,然后利用比较滤波器求解摇摆角、俯仰角和偏转角：

```
typedef struct {
    int16_t angle[2];      //绝对倾斜角 0.1°对应 1, 180°对应 1800
    int16_t heading;       //升降速度,单位:cm/s
} att_t;
att_t att;
#include "Arduino.h"
#include "config.h"
#include "def.h"
#include "types.h"
#include "MultiWii.h"
#include "IMU.h"
#include "Sensors.h"

void getEstimatedAttitude();

void computeIMU() {
    uint8_t axis;
    static int16_t gyroADCprevious[3] = {0,0,0};
    int16_t gyroADCp[3];
    int16_t gyroADCinter[3];
```

```
static uint32_t timeInterleave = 0;
```

//因为只配置一个陀螺仪能够快速读陀螺仪的值,所以我们分成两种情况
//1.gyro+nunchuk:在既要获取 WM+ 数据又要获取 Nunchuk 数据的两次读取之间我们必须
//等待 3ms 的延迟。Nunchuk 是一款遥控的操作手柄。
//2.gyro:连续读取两次陀螺仪的值只需要 0.65ms 的延迟

```
#if defined(NUNCHUCK)
  annexCode();
  while((uint16_t)(micros()-timeInterleave)<INTERLEAVING_DELAY); //两次
//连续读数据之间的延迟,INTERLEAVING_DELAY = 3000μs = 3ms
  timeInterleave=micros();//将当前时间保持
  ACC_getADC();//获取加速度的值
  getEstimatedAttitude(); //计算估计姿态,计算的时间必须小于 3ms
  while((uint16_t)(micros()-timeInterleave)<INTERLEAVING_DELAY); //将多
//余的时间无谓消耗掉
  timeInterleave=micros();
  f.NUNCHUKDATA = 1;
  while(f.NUNCHUKDATA) ACC_getADC();//对陀螺仪数据进行更新,花不了多少时间
  for(axis = 0; axis < 3; axis++) {
    //根据经验,采用加权递推平均滤波法滤波。注:这里陀螺仪数据不可能溢出
    imu.gyroData[axis]=(imu.gyroADC[axis]*3+gyroADCprevious[axis])>>2;
    gyroADCprevious[axis] = imu.gyroADC[axis];
  }
#else
  #if ACC
    ACC_getADC();
    getEstimatedAttitude();
  #endif
  #if GYRO
    Gyro_getADC();
  #endif
  for(axis = 0; axis < 3; axis++)
    gyroADCp[axis] =  imu.gyroADC[axis];
  timeInterleave=micros();
  annexCode();
  uint8_t t=0;
  while((uint16_t)(micros()-timeInterleave)<650) t=1; //根据经验延迟时间
//到 0.65ms
  if(! t) annex650_overrun_count++;//t=0 说明时间超限 0.65ms 了,记下来
  #if GYRO
    Gyro_getADC();
  #endif
  for(axis = 0; axis < 3; axis++) {
```

184

```
      gyroADCinter[axis] = imu.gyroADC[axis]+gyroADCp[axis];
      //加权平均滤波
      imu.gyroData[axis] =(gyroADCinter[axis]+gyroADCprevious[axis])/3;
      gyroADCprevious[axis] = gyroADCinter[axis]>>1;
      if(! ACC) imu.accADC[axis]=0;//防止没有安装加速度传感器
    }
  #endif
  #if defined(GYRO_SMOOTHING)    //陀螺仪平滑滤波
    static int16_t gyroSmooth[3] = {0,0,0};
    for(axis = 0; axis < 3; axis++) {
      imu.gyroData[axis] =(int16_t)(((int32_t)((int32_t)gyroSmooth[axis]
*(conf.Smoothing[axis]-1) )+imu.gyroData[axis]+1 ) /conf.Smoothing[axis]);
      gyroSmooth[axis] = imu.gyroData[axis];
    }
  #elif defined(TRI)   //一种机型
    static int16_t gyroYawSmooth = 0;
    imu.gyroData[YAW] =(gyroYawSmooth * 2+imu.gyroData[YAW])/3;
    gyroYawSmooth = imu.gyroData[YAW];
  #endif
}
// 总之,前面获取了各传感器的值,并进行了一定程度的滤波,下面是比较滤波器
// * * * * * * 用户的高级配置 * * * * * * * * * * * * * * * * * * * *
/* 设置 ACC 的低通滤波器,通过 GUI 设置此值,增加此值会降低噪声,但会增加迟滞时间,如果你
//不想滤波,请注释掉,注意这个值是 2 的 n 次方,不是 n 本身
//这个值也用于定高模式计算
#ifndef ACC_LPF_FACTOR
  #define ACC_LPF_FACTOR 4 //低通滤波器(LPF)是 2^4=16
#endif

//设置 Gyro/Acc 比较滤波器的权重增加这个值将减少并延迟 Acc 的影响
#ifndef GYR_CMPF_FACTOR
  #define GYR_CMPF_FACTOR 600
#endif

//设置 Gyro/Mag 比较滤波器的权重增加这个值将减少并延迟 Mag 的影响
#define GYR_CMPFM_FACTOR 250

// * * * * * * 结束用户高级配置 * * * * * * * * * * * * *
#define INV_GYR_CMPF_FACTOR  (1.0f/(GYR_CMPF_FACTOR  + 1.0f))
#define INV_GYR_CMPFM_FACTOR  (1.0f/(GYR_CMPFM_FACTOR + 1.0f))

typedef struct fp_vector {
  float X,Y,Z;
```

```
} t_fp_vector_def;

typedef union {
  float A[3];
  t_fp_vector_def V;
} t_fp_vector;

typedef struct int32_t_vector {
  int32_t X,Y,Z;
} t_int32_t_vector_def;

typedef union {
  int32_t A[3];
  t_int32_t_vector_def V;
} t_int32_t_vector;
```

```
//下面两个函数在机器人运动学和逆运动学中会反复用到,请大家收藏!
int16_t _atan2(int32_t y, int32_t x){
  float z =(float)y /x;
  int16_t a;
  if( abs(y) < abs(x) ){
    a = 573 * z /(1.0f + 0.28f * z * z);
  if(x<0) {
    if(y<0) a -= 1800;
    else a += 1800;
  }
  } else {
  a = 900 - 573 * z /(z * z + 0.28f);
  if(y<0) a -= 1800;
  }
  return a;
}
```

atan2(Y2-Y1,X2-X1)所表达的意思是坐标原点为起点,指向(x,y)的射线在坐标平面上与 X 轴正方向之间的角的角度。结果为正表示从 X 轴逆时针旋转的角度,结果为负表示从 X 轴顺时针旋转的角度。

ATAN2(a, b)与 ATAN(a/b)稍有不同,ATAN2(a,b)的取值范围介于 -pi 到 pi 之间(不包括 -pi),而 ATAN(a/b)的取值范围介于-pi/2 到 pi/2 之间(不包括±pi/2)。

若要用度表示反正切值,请将结果再乘以 180/3.14159。

另外要注意的是,函数 atan2(y,x)中参数的顺序是倒置的,atan2(y,x)计算的值相当于点(x,y)的角度值。

```
float InvSqrt(float x){
  union{
```

```
      int32_t i;
      float   f;
    } conv;
    conv.f = x;
    conv.i = 0x5f3759df -(conv.i >> 1);
    return 0.5f * conv.f *(3.0f - x * conv.f * conv.f);
}
```

　　这个函数相当于 1.0/sqrt(x)，这个 InvSqrt 函数比传统的 1.0/sqrt(x)平均要快 4 倍，是牛顿迭代法的应用，只不过迭代一次就可以得到相应的结果，而且精度很高。算法的关键在于选择了一个好的初始值来进行迭代：代码中的整形数 i 转换成其机器码对应的浮点数就是一个很好的初始值，事实上它非常地接近 x 的平方根分之一，因此这也是为什么这里只需迭代一次就可以得到很好的结果的原因。0x5f3759df -(i>>1)，这里的 i 是浮点数 x 对应的机器码转换成的整型数据。然后 i>>1 就是相当于 i/2，统统左移一位，再用一个常量来减 i>>2，得到另一个整型数据，这个整形数据对应的浮点数就是一个满足要求的初始值了。为什么要选择 0x5f3759df 这么好的一个数据呢？有篇论文中对于 IEEE754 浮点数据的格式进行了分析，并将浮点部分与指数部分分开讨论，对指数的奇偶做了一番探讨，最后将 R-(i>>1)中的 R 范围给大致地确定出来，并分析不同取值的结果。

　　求 0x5f3759df 的数学原理：Quake-Ⅲ Arena(雷神之锤 3)是 20 世纪 90 年代的经典游戏之一。该系列的游戏不但画面和内容不错，而且即使计算机配置低，也能极其流畅地运行。这要归功于它 3D 引擎的开发者约翰·卡马克(John Carmack)。事实上早在 90 年代初 DOS 时代，只要能在 PC 上搞个小动画都能让人惊叹一番的时候，John Carmack 就推出了石破天惊的 Castle Wolfstein，然后再接再励，doom，doomII，Quake…每次都把 3D 技术推到极致。他的 3D 引擎代码极度高效，几乎是在压榨 PC 机的每条运算指令。当初 MS 的 Direct3D 也得听取他的意见，修改了不少 API。

　　最近，QUAKE 的开发商 ID SOFTWARE 遵守 GPL 协议，公开了 QUAKE-Ⅲ的原代码，让世人有幸目睹 Carmack 传奇的 3D 引擎的原码。这是 QUAKE-Ⅲ原代码的下载地址：http:// www. fileshack. com/file. x? fid=7547

　　(下面是官方的下载网址，搜索"quake3-1.32b-source. zip"可以找到一大堆中文网页的 ftp:// ftp. idsoftware. com/idstuff/source/quake3-1.32b-source. zip)

　　我们知道，越底层的函数，调用越频繁。3D 引擎归根到底还是数学运算。那么找到最底层的数学运算函数(在 game/code/q_math. c)，必然是精心编写的。里面有很多有趣的函数，很多都令人惊奇，估计我们几年时间都学不完。

　　普渡大学的数学家 Chris Lomont 采用"暴力"方法——一个数字一个数字试，终于找到一个比卡马克数字要好上那么一丁点的数字，虽然实际上这两个数字所产生的结果非常近似，这个用暴力方法得出的数字是 0x5f375a86。Lomont，为此写下一篇论文："Fast Inverse Square Root"。

　　// 根据陀螺仪的角度值用小角度近似算法采用 3 * 3 的旋转矩阵求取旋转后的矢量。该函数每个 loop( )循环被调用 2 次，其中一次的调用是求得上次加速度值延时一段时间后新的一个估计值(修正值)，这个值在后面的计算中权重 400，而新获取滤波后的加速度值的权重只有1。

```
void rotateV(struct fp_vector * v,float * delta) {
  fp_vector v_tmp = * v;
  v->Z -= delta[ROLL]  * v_tmp.X + delta[PITCH] * v_tmp.Y;
  v->X += delta[ROLL]  * v_tmp.Z - delta[YAW]   * v_tmp.Y;
  v->Y += delta[PITCH] * v_tmp.Z + delta[YAW]   * v_tmp.X;
}
```

$$
// \quad \begin{bmatrix} v_x \\ v_y \\ v_z \end{bmatrix} = \begin{bmatrix} v_x \\ v_y \\ v_z \end{bmatrix} + \begin{bmatrix} 0 & -\Delta_z & \Delta_x \\ \Delta_z & 0 & \Delta_y \\ -\Delta_x & -\Delta_y & 0 \end{bmatrix} \begin{bmatrix} x \\ y \\ z \end{bmatrix} = \begin{bmatrix} 1 & -\Delta_z & \Delta_x \\ \Delta_z & 1 & \Delta_y \\ -\Delta_x & -\Delta_y & 1 \end{bmatrix} \begin{bmatrix} x \\ y \\ z \end{bmatrix} \tag{6.87}
$$

```
static int32_t accLPF32[3]     = {0, 0, 1};
static float invG; //1/|G|


static t_fp_vector EstG;
static t_int32_t_vector EstG32;
#if MAG
  static t_int32_t_vector EstM32;
  static t_fp_vector EstM;
#endif

void getEstimatedAttitude(){
  uint8_t axis;
  int32_t accMag = 0;
  float scale, deltaGyroAngle[3];
  uint8_t validAcc;
  static uint16_t previousT;
  uint16_t currentT = micros();

  scale =(currentT - previousT) * GYRO_SCALE; //GYRO_SCALE 单位: 弧度/微秒
  previousT = currentT;

  //初始化
  for(axis = 0; axis < 3; axis++) {
    deltaGyroAngle[axis] = imu.gyroADC[axis]  * scale; //陀螺仪变化角度,单
位:弧度
    //加速度低通滤波
    accLPF32[axis]     -= accLPF32[axis]>>ACC_LPF_FACTOR;
    accLPF32[axis]     += imu.accADC[axis];
    imu.accSmooth[axis]  = accLPF32[axis]>>ACC_LPF_FACTOR;
  //加速度平方和
    accMag +=(int32_t)imu.accSmooth[axis] * imu.accSmooth[axis] ;
  }
```

rotateV(&EstG.V,deltaGyroAngle); //在上次获得加速度三轴数据的基础上,到这个时
//候已经有时间延时,也发生了角度的变化,通过旋转得到了一个前次基础上估计的加速度向量
    #if MAG
      rotateV(&EstM.V,deltaGyroAngle); //在上次获得电子罗盘计三轴数据的基础上,到
//这个时候已经有时间延时,也发生了角度的变化,通过旋转得到了一个前次基础上估计的电子罗盘计
//向量
    #endif

    accMag = accMag * 100 / ((int32_t)ACC_1G * ACC_1G);
    validAcc = 72 < (uint16_t)accMag &&(uint16_t)accMag < 133;
    //Apply complimentary filter(Gyro drift correction)
    //If accel magnitude >1.15G or <0.85G and ACC vector outside of the limit
range => we neutralize the effect of accelerometers in the angle estimation.
    //To do that, we just skip filter, as EstV already rotated by Gyro
    for(axis = 0; axis < 3; axis++) {
      if(validAcc)
      //以前数据基础上估计的加速度计数据(就是旋转矩阵运算后的数据)占400份,而本次循环
//取得的 acc 数据只占 1 份,总和是 401 份除以 401 就得到了历史上的数据和最新数据的融合与滤波。
        EstG.A[axis] =(EstG.A[axis] * GYR_CMPF_FACTOR + imu.accSmooth[axis])
* INV_GYR_CMPF_FACTOR;
        EstG32.A[axis] = EstG.A[axis]; // int32_t cross calculation is a little
bit faster than float
      #if MAG
        EstM.A[axis] =(EstM.A[axis] * GYR_CMPFM_FACTOR + imu.magADC[axis])
* INV_GYR_CMPFM_FACTOR;
        EstM32.A[axis] = EstM.A[axis];
      #endif
    }

    if((int16_t)EstG32.A[2] > ACCZ_25deg)
      f.SMALL_ANGLES_25 = 1;
    else
      f.SMALL_ANGLES_25 = 0;

    //Attitude of the estimated vector
    int32_t sqGX_sqGZ = sq(EstG32.V.X) + sq(EstG32.V.Z);
    invG = InvSqrt(sqGX_sqGZ + sq(EstG32.V.Y));
    att.angle[ROLL] = _atan2(EstG32.V.X , EstG32.V.Z); //得到俯仰的角度
    att.angle[PITCH] = _atan2(EstG32.V.Y , InvSqrt(sqGX_sqGZ) * sqGX_sqGZ);
    //得到滚转的角度
    #if MAG
      att.heading = _atan2(EstM32.V.Z * EstG32.V.X - EstM32.V.X * EstG32.V.Z,

```
          (EstM.V.Y * sqGX_sqGZ  -(EstM32.V.X * EstG32.V.X + EstM32.V.Z * EstG32.V.Z)
   * EstG.V.Y)*invG );//得到四轴的定向角
          att.heading += conf.mag_declination; //Set from GUI //因磁偏角原因进行修正
          att.heading /= 10;
       #endif

       #if defined(THROTTLE_ANGLE_CORRECTION)
          cosZ = EstG.V.Z /ACC_1G * 100.0f;
//cos(angleZ) * 100
          throttleAngleCorrection = THROTTLE_ANGLE_CORRECTION * constrain(100 -
cosZ, 0, 100) >>3;   //16 bit ok: 200*150 = 30000
       #endif
    }


    #define UPDATE_INTERVAL 25000     //40hz update rate(20hz LPF on acc)
    #define BARO_TAB_SIZE   21

    #define ACC_Z_DEADBAND(ACC_1G>>5) //was 40 instead of 32 now


    #define applyDeadband(value, deadband)
      if(abs(value) < deadband) {
        value = 0;
      } else if(value > 0){
        value -= deadband;
      } else if(value < 0){
        value += deadband;
      }

    #if BARO
    uint8_t getEstimatedAltitude(){
      int32_t  BaroAlt;
      static float baroGroundTemperatureScale,logBaroGroundPressureSum;
      static float vel = 0.0f;
      static uint16_t previousT;
      uint16_t currentT = micros();
      uint16_t dTime;

      dTime = currentT - previousT;
      if(dTime < UPDATE_INTERVAL) return 0;
      previousT = currentT;

      if(calibratingB > 0) {
```

```
          logBaroGroundPressureSum = log(baroPressureSum);
          baroGroundTemperatureScale =(baroTemperature + 27315) *  29.271267f;
          calibratingB--;
     }


     //baroGroundPressureSum is not supposed to be 0 here
     //see:
    https://code.google.com/p/ardupilot-mega/source/browse/libraries/AP_Baro/
//AP_Baro.cpp
     BaroAlt =(logBaroGroundPressureSum - log(baroPressureSum) ) * baroGroundTem-
peratureScale;


     alt.EstAlt =(alt.EstAlt * 6 + BaroAlt * 2) >> 3; //additional LPF to reduce
baro noise(faster by 30 μs)


     #if(defined(VARIOMETER) &&(VARIOMETER ! = 2))
|| ! defined(SUPPRESS_BARO_ALTHOLD)
         //P
         int16_t error16 = constrain(AltHold - alt.EstAlt, -300, 300);
         applyDeadband(error16, 10); //remove small P parametr to reduce noise
near zero position
         BaroPID = constrain((conf.pid[PIDALT].P8 * error16 >>7), -150, +150);


         //I
         errorAltitudeI += conf.pid[PIDALT].I8 * error16 >>6;
         errorAltitudeI = constrain(errorAltitudeI,-30000,30000);
         BaroPID += errorAltitudeI>>9; //I in range +/-60


         //projection of ACC vector to global Z, with 1G subtructed
         //Math: accZ = A * G / |G| - 1G
         int16_t accZ =(imu.accSmooth[ROLL] * EstG32.V.X + imu.accSmooth[PITCH]
    * EstG32.V.Y + imu.accSmooth[YAW] * EstG32.V.Z) * invG;


         static int16_t accZoffset = 0;
         if(! f.ARMED) {
           accZoffset -= accZoffset>>3;
           accZoffset += accZ;
         }
         accZ -= accZoffset>>3;
         applyDeadband(accZ, ACC_Z_DEADBAND);


         static int32_t lastBaroAlt;
         //int16_t baroVel =(alt.EstAlt - lastBaroAlt) * 1000000.0f/dTime;
```

```
    int16_t baroVel =(alt.EstAlt - lastBaroAlt) *(1000000 /UPDATE_INTERVAL);
    lastBaroAlt = alt.EstAlt;

    baroVel = constrain(baroVel, -300, 300); //constrain baro velocity +/-
//300cm/s
    applyDeadband(baroVel, 10); //to reduce noise near zero

    // Integrator - velocity, cm/sec
    vel += accZ * ACC_VelScale * dTime;

    //apply Complimentary Filter to keep the calculated velocity based on
//baro velocity(i.e. near real velocity).
    //By using CF it's possible to correct the drift of integrated accZ(velocity)
//without loosing the phase, i.e without delay
    vel = vel * 0.985f + baroVel * 0.015f;

    //D
    alt.vario = vel;
    applyDeadband(alt.vario, 5);
    BaroPID -= constrain(conf.pid[PIDALT].D8 * alt.vario >>4, -150, 150);
  #endif
  return 1;
}
#endif //BARO
```

第五节　四元数和旋转矩阵

1. 四元数的概念和基本运算

四元数(Quaternion)一般定义如下：

$$q = w + xi + yj + zk \qquad (6.88)$$

其中 w, x, y, z 是实数。$\|q\| = \sqrt{w^2 + x^2 + y^2 + z^2}$ 称为四元数的模。通常，四元数要规范化，称为单位四元数，即四元数的模为 $\|q\| = 1$

四元数加减运算只需将相应的系数加减起来就可以，至于乘法则可跟随表6.1的乘数表：

表 6.1　四元数乘数表

×	1	i	j	k
1	1	i	j	k
i	i	-1	k	$-j$
j	j	$-k$	-1	i
k	k	j	$-i$	-1

192

可以立即验证加法交换律、结合律,以及等式 $p+0=0+p=p$,方程 $p+x=0$ 恒有解,乘法结合律,还有乘法对加法的分配律都是成立的,只不过没有乘法交换律。

四元数也可以表示为

$$q = [w, v]$$

其中 $v = (x, y, z)$ 是向量,w 是标量,虽然 v 是向量,我们通常称这两部分是四元数的实数部分和(三维)向量部分,但不能简单的理解为 3D 空间的向量,它是四维空间中的的向量,也是非常不容易想像的。

当用一个四元数乘以一个向量时,实际上就是让该向量围绕着这个四元数所描述的旋转轴转动这个四元数所描述的角度而得到的向量。

单位四元数 $q = (s, V)$ 的共轭为 $q^* = (s, -V)$

单位四元数 $q = (s, V)$ 的逆 $q^{-1} = q^* / (\| q \|) = q^*$

一个向量 r,沿着向量 n 旋转 α 角度之后的向量用四元数表示。

首先构造两个四元数 $q = (\cos(\alpha/2), \sin(\alpha/2) * n)(s, (x, y, z)), p = (0, r)$

$p' = q * p * q^{-1}$ 这个可以保证求出来的 p' 也是 $(0, r')$ 形式的,求出的 r' 就是 r 旋转后的向量。

1) 四元数和旋转矩阵

每一个单位四元数 $(s, (x, y, z))$ 都可以对应到一个旋转矩阵

$$M = \begin{bmatrix} 1 - 2(y^2 + z^2) & 2xy - 2sz & 2sy + 2xz & 0 \\ 2xy + 2sz & 1 - 2(x^2 + z^2) & -2sx + 2yz & 0 \\ -2sy + 2xz & 2sx + 2yz & 1 - 2(x^2 + y^2) & 0 \\ 0 & 0 & 0 & 1 \end{bmatrix} \quad (6.89)$$

两个四元数相乘也表示一个旋转:$Q_1 * Q_2$ 表示先以 Q_2 旋转,再以 Q_1 旋转。

同理一个旋转矩阵也可以转换为一个四元数,即给你一个旋转矩阵可以求出 (s, x, y, z) 这个四元数,方法是:

假设旋转矩阵为

$$\begin{bmatrix} M_{00} & M_{01} & M_{02} & 0 \\ M_{10} & M_{11} & M_{12} & 0 \\ M_{20} & M_{21} & M_{22} & 0 \\ 0 & 0 & 0 & 1 \end{bmatrix} \quad (6.90)$$

则

$$s = \pm \frac{1}{2} \sqrt{M_{00} + M_{11} + M_{22} + M_{33}}, x = \frac{M_{21} - M_{12}}{4s}, y = \frac{M_{02} - M_{20}}{4s}, z = \frac{M_{10} - M_{01}}{4s}$$

$$(6.91)$$

2) 四元数的优点

有多种方式可表示旋转,如旋转矩阵、欧拉角(Euler angles)、齐次矩阵、四元数等。相对于其它方法,四元组有其本身的优点:

四元数不会有欧拉角存在的 gimbal lock 问题;

四元数由 4 个数组成,而旋转矩阵则需要 9 个数;

两个四元数之间更容易插值;

四元数运算、矩阵运算在多次运算后会积攒误差,需要分别对其做规范化(normalize)和正交化(orthogonalize),对四元数规范化更容易;

与旋转矩阵类似,两个四元组相乘可表示两次旋转。

3)Quaternion 的基本运算

(1)四元数的规范化:规范化四元数和规范化一个向量类似,如果四元数足够接近单位长度,该方法将不会做任何事情。用一个常数 TOLERANCE 来衡量接近的标准:

```
#define TOLERANCE 0.00001f
void Quaternion::normalise()
{
float mag2 = w * w + x * x + y * y + z * z;
if( mag2! =0.f &&(fabs(mag2 - 1.0f) > TOLERANCE)) {
float mag = sqrt(mag2);
w /= mag;
x /= mag;
y /= mag;
z /= mag;
}
}
```

(2)四元数的复数共轭:// 用四元数方法旋转一个向量要用到一个四元数的逆,要求逆用四元数的复数共轭很好求,当然四元数要求是单位四元数

```
Quaternion Quaternion::getConjugate()
{
return Quaternion(-x, -y, -z, w);
}
```

(3)四元数的乘法:// q1 * q2 就是旋转 q2 到 q1

```
Quaternion Quaternion::operator * (const Quaternion &rq) const
{
//采用构造函数的方法,参数是(x, y, z, w)
return Quaternion(w * rq.x + x * rq.w + y * rq.z - z * rq.y,
                  w * rq.y + y * rq.w + z * rq.x - x * rq.z,
                  w * rq.z + z * rq.w + x * rq.y - y * rq.x,
                  w * rq.w - x * rq.x - y * rq.y - z * rq.z);
}
```

(4)旋转向量// 用向量 v 乘四元数 q,得到一个向量

```
Vector3 Quaternion::operator * (const Vector3 &vec) const
{
Vector3 vn(vec);
vn.normalise();
Quaternion vecQuat, resQuat;
vecQuat.x = vn.x;
vecQuat.y = vn.y;
```

```
vecQuat.z = vn.z;
vecQuat.w = 0.0f;
resQuat = vecQuat * getConjugate();
resQuat = *this * resQuat;
return(Vector3(resQuat.x, resQuat.y, resQuat.z));
}
```

（5）从 Axis Angle 到四元数

```
void Quaternion::FromAxis(const Vector3 &v, float angle)
{
float sinAngle;
angle *= 0.5f;
Vector3 vn(v);
vn.normalise();
sinAngle = sin(angle);
x =(vn.x * sinAngle);
y =(vn.y * sinAngle);
z =(vn.z * sinAngle);
w = cos(angle);
}
```

（6）四元数到旋转矩阵

```
Matrix4 Quaternion::getMatrix() const
{
float x2 = x * x;
float y2 = y * y;
float z2 = z * z;
float xy = x * y;
float xz = x * z;
float yz = y * z;
float wx = w * x;
float wy = w * y;
float wz = w * z;
//This calculation would be a lot more complicated for non-unit length qua-
//ternions
//Note: The constructor of Matrix4 expects the Matrix in column-major format like
//expected by OpenGL
    return Matrix4( 1.0f - 2.0f * (y2 + z2), 2.0f * (xy - wz), 2.0f * (xz + wy),
0.0f, 2.0f * (xy + wz), 1.0f - 2.0f * (x2 + z2), 2.0f * (yz - wx), 0.0f, 2.0f * (xz -
wy), 2.0f * (yz + wx), 1.0f - 2.0f * (x2 + y2), 0.0f, 0.0f, 0.0f, 0.0f, 1.0f)
}
```

（7）四元数到 axis−angle

```
void Quaternion::getAxisAngle(Vector3 *axis, float *angle)
{
```

```
float scale = sqrt(x * x + y * y + z * z);
axis->x = x /scale;
axis->y = y /scale;
axis->z = z /scale;
*angle = acos(w) * 2.0f;
}
```

（8）四元数插值

线性插值:

最简单的插值算法就是线性插值(图6.25),公式如下:

$$q(t) = (1 - t)q1 + tq2 \tag{6.92}$$

但这个结果是需要规格化的,否则 $q(t)$ 的单位长度会发生变化,所以

$$q(t) = (1 - t)q1 + tq2/ \| (1 - t)q1 + tq2 \| \tag{6.93}$$

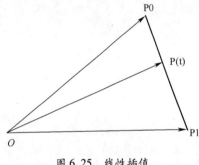

图6.25　线性插值

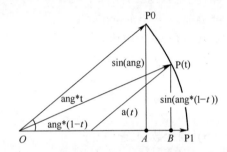

图6.26　球面线性插值

球面线性插值:

尽管线性插值很有效,但不能以恒定的速率描述 $q1$ 到 $q2$ 之间的曲线,这也是其弊端,我们需要找到一种插值方法使得 $q1->q(t)$ 之间的夹角 θ 是线性的,即 $\theta(t) = (1-t)\theta1 +t * \theta2$,这样我们得到了球面线性插值(图6.26)函数 $q(t)$,如下:

$$q(t) = q1 * \sin\theta(1 - t)/\sin\theta + q2 * \sin\theta t/\sin e\theta \tag{6.94}$$

2. 捷联系统的四元数姿态算法

四元数姿态算法比起矩阵来具有节省存储空间和方便插值的优点。根据欧拉角定义 ψ、θ、φ 分别为绕 Z 轴、Y 轴、X 轴的旋转角度,如果用 Tait-Bryan angle 表示,分别为 Yaw、Pitch、Roll。其四元数姿态是什么呢?

算法输入:物体的初始姿态,三轴陀螺仪不同时刻的 Yaw、Pitch、Roll 的角速度;

算法输出:物体的当前姿态。

具体算法:

（1）初始姿态的四元数 $(w,x,y,z) = (1,0,0,0)$ 命名为 A。

（2）读取三轴陀螺仪当前时刻的 Yaw、Pitch、Roll 角速度,乘以上次计算以来的间隔时间,得到上一时刻以来(Yaw、Pitch、Roll)的变化量,命名为欧拉角 b。

（3）b 是 Tait-Bryan angle 定义的欧拉角,将其转为四元数 B。

（4）$A = A \times B$,做四元数乘法,即可得到当前姿态对应的新的四元数 A。

（5）重复（2）~（4）步,即可连续更新姿态。

（6）将四元数 A 重新转换为 Tait-Bryan angle 形式的欧拉角 α,就可以以直观的形式

查看当前姿态。

通过旋转轴和绕该轴旋转的角度可以构造一个单位四元数:

$$w = \cos\left(\frac{\alpha}{2}\right) \tag{6.95}$$

$$x = \sin\left(\frac{\alpha}{2}\right)\cos(\beta_x) \tag{6.96}$$

$$y = \sin\left(\frac{\alpha}{2}\right)\cos(\beta_y) \tag{6.97}$$

$$z = \sin\left(\frac{\alpha}{2}\right)\cos(\beta_z) \tag{6.98}$$

其中 α 是绕旋转轴旋转的角度, $\cos(\beta_x)$、$\cos(\beta_y)$、$\cos(\beta_z)$ 为旋转轴在 X,Y,Z 方向的分量(由此确定了旋转轴)。

核心算法 1,欧拉角转四元数

$$q = \begin{bmatrix} w \\ x \\ y \\ z \end{bmatrix} = \begin{bmatrix} \cos(\varphi/2)\cos(\theta/2)\cos(\psi/2) + \sin(\varphi/2)\sin(\theta/2)\sin(\psi/2) \\ \sin(\varphi/2)\cos(\theta/2)\cos(\psi/2) - \cos(\varphi/2)\sin(\theta/2)\sin(\psi/2) \\ \cos(\varphi/2)\sin(\theta/2)\cos(\psi/2) + \sin(\varphi/2)\cos(\theta/2)\sin(\psi/2) \\ \cos(\varphi/2)\cos(\theta/2)\sin(\psi/2) - \sin(\varphi/2)\sin(\theta/2)\cos(\psi/2) \end{bmatrix} \tag{6.99}$$

```
void Quaternion::FromEulerAngle(const EulerAngle &ea)
{
  float fCosHRoll = cos(ea.fRoll * .5f);
  float fSinHRoll = sin(ea.fRoll * .5f);
  float fCosHPitch = cos(ea.fPitch * .5f);
  float fSinHPitch = sin(ea.fPitch * .5f);
  float fCosHYaw = cos(ea.fYaw * .5f);
  float fSinHYaw = sin(ea.fYaw * .5f);
  w = fCosHRoll * fCosHPitch * fCosHYaw + fSinHRoll * fSinHPitch w;
  x = fCosHRoll * fSinHPitch * fCosHYaw + fSinHRoll * fCosHPitch w;
  y = fCosHRoll * fCosHPitch * fSinHYaw - fSinHRoll * fSinHPitch w;
  z = fSinHRoll * fCosHPitch * fCosHYaw - fCosHRoll * fSinHPitch * fSinHYaw;
}
```

核心算法 2,四元数转欧拉角

$$\begin{bmatrix} \varphi \\ \theta \\ \psi \end{bmatrix} = \begin{bmatrix} \arctan\dfrac{2(wx + yz)}{1 - 2(x^2 + y^2)} \\ \arcsin(2(wy - zx)) \\ \arctan\left(\dfrac{2(wz + xy)}{1 - 2(y^2 + z^2)}\right) \end{bmatrix} \tag{6.100}$$

arctan 和 arcsin 的结果是 $\left[-\dfrac{\pi}{2}, \dfrac{\pi}{2}\right]$,这并不能覆盖所有朝向(对于 θ 角 $\left[-\dfrac{\pi}{2}, \dfrac{\pi}{2}\right]$ 的取值范围已经满足),因此需要用 atan2 来代替 arctan。

$$\begin{bmatrix} \varphi \\ \theta \\ \psi \end{bmatrix} = \begin{bmatrix} \text{atan2}(2(wx+yz),1-2(x^2+y^2)) \\ \arcsin(2(wy-zx)) \\ \text{atan2}(2(wz+xy),1-2(y^2+z^2)) \end{bmatrix} \tag{6.101}$$

```
EulerAngle Quaternion::ToEulerAngle() const
{
  EulerAngle ea;

  ea.fRoll  = atan2(2 *(w * z + x * y) ,1 - 2 *(z * z + x *
  ea.fPitch = asin(CLAMP(2 *(w * x - y * z) , -1.0f , 1.0f));
  ea.fYaw   = atan2(2 *(w * y + z * x) ,1 - 2 *(x * x + y *
  return ea;
}
```

核心算法 3,四元数乘法

```
Quaternion Quaternion::Multiply(const Quaternion &b)
{
  Quaternion c;
  c.w=w * b.w      -x * b.x      -y * b.y      -z *
  c.x=w * b.x      +x * b.w      +y * b.z      -z *
  c.y=w * b.y      -x * b.z      +y * b.w      +z *
  c.z=w * b.z      +x * b.y      -y * b.x      +z *
  c.Normalize();
  return c;
}
```

次要的规范化算法:

```
void  Quaternion::Normalize(){
  float s=getS();
  w/=s;
  x/=s;
  y/=s;
  z/=s;
}
float Quaternion::getS(){
  return sqrt(w * w+x * x+y * y+z * z);
}
```

    loop 函数,算法的集成部分:

```
Quaternion nowQ;
void loop() {
  int intx, inty,intz;
  float  pitch,roll,yaw;
  gyro.ReadGyroOutCalibrated_Radian(&pitch, &roll, &yaw);
  EulerAngle dt;
  dt.fRoll=roll;
```

```
    ..fPitch=pitch;
  dt.fYaw=-yaw;

  Quaternion dQ;
  dQ.FromEulerAngle(dt);
  nowQ=nowQ.Multiply(dQ);

  count++;
  if(count>1000){
    EulerAngle nowG=nowQ.ToEulerAngle();
    Serial.print(nowG.fRoll/3.1415926535*180,11);//横滚
    Serial.print(",");
    Serial.print(nowG.fPitch/3.1415926535*180,11);//俯仰
    Serial.print(",");
    Serial.print(nowG.fYaw/3.1415926535*180,11);//偏航
    Serial.print(",");
    Serial.print(nowQ.getS(),11);//偏航
    Serial.println();
    count=0;
  }
}
```

第七章　机器人的控制技术基础

　　稳定性、准确性、快速性是控制系统的三大要求,本章采用 Laplace 变换分析控制系统的特性,具有简洁、直观、实用等优点,因为只是机器人控制技术的基础,所以没有更复杂的控制系统反馈、前馈等的设计,只是加强读者对控制系统的感性认识,为理解飞控 PID 的控制打好基础,培养兴趣。接着对 PID 的控制进行了介绍,PID 的控制是基本、实用、简易的控制方法,控制系统发展出了很多控制方法,目前最普遍的还是 PID 的控制。机器人在工作的不同阶段采用不同的 PID 参数,所以讲解了动态变参数 PID 的控制,在飞控的控制代码部分,介绍了 GPS 的 PID 代码、主控程序的 PID 代码和动态变参数 PID 代码,其中主控程序的 PID 代码是飞控程序的核心,输入输出、传感器的采集、姿态的解算都以变量的形式在这部分发挥作用,接着就是电动机的输出了。

第一节　机器人控制技术理论基础

　　本节针对线性定常系统进行分析,分析的内容是系统的稳定性、准确性和快速性。在必要的时候可以对部分非线性系统进行线性化再进行分析。

1. Laplace 变换及其性质

　　检测到的信号是时间的函数,假设为 $f(t)$,那么

$$F(s) = \int_0^{+\infty} f(t)\, \mathrm{e}^{-st} \mathrm{d}t \tag{7.1}$$

称为 $f(t)$ 的 Laplace 变换。简写为 $F(s) = \mathscr{L}[f(t)]$ $\tag{7.2}$

　　Laplace 变换的主要性质有:

　　(1) 线性性质:$\mathscr{L}[\alpha f_1(t) + \beta f_2(t)] = \mathscr{L}[\alpha f_1(t)] + \mathscr{L}[\beta f_2(t)]$ $\tag{7.3}$

　　(2) 微分性质:$\mathscr{L}\left[\dfrac{\mathrm{d}f(t)}{\mathrm{d}t}\right] = sF(s) - f(0)$

即将导数变成了代数。对高阶导数如果各阶导数初值为 0,有

$$\mathscr{L}\left[\frac{\mathrm{d}^n f(t)}{\mathrm{d}t^n}\right] = s^n F(s) \tag{7.4}$$

　　(3) 积分性质:$\mathscr{L}[\int_0^t f(t)\mathrm{d}t] = \dfrac{1}{s}F(s)$ 。对多重积分有

$$\mathscr{L}[\int_0^t \mathrm{d}t \int_0^t \mathrm{d}t \cdots \int_0^t f(t)\mathrm{d}t] = \frac{1}{s^n}F(s) \tag{7.5}$$

　　(4) 卷积性质:$\mathscr{L}[f_1(t) * f_2(t)] = F_1(s) \cdot F_2(s)$ $\tag{7.6}$

　　所谓卷积是指信号 $f_1(t)$ 通过系统 $f_2(t)$ 的结果。Laplace 变换能够将卷积变成乘积。

（5）初值定理：$\lim\limits_{n\to 0} f(t) = \lim\limits_{n\to\infty} sF(s)$ (7.7)

（6）终值定理：$\lim\limits_{n\to +\infty} f(t) = \lim\limits_{n\to 0} sF(s)$ (7.8)

终值定理用在分析系统的准确性。

信号通过多个系统的组合后，经过 Laplace 变换很容易就得到最后的响应，我们可以直接利用这个结果对系统进行分析，也可再利用逆 Laplace 变换到时间域。逆 Laplace 变换的公式是：

$$f(t) = \frac{1}{2\pi \mathrm{j}} \int_{\beta - \mathrm{j}\infty}^{\beta + \mathrm{j}\infty} F(s)\, \mathrm{e}^{-st} \mathrm{d}s \qquad (7.9)$$

2. 实例分析

如下系统是一个有电子系统和电动机系统构成的控制系统，直流电动机的等效电路如图 7.1 所示。

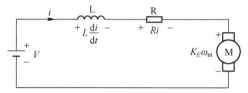

图 7.1   直流电动机的等效电路

图中 L 为线圈的电感，是微分电路，R 为电阻。电动机两端的电动势与电动机转速 ω_{m} 成正比，因此电路方程式为

$$L\frac{\mathrm{d}i}{\mathrm{d}t} + Ri = v - K_{\mathrm{E}}\,\omega_{\mathrm{m}} \qquad (7.10)$$

其 Laplace 变换为：

$$sLI(s) + RI(s) = V(s) - K_{\mathrm{E}}\,\Omega_{\mathrm{m}}(s) \qquad (7.11)$$

再考虑电动机机械运动方程，电动机产生的转动力矩 τ_{m} 与电流成正比，为 $K_{T}i$，电动机转动惯量为 J_{m}，负载转动惯量为 J_{L}，$J = J_{\mathrm{m}} + J_{\mathrm{L}}$，这两项的转矩为 $J\dfrac{\mathrm{d}\omega_{\mathrm{m}}}{\mathrm{d}t}$，摩擦因数为 D，摩擦阻力为 $D\omega_{\mathrm{m}}$，所带的负载为 τ_{L}，电动机机械运动方程为

$$J\frac{\mathrm{d}\,\omega_{\mathrm{m}}}{\mathrm{d}t} + D\,\omega_{\mathrm{m}} = K_{\mathrm{T}}i - \tau_{\mathrm{L}} \qquad (7.12)$$

其 Laplace 变换为：

$$sJ\Omega_{\mathrm{m}}(s) + D\,\Omega_{\mathrm{m}}(s) = K_{\mathrm{T}}I(s) - T_{\mathrm{L}}(s) \qquad (7.13)$$

理顺上面 Laplace 变换两式关系：

$$E(s) = V(s) - K_{\mathrm{E}}\,\Omega_{\mathrm{m}}(s) \qquad (7.14)$$

$$I(s) = \frac{E(s)}{sL + R} \qquad (7.15)$$

$$T_{m}(s) = K_{\mathrm{T}}I(s) \qquad (7.16)$$

$$\Omega_{\mathrm{m}}(s) = \frac{T_{m}(s) - T_{\mathrm{L}}(s)}{sJ + D} \qquad (7.17)$$

绘出系统的结构图见图 7.2。

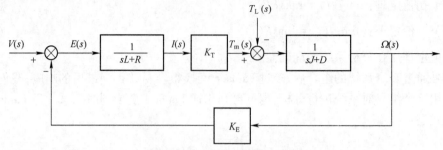

图 7.2 直流电动机的系统结构图

$V(s)$ 为外部的输入,$\Omega(s)$ 为系统的输出,$\Omega(s)$ 通过 K_E 负反馈回来构成偏差信号 $E(s)$,一般情况下,偏差信号是反馈控制系统的基础,$T_m(s)$ 为电动机主转矩,负载转矩 $T_L(s)$ 为外部施加给系统的。还可以绘出系统的信号流图见图 7.3。

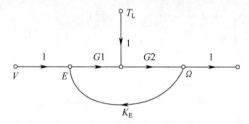

图 7.3 直流电动机系统的信号流图

3. 一般性的概念

一般情况下,电子系统、机械系统等都可以列出微分方程,随着系统复杂度提高,往往微分方程的阶数也提高,直接求解微分方程变得无法进行,所以采用 Laplace 变换:自变量由 t 变为 s($s = \sigma + i\omega$ 是个复数算子),如果是积分就除以 s,如果是微分就乘以 s,并将已知与时间有关的函数进行 Laplace 变换。这样微分方程就变为了代数方程,自动控制原理利用 Laplace 变换的代数方程求出传递函数,再利用传递函数分析系统的稳定性、准确性、快速性,也可以进行逆 Laplace 变换求解出时间域的输出进行分析。

所谓传递函数就是线性定常系统在输入、输出初始条件均为零的条件下,输出的 Laplace 变换与输入的 Laplace 变换之比,称为该系统的传递函数。依照各个环节的 Laplace 变换结果可以绘出系统的结构图或信号流图,并求出系统总的传递函数。求传递函数的方法除了解析法外,对于无法直接写出微分方程的系统,可以采用系统辨识方法。

解析法:依据系统及元件各变量之间所遵循的物理、化学定律列写出变量间的数学表达式,并实验验证。

实验法:对系统或元件输入一定形式的信号(阶跃信号、单位脉冲信号、正弦信号等),根据系统或元件的输出响应,经过数据处理而辨识出系统的数学模型。

如果系统的结构图有回路,所得传递函数则称为闭环传递函数,否则为开环传递函数。

其中输入包括控制输入和干扰输入,分别如上面的电压输入 $V(s)$ 和负载输入 $T_L(s)$。输出也包括了由控制作用和干扰作用产生的输出。根据输入的不同,系统的传递函数也分为控制作用下的传递函数以及干扰作用下的传递函数。

202

如上控制作用下系统的闭环传递函数为

$$\Phi(s) = \frac{\Omega(s)}{V(s)} = \frac{G_1(s) G_2(s)}{1 + G_1(s) G_2(s) K_E} = \frac{K_T}{LJs^2 + (RJ + DL)s + (RD + K_T K_E)}$$

$$(7.18)$$

干扰作用下系统的闭环传递函数为

$$\Phi_n(s) = \frac{\Omega(s)}{T_L(s)} = \frac{G_2(s)}{1 + G_1(s) G_2(s) K_E} = \frac{sL + R}{LJs^2 + (RJ + DL)s + (RD + K_T K_E)}$$

$$(7.19)$$

线性系统满足叠加原理,系统总输出的 Laplace 变换为

$$\Omega(s) = \Phi(s) V(s) + \Phi_n(s) T_L(s) = \frac{G_1(s) G_2(s) V(s) + G_2(s) T_L}{1 + G_1(s) G_2(s) K_E} \qquad (7.20)$$

通常,将误差 $E(s)$ 作为输出求解传递函数,这样由控制作用下系统的闭环传递函数为

$$\Phi_{er}(s) = \frac{E(s)}{V(s)} = \frac{1}{1 + G_1(s) G_2(s) K_E} \qquad (7.21)$$

由干扰作用下系统的闭环传递函数为

$$\Phi_{en}(s) = \frac{E(s)}{T_L(s)} = -\frac{G_2(s) K_E}{1 + G_1(s) G_2(s) K_E} \qquad (7.22)$$

系统总误差的 Laplace 变换为

$$E(s) = \Phi_{er}(s) V(s) + \Phi_{en}(s) T_L(s) = \frac{V(s) - G_2(s) T_L}{1 + G_1(s) G_2(s) K_E} \qquad (7.23)$$

典型反馈系统传递函数结构图如图 7.4 所示。

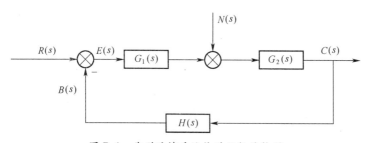

图 7.4 典型反馈系统传递函数结构图

大多数时候还要对传递函数进行化简,化简的主要方法是利用信号流图采用梅逊公式。化简后的传递函数是关于复变量 s 的有理真分式,它的分子、分母的阶次分别是 n 和 m,形如:

$$a_0 \frac{d^n c(t)}{dt^n} + a_1 \frac{d^{n-1} c(t)}{dt^{n-1}} + \cdots + a_{n-1} \frac{dc(t)}{dt} + a_n c(t) = b_0 \frac{d^m r(t)}{dt^m} + b_1 \frac{d^{m-1} r(t)}{dt^{m-1}}$$

$$+ \cdots + b_{m-1} \frac{dr(t)}{dt} + b_m r(t) \qquad (7.24)$$

传递函数为

$$(a_0 s^n + a_1 s^{n-1} + \cdots + a_{n-1}s + a_n)C(s) = (b_0 s^m + b_1 s^m + \cdots + b_{m-1}s + b_m)R(s)$$

$$(7.25)$$

$$\Phi(s) = \frac{C(s)}{R(s)} = \frac{b_0 s^m + b_1 s^m + \cdots + b_{m-1}s + b_m}{a_0 s^n + a_1 s^{n-1} + \cdots + a_{n-1}s + a_n} = K_g \frac{\prod\limits_{i=1}^{m}(s+z_i)}{\prod\limits_{i=1}^{n}(s+p_i)} \qquad (7.26)$$

式中 $K_g = \dfrac{b_0}{a_0}$

因为实际的物理系统总含有惯性元件,并受到能源功率的限制,所以,实际系统传递函数中分母多项式的阶数 n 总是大于或等于分子多项式的阶数 m,即 $n \geqslant m$。通常将分母多项式的阶数为 n 的系统称为 n 阶系统。分母为特征多项式,分母为零的根 $-p_i$ 为传递函数的极点,分子为零的根 $-z_i$ 为传递函数的零点。

4. 控制系统的三个性质

有了系统的传递函数,就可以对系统的稳定性进行判定。系统稳定的充分必要条件是:系统的特征方程的所有根都具有负实部,或者说都位于 S 平面的虚轴之左。但是直接求出特征方程的根比较困难,判别的方法有:

判据之一:赫尔维茨(Hurwitz)稳定判据

系统稳定的充分必要条件是:特征方程的赫尔维茨行列式 $D_k(k=0,1,2,\cdots,n)$ 全部为正。

系统特征方程的一般形式为

$$D(s) = a_0 s^n + a_1 s^{n-1} + \cdots + a_{n-1}s + a_n = 0 \qquad (7.27)$$

各阶赫尔维茨行列式为:

$$D_0 = a_0, D_1 = a_1, D_2 = \begin{vmatrix} a_1 & a_3 \\ a_0 & a_2 \end{vmatrix}$$

$$D_3 = \begin{vmatrix} a_1 & a_3 & a_5 \\ a_0 & a_2 & a_4 \\ 0 & a_1 & a_3 \end{vmatrix}, \cdots, D_n = \begin{vmatrix} a_1 & a_3 & a_5 & \cdots & \cdots & a_{2n-1} \\ a_0 & a_2 & a_4 & \cdots & \cdots & a_{2n-2} \\ 0 & a_1 & a_3 & \cdots & \cdots & a_{2n-3} \\ 0 & a_0 & a_2 & \cdots & \cdots & a_{2n-4} \\ \vdots & \vdots & \vdots & \ddots & \ddots & \vdots \\ 0 & 0 & 0 & \cdots & \cdots & a_n \end{vmatrix} \qquad (7.28)$$

判据之二:林纳德-奇帕特(Lienard-Chipard)判据

系统稳定的充分必要条件为:

(1) 系统特征方程的各项系数大于零,即

$$a_i > 0(i = 0,1,2,\cdots,n) \qquad (7.29)$$

(2) 奇数阶或偶数阶的赫尔维茨行列式大于零。即

$$D_奇 > 0 \text{ 或 } D_偶 > 0 \qquad (7.30)$$

判据之三:劳斯(Routh)判据

系统稳定的充分必要条件是:劳斯表中第一列所有元素的计算值均大于零。劳斯表

204

中各项系数见表 7.1。

表 7.1　劳斯判据表

$$s^n \quad a_0 a_2 a_4 a_6 \quad\quad \cdots$$

$$s^{n-1} \quad a_1 a_3 a_5 a_7 \quad\quad \cdots$$

$$s^{n-2} \quad c_{13} = \frac{a_1 a_2 - a_0 a_3}{a_1} \quad c_{23} = \frac{a_1 a_4 - a_0 a_5}{a_1} \quad c_{33} = \frac{a_1 a_6 - a_0 a_7}{a_1} \quad \cdots$$

$$s^{n-3} \quad c_{14} = \frac{c_{13} a_3 - a_1 c_{23}}{c_{13}} \quad c_{24} = \frac{c_{13} a_5 - a_1 c_{33}}{c_{13}} \cdots$$

$$\vdots \quad\quad \vdots \quad\quad \vdots \quad\quad \vdots$$

$$s^2 \quad c_{1,n-1} c_{2,n-1}$$

$$s \quad\quad c_{1,n}$$

$$s^0 \quad c_{1,n+1} = a_n$$

如果第一列中出现一个小于零的值,系统就不稳定;

如果第一列中有等于零的值,说明系统处于临界稳定状态;

第一列中数据符号改变的次数等于系统特征方程正实部根的数目,即系统中不稳定根的个数。

控制系统必须是稳定的,这是对系统提出的第一个要求,此外要求系统有很好的快速性和准确性。快速性和准确性体现在系统对外作用的响应,亦即在外加信号作用下输出信号随时间的变化规律(又称为系统的时间响应)。

一个控制系统的时间响应通常分为两个部分:瞬态响应和稳态响应。令 $c(t)$ 为时间响应,则它通常可表示为:

$$c(t) = c_t(t) + c_{\text{ss}}(t) \tag{7.31}$$

式中:$c_t(t)$ 为瞬态响应;$c_{\text{ss}}(t)$ 为稳态响应。

瞬态响应定义为:时间变为很大时,其时间响应趋近于 0 的部分,因此

$$\lim_{t \to \infty} c_t(t) = 0 \tag{7.32}$$

瞬态响应描述了系统的动态性能,反应了系统在输入信号作用下其状态发生变化的过程。

稳态响应定义为:当时间达到无穷时的一种固定的响应,亦即瞬态响应消失后仍保留的部分。稳态响应描述了系统的静态性能。

自动控制系统的快速性和准确性通过输入信号进行分析,通常采用的输入信号是阶跃函数,其函数的定义为

$$1(t) = \begin{cases} 1, t \geq 0 \\ 0, t < 0 \end{cases} \tag{7.33}$$

其 Laplace 变换为:

$$\mathscr{L}[1(t)] = \frac{1}{s} \tag{7.34}$$

一阶系统结构图如下:其传递函数为

$$\Phi(s) = \frac{C(s)}{R(s)} = \frac{\dfrac{K_0}{s}}{1 + \dfrac{K_0}{s}} = \frac{K}{Ts + 1} \tag{7.35}$$

$$\Phi(s) = \frac{C(s)}{R(s)} = \frac{\dfrac{K_0}{T_0 s + 1}}{1 + \dfrac{K_0}{T_0 s + 1}} = \frac{K}{Ts + 1} \tag{7.36}$$

其系统结构图如图 7.5 所示。

在阶跃信号作用下：

$$C(s) = \Phi(s)R(s) = \frac{K}{Ts + 1} \cdot \frac{1}{s} = \frac{1}{s} - \frac{1}{s + \dfrac{1}{T}} \tag{7.37}$$

逆 Laplace 变换为

$$c(t) = \mathscr{L}^{-1}[C(s)] = 1(t) - \mathrm{e}^{-t/T} \cdot 1(t) = c_{\mathrm{ss}}(t) + c_t(t) \tag{7.38}$$

绘出一阶系统时间响应如图 7.6 所示。

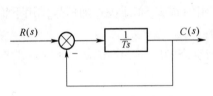

图 7.5　一阶系统结构图

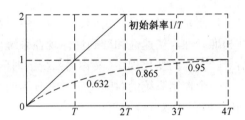

图 7.6　一阶系统阶跃响应曲线

或

由于

$$c(t)\,|_{t/T=3} = (1 - \mathrm{e}^{-t/T})\,|_{t/T=3} = 0.95 \tag{7.39}$$

所以一阶系统的过渡过程时间为

$$t_s = 3T \tag{7.40}$$

增大系统的开环放大系数 K_0 就会使 T 减小，从而降低响应时间。一阶系统没有误差。

二阶系统结构图如图 7.7 所示，传递函数为：

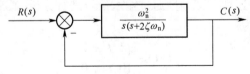

图 7.7　二阶系统结构图

$$\Phi(s) = \frac{C(s)}{R(s)} = \frac{\dfrac{K_{01}K_{02}}{s(T_0 s + 1)}}{1 + \dfrac{K_0}{T_0 s + 1}} = \frac{K}{T^2 s^2 + 2\zeta Ts + 1} \tag{7.41}$$

$$\Phi(s) = \frac{C(s)}{R(s)} = \frac{\dfrac{K_{01}\,K_{02}}{(T_{01}s+1)(T_{02}s+1)}}{1+\dfrac{K_{01}\,K_{02}}{(T_{01}s+1)(T_{02}s+1)}} = \frac{K}{T^2s^2+2\zeta Ts+1} \qquad (7.42)$$

$$\Phi(s) = \frac{C(s)}{R(s)} = \frac{\dfrac{K_0}{T_0^2s^2+2\zeta_0\,T_0s+1}}{1+\dfrac{K_0}{T_0^2s^2+2\zeta_0\,T_0s+1}} = \frac{K}{T^2s^2+2\zeta Ts+1} \qquad (7.43)$$

常常写成下面的形式：

$$\Phi(s) = \frac{\dfrac{K_0}{T_0^2s^2+2\zeta_0\,T_0s+1}}{1+\dfrac{K_0}{T_0^2s^2+2\zeta_0\,T_0s+1}} = \frac{\omega_n^2}{s^2+2\zeta\omega_ns+\omega_n^2} \qquad (7.44)$$

在单位阶跃信号作用下：

$$C(s) = \Phi(s)\frac{1}{s} = \frac{\omega_n^2}{s^2+2\zeta\omega_ns+\omega_n^2}\cdot\frac{1}{s} = \frac{1}{s}-\frac{s+2\zeta\omega_n}{s^2+2\zeta\omega_ns+\omega_n^2} = C_{ss}(s)+C_t(s)$$

$$(7.45)$$

根据 Laplace 变换的终值定理

$$\lim_{t\to\infty}e(t) = \lim_{s\to0}sE(s) \qquad (7.46)$$

可得

$$\lim_{t\to\infty}c_{ss}(t) = \lim_{s\to0}sC_{ss}(s) = \lim_{s\to0}s\cdot\frac{1}{s} = 1 \qquad (7.47)$$

$$\lim_{t\to\infty}c_t(t) = \lim_{s\to0}sC_t(s) = \lim_{s\to0}s\cdot\left(-\frac{s^2+2\zeta\omega_ns}{s^2+2\zeta\omega_ns+\omega_n^2}\right) = 0 \qquad (7.48)$$

根据对稳态响应及瞬态响应的定义，显然

$$c_{ss}(t) = \mathscr{L}^{-1}[C_{ss}(s)] = \mathscr{L}^{-1}\left[\frac{1}{s}\right] = 1 \qquad (7.49)$$

$$c_t(t) = \mathscr{L}^{-1}[C_t(s)] = \mathscr{L}^{-1}\left[-\frac{s+2\zeta\omega_n}{s^2+2\zeta\omega_ns+\omega_n^2}\right] \qquad (7.50)$$

系统特征方程为 $s^2+2\zeta\omega_ns+\omega_n^2 = (s+s_1)(s+s_2) = 0$，两个特征根为

$$-s_{1,2} = -\zeta\omega_n\pm\omega_n\sqrt{\zeta^2-1} \qquad (7.51)$$

当 ζ 取不同值时，时间响应曲线有不同的形状。

（1）$\zeta = 0$

$$c_t(t) = \mathscr{L}^{-1}\left[-\frac{s}{s^2+\omega_n^2}\right] = -\cos\omega_nt \qquad (7.52)$$

瞬态响应是无衰减的周期振荡，振荡的角频率为 ω_n。系统是不稳定的。

（2）$0 < \zeta < 1$

$$c_t(t) = -\frac{1}{\sqrt{1-\zeta^2}} \, e^{-\zeta t/T} \sin\left(\sqrt{1-\zeta^2}\,\frac{t}{T} + \arctan\frac{\sqrt{1-\zeta^2}}{\zeta}\right) \qquad (7.53)$$

瞬态响应是一个衰减的振荡过程。绘出 $c(t)$ 的图形,见图 7.8。

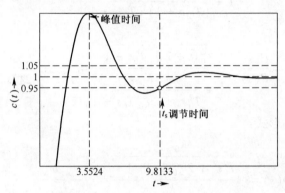

图 7.8 二阶系统阶跃系统响应示意图

系统是欠阻尼的。几个与快速性和准确性相关的参数:

① 上升时间 $t_\tau = \dfrac{\pi - \beta}{\omega_n \sqrt{1-\zeta^2}}$,其中 $\beta = \arctan\dfrac{\sqrt{1-\zeta^2}}{\zeta} = \arccos\zeta$,为阻尼角。

② 峰值时间 $t_p = \dfrac{\pi}{\omega_d} = \dfrac{\pi}{\omega_n \sqrt{1-\zeta^2}}$

③ 最大超调量 $\sigma\% = e^{-\pi\zeta/\sqrt{1-\zeta^2}}$

④ 调节时间 $t_s \approx t_s' = \dfrac{1}{\zeta\omega_n}\ln\dfrac{1}{\Delta\sqrt{1-\zeta^2}}, \Delta = 0 \sim 0.05$

⑤ 振荡次数 $N = \dfrac{t_s}{t_f}$,其中 $t_f = 2t_p$ 为阻尼振荡的周期

(3) $\zeta = 1$

$$c_t(t) = -\left(1 + \frac{t}{T}\right) e^{-t/T} \qquad (7.54)$$

瞬态响应是一个单调的衰减过程,是临界阻尼状态,没有超调。

(4) $\zeta > 1$

$$c_t(t) = -\frac{-\zeta + \sqrt{\zeta^2-1}}{2\sqrt{\zeta^2-1}} e^{-(\zeta+\sqrt{\zeta^2-1})t/T} + \frac{-\zeta - \sqrt{\zeta^2-1}}{2\sqrt{\zeta^2-1}} e^{-(\zeta-\sqrt{\zeta^2-1})t/T} \quad (7.55)$$

瞬态响应是两个指数衰减过程的叠加,是单调的衰减过程,是过阻尼状态。

如果传递函数有零点,例如:

$$\Phi(s) = \frac{\tau s + 1}{T^2 s^2 + 2\zeta Ts + 1} = \frac{1}{T^2 s^2 + 2\zeta Ts + 1} + \frac{\tau s}{T^2 s^2 + 2\zeta Ts + 1} = \Phi_1(s) + \Phi_2(s)$$

$$(7.56)$$

阶跃响应:

208

$$C(s) = \Phi(s) \frac{1}{s} = C_1(s) + C_2(s) \tag{7.57}$$

时间域：

$$c(t) = c_1(t) + c_2(t) = c_1(t) + \tau \frac{\mathrm{d}\, c_1(t)}{\mathrm{d}t} \tag{7.58}$$

绘出其图形图7.9所示。

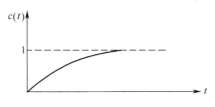

图7.9　二阶系统过阻尼阶跃响应

一般情况下,零点的影响是使响应迅速且具有较大的超调量。零点与一对共轭复数极点在复平面上的相对位置决定了零点对阶跃响应的影响。零点越靠近极点,对阶跃响应的影响越大。增加零点的办法是增加比例加微分环节,本例中的 $\tau s + 1$ 就是一个比例加微分环节。

由于求高阶系统的时间响应很困难,但分母因式分解求根的结果无非是实数和共轭复数,也就是分解为一、二阶因子,所以通常总是将多数高阶系统化为一、二阶系统加以分析。

通常对于高阶系统来说,离虚轴最近的一个或两个闭环极点在时间响应中起主导作用,而其他离虚轴较远的极点,它们在时间响应中相应的分量衰减较快,只起次要作用。这就是所谓的主导极点的概念。

高阶系统的瞬态响应和闭环系统零、极点有下面的关系:

(1) 一个稳定的高阶系统,其瞬态响应曲线是由指数曲线(相应于实数极点)和阻尼正弦曲线(相应于共轭复数极点)合成的。因而,瞬态响应过程可能是一个单调的衰减过程,也可能是衰减的振荡过程。系统的零点决定了各个极点对应函数所占的比重,瞬态响应的形状主要取决于零点。

(2) 瞬态响应衰减的快慢取决于极点和虚轴的距离,实部负得越大,衰减得越快,只对瞬态响应初期有影响。

一个稳定的高阶系统零、极点基本上符合下面的模式:主极点附件没有零点,系统的其他极点要么恰好邻近有零点与之抵消,要么在虚轴左方很远并离所有零点很远。

如果系统不稳定,或者快速性和准确性不满足要求,并不是束手无策,有很多方法改进系统的性质。最基本的方法是加入反馈,最实用的方法是利用PID控制。

5. PID 控制

在工程实际中,应用最广泛的调节器控制规律为比例、积分、微分控制,简称PID控制如图7.10,又称PID调节。

PID控制器(比例-积分-微分控制器)是一个在工业控制应用中常见的反馈回路部件,由比例单元P、积分单元I和微分单元D组成。模拟PID数学模型为

$$u(t) = K_p \left[e(t) + \frac{1}{T_i} \int e(t) \, dt + T_d \frac{de(t)}{dt} \right] \tag{7.59}$$

式中:$u(t)$ 是控制器的输出;$e(t)$ 是偏差信号; K_p 是控制器的比例系数;T_i 是积分系数;T_d 是微分系数。

PID 的 Laplace 变换为

$$U(s) = K_p \left(1 + \frac{1}{T_i s} + T_d s \right) E(s) \tag{7.60}$$

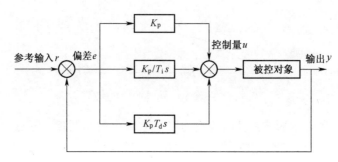

图 7.10　PID 控制的控制系统结构图

比例系数 K_p:加快系统的响应速度,提高系统的调节精度。K_p 越大,系统的响应速度越快,系统的调节精度越高,但易产生超调,甚至会导致系统不稳定;反之则会降低调节精度,响应速度缓慢,延长调节时间,使系统静态、动态性能变差。

积分系数 T_i:提高系统的无差度和稳定性,必须比例加积分一起控制。T_i 越小,系统的静态误差消除越快,但 T_i 过小在响应过程的初期会产生积分饱和现象,从而引起响应过程的较大超调;若 T_i 过大,将使系统静态误差难以消除,影响系统的调节精度。

微分系数 T_d:提高系统的响应速度,必须比例加微分一起控制。其主要作用是减小控制系统的阻尼比 ζ,在保证系统具有一定的相对稳定性要求下,容许采用较大的增益,减小稳态误差。微分作用的不足之处是放大了噪声信号。

数字 PID 数学模型为

$$u(k) = K_p \left[e(k) + \frac{T}{T_i} \sum_{i=1}^{k} e(k) + T_d \frac{e(k) - e(k-1)}{T} \right] \tag{7.61}$$

式中:T 为采样周期;$u(k)$ 是 k 采样周期时的输出;$e(k)$ 是 k 采样周期时的偏差。

令 $K_i = \dfrac{K_p}{T_i}$,$K_d = K_p T_i$,$\Delta e(k) = e(k) - e(k-1)$,$\Delta u(k) = u(k) - u(k-1)$,则有

$$u(k) = K_p e(k) + K_i T \sum_{i=1}^{k} e(k) + \frac{K_d}{T} \Delta e(k) \tag{7.62}$$

$$u(k-1) = K_p e(k-1) + K_i T \sum_{i=1}^{k} e(k-1) + \frac{K_d}{T} \Delta e(k-1) \tag{7.63}$$

$$\Delta u(k) = K_p \Delta e(k) + K_i T e(k) + \frac{K_d}{T} [e(k) - 2e(k-1) + e(k-2)] \tag{7.64}$$

式中,$\Delta u(k)$ 表示每一步控制步进位改变的增量。

210

增量算法与全量算法相比,其优点是积分饱和得到改善,使系统超调减少,过渡时间短,动态性能得到提高;在增量式数字 PID 控制器中,没有了求和运算,存储空间也大为减少,控制器只需存储当前采样值及前两个采样值。式中的 K_p、K_i、K_d 一般需在系统调试中加以确定。

PID 参数的修正主要有实验凑试法和 Ziegler-Nichols 法等。实验凑试法通过闭环运行或模拟,观察系统的响应曲线,然后根据各参数对系统的影响,反复凑试,直至出现满意的响应,从而确定 PID 控制参数。实验凑试法的整定顺序为"先比例,再积分,最后微分",具体步骤如下:

(1)整定比例环节。将比例控制作用由小到大变化,直至得到反应快、超调小的响应曲线。

(2)整定积分环节。若在比例控制作用下稳态误差不能满足要求,需要加入积分控制。先将(1)中选择的比例系数减小为原来的 50%~80%,再将积分时间设置一个较大的数值,观察响应曲线。然后减小积分时间,加大积分作用,并相应调整比例系数,反复凑试得到比较满意的响应,确定比例和积分的参数。

(3)整定微分环节。若 PI 控制只能消除稳态误差,而动态过程不能令人满意,则应加入微分控制,构成 PID 控制。先设置微分时间 $T_d = 0$,逐渐加大 T_d,同时相应改变比例系数和积分时间,反复凑试得到满意的控制效果和 PID 参数。

Ziegler-Nichols 法是基于系统稳定性分析的 PID 整定方法。首先,将 K_i 和 K_d 置为 0,增加比例系数直到系统开始振荡,将此时的比例系数记为 K_m,振荡频率记为 ω_m。然后按下式选择 PID 参数:

$$\begin{cases} K_p = 0.6\,K_m \\ K_d = K_p\pi/(4\omega) \\ K_i = K_p\,\omega_m/\pi \end{cases} \tag{7.65}$$

对于较简单的被控对象,应用 PID 控制算法能获得很好的控制效果,构成的控制系统具有较好的稳定性。此外,也常用 PI 控制器或 PD 控制器。例如,采用 PI 控制器可以使系统在进入稳态后无稳态误差。对有较大惯性或滞后的被控对象,PD 控制器能够改善系统在调节过程中的动态特性。

6. 动态变参数 PID 算法

在工业过程控制系统中,PID 算法是一种可靠的、行之有效的控制算法,但常规 PID 算法对参数整定要求较高。应用到实际系统时,需要反复调整参数多次,才能确定出较为满意的参数。如果 PID 参数设置不合理,容易出现超调量过大或反复振荡现象,跟踪过程不平稳,甚至发散。若被控系统控制过程有所变化,要求 PID 参数重新整定时,常规 PID 算法则更难以实现。

实际上工业过程控制系统复杂多变,PID 参数并非是固定常数,这必然要求控制过程中不断地整定 PID 参数。我们在研制的工业过程控制系统中,已成功地使用动态参数 PID 算法,取得了比较完满的控制效果。

PID 控制算法通过调节被控对象被测点信号的偏差量,由执行机构改变控制量大小和调节方向,使输出量达到或接近被测最优点,如图 7.11 所示。

变参数 PID 控制器是一种基于模糊控制规则的控制方法。参数的模糊调节原理如

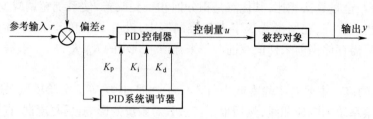

图 7.11　动态变参数 PID 系统结构图

图 7.11 所示,系统先采用 PID 参数整定的方法确定一组 K_p、K_i、K_d 的基本参数值, 然后依据系统的实际运行情况按系统偏差 $e(K)$ 的大小,由模糊控制规则对上述 PID 控制器的参数进行修正,实现参数的在线调整,而参数调整的关键是如何根据系统的控制指标要求来决定 PID 参数的修正算法和参数的修正量。根据 PID 参数的控制知识可初步确定出 K_p, K_d 的取值范围为: K_p 在 $32K_u$ 到 $0.6K_u$ 之间, K_d 在 $0.08K_uT_u$ 到 $0.15K_uT_u$ 之间, K_u、T_u 分别是对象处于临界振荡状态时的比例增益和振荡周期。变参数 PID 控制器设计的核心是系统对其响应特征进行在线识别和判断,判断被控量的现状和变化趋势,建立合适的模糊控制调整规则。其可谓是控制经验、控制技术知识的公式化,采用产生式表达方式 if(系统的状态 A) then(参数的整定模式 B),对 PID 控制参数 K_p、K_i、K_d 进行在线修正,以克服系统非线性因素对系统控制性能的影响。

第二节　飞控中的控制代码

1. GPS 的 PID 控制代码

1) 类的声明:

```
typedef struct PID_PARAM_ {
    float kP;
    float kI;
    float kD;
    float Imax;
} PID_PARAM;


    PID_PARAM posholdPID_PARAM;
    PID_PARAM poshold_ratePID_PARAM;
    PID_PARAM navPID_PARAM;


    typedef struct PID_ {
      float   integrator; //积分值
      int32_t last_input; //last input for derivative
      float   lastderivative; //低通滤波 last derivative for low-pass filter
      float   output;
      float   derivative;   //微分值
    } PID;
```

```
PID posholdPID[2];
PID poshold_ratePID[2];
PID navPID[2];

int32_t get_P(int32_t error, struct PID_PARAM_* pid) {
  return(float)error * pid->kP; //
```
K_pE
```
}

int32_t get_I(int32_t error, float * dt, struct PID_* pid, struct PID_PARAM
_* pid_param) {
    pid->integrator +=((float)error * pid_param->kI) * *dt; //
```
$\sum K_iE\Delta t$,求积分
```
    pid->integrator = constrain(pid->integrator,-pid_param->Imax,pid_
param->Imax);
    return pid->integrator;
  }

  int32_t get_D(int32_t input, float * dt, struct PID_* pid, struct PID_PARAM
_* pid_param) { //dt 的单位是毫秒
    pid->derivative =(input - pid->last_input) / *dt; //
```
$[u(n)-u(n-1)]/\Delta t$ 求微分
```
    //微分计算中低通滤波的截止频率
    float filter = 7.9577e-3; //即"1 /( 2 * PI * f_cut )";
    //filter 的值参见:
    //f_cut = 10 Hz -> _filter = 15.9155e-3
    //f_cut = 15 Hz -> _filter = 10.6103e-3
    //f_cut = 20 Hz -> _filter =  7.9577e-3
    //f_cut = 25 Hz -> _filter =  6.3662e-3
    //f_cut = 30 Hz -> _filter =  5.3052e-3

    //离散信号的低通滤波,滤掉高频噪声(高频使控制输出响应振荡)
  pid->derivative = pid->lastderivative +( *dt /(filter + *dt)) *(pid->derivative
- pid->lastderivative); //低通
```
$\alpha = \dfrac{\Delta t}{T+\Delta t}$

$$//D(n) = D(n-1) + \frac{\Delta t}{T+\Delta t}[D(n)-D(n-1)] = \frac{\Delta t}{T+\Delta t}D(n) + \left(1 - \frac{\Delta t}{T+\Delta t}\right)D(n-1)$$

```
    pid->last_input = input; //状态更新
    pid->lastderivative   = pid->derivative; //微分也更新
    return pid_param->kD * pid->derivative; //返回微分值
  }

  void reset_PID(struct PID_* pid) { //重置 PID
    pid->integrator = 0;
    pid->last_input = 0;
```

```
        pid->lastderivative = 0;
    }
```

2）计算时间

```
        //有了时间就可以计算 X,Y 方向的速度和进行导航 PID 控制
        static uint32_t nav_loopTimer;
        dTnav =(float)(millis() - nav_loopTimer)/1000.0; //计算 Δt,单位微秒
        nav_loopTimer = millis();
        dTnav = min(dTnav,1.0);//防止 GPS 运行不良
```

3）调用函数

```
switch(nav_mode) {
        case NAV_MODE_POSHOLD:
        //目标输出是导航的精度和纬度,注意 1° 倾角对应数值 100
        GPS_calc_poshold();//GPS 定位计算
        break;
        case NAV_MODE_WP:   //航点路径模式
        int16_t speed = GPS_calc_desired_speed(NAV_SPEED_MAX, NAV_SLOW_
NAV);    //计算速度,慢速导航
        GPS_calc_nav_rate(speed); //依照期望的速度利用偏差朝目标飞行,期望的目
//标用经纬度给出
```

4）参数初始化

```
    void GPS_set_pids(void) {   //得到相关的 PID 值并设置 PID 控制器。PID 的初值放在 EEPROM
    #if defined(GPS_SERIAL)   ||defined(GPS_FROM_OSD)
    posholdPID_PARAM.kP   =(float)conf.pid[PIDPOS].P8/100.0;
    posholdPID_PARAM.kI   =(float)conf.pid[PIDPOS].I8/100.0;
    posholdPID_PARAM.Imax = POSHOLD_RATE_IMAX * 100;

    poshold_ratePID_PARAM.kP   =(float)conf.pid[PIDPOSR].P8/10.0;
    poshold_ratePID_PARAM.kI   =(float)conf.pid[PIDPOSR].I8/100.0;
    poshold_ratePID_PARAM.kD   =(float)conf.pid[PIDPOSR].D8/1000.0;
    poshold_ratePID_PARAM.Imax = POSHOLD_RATE_IMAX * 100;

    navPID_PARAM.kP   =(float)conf.pid[PIDNAVR].P8/10.0;
    navPID_PARAM.kI   =(float)conf.pid[PIDNAVR].I8/100.0;
    navPID_PARAM.kD   =(float)conf.pid[PIDNAVR].D8/1000.0;
    navPID_PARAM.Imax = POSHOLD_RATE_IMAX * 100;
    #endif
}
```

5）pid 计算,得到 nav[2]

```
    static void GPS_calc_location_error( int32_t * target_lat, int32_t * target_lng,
int32_t * gps_lat, int32_t * gps_lng ) {   //根据两点经纬度计算经纬度偏差
    error[LON] =(float)( * target_lng - *gps_lng) * GPS_scaleLonDown;  //X Error
    error[LAT] = *target_lat - *gps_lat; //Y Error
```

214

```
    }

//利用 X 和 Y 的偏差和速度就是经纬度
static void GPS_calc_poshold(void) {
  int32_t d;
  int32_t target_speed;
  uint8_t axis;

  for(axis=0;axis<2;axis++) {
    target_speed = get_P(error[axis], &posholdPID_PARAM);  //用经纬度偏差计算期
//望的速度
    target_speed = constrain(target_speed,-100,100);        //定位模式下限制目
//标速度在 1m/s 以内防止跑偏
    rate_error[axis] = target_speed - actual_speed[axis];  //计算速度偏差
    nav[axis] =get_P(rate_error[axis], &poshold_ratePID_PARAM)
    +get_I(rate_error[axis] + error[axis], &dTnav, &poshold_ratePID[axis],
&poshold_ratePID_PARAM);   //利用位置和速度偏差的 PI 计算导航经纬度
    d = get_D(error[axis], &dTnav, &poshold_ratePID[axis], &poshold_ratePID
_PARAM);
    d = constrain(d, -2000, 2000);
    if(abs(actual_speed[axis]) < 50) d = 0;       //去噪
    nav[axis] +=d;   //PI+D=PID
    nav[axis]  = constrain(nav[axis], -NAV_BANK_MAX, NAV_BANK_MAX);
    navPID[axis].integrator = poshold_ratePID[axis].integrator;
  }
}


//计算期望的经纬度
static void GPS_calc_nav_rate(uint16_t max_speed) {
  float trig[2];
  uint8_t axis;
  //按开始设定的路径前进
  GPS_update_crosstrack();//更新导航方向

  //导航方向
  float temp =(9000l - nav_bearing) * RADX100;
  trig[_X] = cos(temp);      //X 方向投影,_X=1 _Y=0
  trig[_Y] = sin(temp);

  for(axis=0;axis<2;axis++) {
    rate_error[axis]=(trig[axis]*max_speed)-actual_speed[axis];//速度偏差
    rate_error[axis] = constrain(rate_error[axis], -1000, 1000);
    //P + I + D
```

```
        nav[axis]       =
          get_P(rate_error[axis],                      &navPID_PARAM)
         +get_I(rate_error[axis], &dTnav, &navPID[axis], &navPID_PARAM)
         +get_D(rate_error[axis], &dTnav, &navPID[axis], &navPID_PARAM);

        nav[axis]       = constrain(nav[axis], -NAV_BANK_MAX, NAV_BANK_MAX);
        poshold_ratePID[axis].integrator = navPID[axis].integrator;
      }
    }
```

6）在 loop( ) 函数中使用

先有核心调用：if(GPS_Enable) GPS_NewData( )；得到 nav[2]等的值。再有下面的计算。

```
#if GPS
    if((f.GPS_HOME_MODE || f.GPS_HOLD_MODE) && f.GPS_FIX_HOME ) {
      float sin_yaw_y = sin(att.heading * 0.0174532925f);
      float cos_yaw_x = cos(att.heading * 0.0174532925f);
      #if defined(NAV_SLEW_RATE) //增加的比率控制，平滑了导航的输出
       nav_rated[LON]   += constrain(wrap_18000(nav[LON]-nav_rated[LON]),
-NAV_SLEW_RATE,NAV_SLEW_RATE);
       nav_rated[LAT]   += constrain(wrap_18000(nav[LAT]-nav_rated[LAT]),
-NAV_SLEW_RATE,NAV_SLEW_RATE);
       GPS_angle[ROLL]=(nav_rated[LON] * cos_yaw_x - nav_rated[LAT] * sin_yaw_
y)/10;
       GPS_angle[PITCH]=(nav_rated[LON] * sin_yaw_y + nav_rated[LAT] * cos_yaw_
x)/10;
     #else
       GPS_angle[ROLL]=(nav[LON] * cos_yaw_x - nav[LAT] * sin_yaw_y)/10;
       GPS_angle[PITCH]=(nav[LON] * sin_yaw_y + nav[LAT] * cos_yaw_x)/10;
     #endif
    } else {
      GPS_angle[ROLL]   = 0;
      GPS_angle[PITCH] = 0;
    }
  #endif
```

最后得到 GPS_angle[ ]在下面的主控制中使用。

2. 飞控中的控制主代码

```
#if PID_CONTROLLER == 1 //PID 控制进化版
  if( f.HORIZON _MODE) prop = min(max(abs(rcCommand[PITCH]), abs(rcCommand
[ROLL])),512);
    //将遥控 PITCH 和 ROLL 通道对应的脉宽值限定在 512μs 以下，赋给推进变量 prop
    //对 PITCH & ROLL 通道的控制进行处理
    for(axis=0;axis<2;axis++) {
      rc = rcCommand[axis]<<1;      //遥控值乘以 2
```

```
error = rc - imu.gyroData[axis];//遥控值与陀螺仪值相减,也就是反馈误差
    errorGyroI[axis]  = constrain(errorGyroI[axis]+error,-16000,+16000);
    //将误差量累加,即做积分运算,并将结果加以限定,不能超过16位二进制最大值
    if(abs(imu.gyroData[axis])>640) errorGyroI[axis] = 0;//陀螺仪传感器值不
//能大于640,否则偏差积分为0
    ITerm =(errorGyroI[axis]>>7) * conf.pid[axis].I8>>6;//将偏差积乘以积分系数
    PTerm =(int32_t)rc * conf.pid[axis].P8>>6;//直接对遥控的值乘以比例系数
    if(f.ANGLE_MODE || f.HORIZON_MODE) {  //对加速度传感器的值进行处理
        errorAngle = constrain(rc + GPS_angle[axis],-500,+500) - att.angle
[axis] + conf.angleTrim[axis];//计算角度偏差,遥控和GPS导航角度限定在50°的最大倾角
        errorAngleI[axis] = constrain(errorAngleI[axis]+errorAngle,-10000,
+10000);//角度偏差积分

        PTermACC =((int32_t)errorAngle * conf.pid[PIDLEVEL].P8)>>7;//角度偏差
//的比例项值
        int16_t limit = conf.pid[PIDLEVEL].D8 * 5;
        PTermACC = constrain(PTermACC,-limit,+limit);
        ITermACC =((int32_t)errorAngleI[axis] * conf.pid[PIDLEVEL].I8)>>12;
    //角度偏差的积分控制项值
        ITerm                = ITermACC +((ITerm-ITermACC) * prop>>9);
        PTerm                = PTermACC +((PTerm-PTermACC) * prop>>9);
    }

    PTerm -=((int32_t)imu.gyroData[axis] * dynP8[axis])>>6;//比例项中与陀螺
//仪检测值得偏差
    //滑动平均滤波
    delta= imu.gyroData[axis] - lastGyro[axis];  //陀螺仪两次连续检测之间的差
    lastGyro[axis] = imu.gyroData[axis];
    DTerm           = delta1[axis]+delta2[axis]+delta;
    delta2[axis]   = delta1[axis];
    delta1[axis]   = delta;

    DTerm =((int32_t)DTerm * dynD8[axis])>>5;
    axisPID[axis] =  PTerm + ITerm - DTerm;
}

//YAW方向的PID控制
#define GYRO_P_MAX 300
#define GYRO_I_MAX 250

rc =(int32_t)rcCommand[YAW] *(2 * conf.yawRate + 30)  >> 5;//期望值
error = rc - imu.gyroData[YAW];  //期望值减检测值得偏差
errorGyroI_YAW  +=(int32_t)error * conf.pid[YAW].I8;//作积分运算
errorGyroI_YAW=constrain(errorGyroI_YAW, 2-((int32_t)1<<28), -2+((int32
_t)1<<28));
```

217

```
   if(abs(rc) > 50) errorGyroI_YAW = 0;    //限幅

   PTerm =(int32_t)error * conf.pid[YAW].P8>>6;//比例项
#ifndef COPTER_WITH_SERVO
   int16_t limit = GYRO_P_MAX-conf.pid[YAW].D8;
   PTerm = constrain(PTerm,-limit,+limit);
#endif

   ITerm = constrain((int16_t)(errorGyroI_YAW>>13),-GYRO_I_MAX,+GYRO_I_MAX);

   axisPID[YAW] =  PTerm + ITerm;   //PI 控制
```
图 7.13 为控制代码 1 控制结构图。
```
#elif PID_CONTROLLER = = 2 //alexK
   #define GYRO_I_MAX 256
   #define ACC_I_MAX 256
   prop = min(max(abs(rcCommand[PITCH]),abs(rcCommand[ROLL])),500);
//range [0;500]


   //----------PID controller----------
   for(axis=0;axis<3;axis++) {
    //根据飞控模式获取期望的角速度
    if((f.ANGLE_MODE || f.HORIZON_MODE) && axis<2 ) { //MODE 依托 ACC
      //计算偏差,限定在 50°倾角
      errorAngle = constrain((rcCommand[axis]<<1) + GPS_angle[axis],-500,
+500) - att.angle[axis] + conf.angleTrim[axis];
     }
    if(axis = = 2) {//YAW 方向的控制由陀螺仪给定(MAG 测的 YAW 值提供给遥控值 rcCom-
//mand 参与运算)
      AngleRateTmp =(((int32_t)(conf.yawRate + 27) * rcCommand[2]) >> 5);
     } else {
      if(! f.ANGLE_MODE) {//基于 GYRO 的控制(ACRO 和 HORIZON 模式:直接操控遥控提
//供速率 PID 控制)
        AngleRateTmp = ((int32_t)(conf.rollPitchRate + 27) * rcCommand
[axis]) >> 4;

        if(f.HORIZON_MODE) {
         //混合角度偏差加到 AngleRateTmp 以增加稳定性
         AngleRateTmp +=((int32_t) errorAngle * conf.pid[PIDLEVEL].I8)>>8;
        }
      } else {//ANGLE 模式:基于角度的控制
        AngleRateTmp =((int32_t) errorAngle * conf.pid[PIDLEVEL].P8)>>4;
      }
     }
```

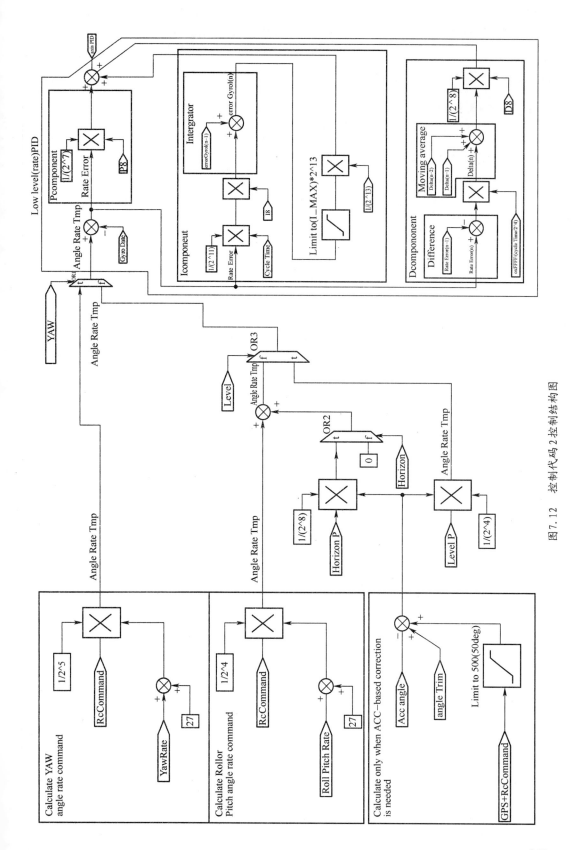

图7.12 控制代码2控制结构图

219

```
//基于陀螺仪的低级 PID 控制(独立模式 ACRO),别的模式比较高级
RateError = AngleRateTmp  - imu.gyroData[axis]; //计算角速度偏差
    PTerm =((int32_t) RateError ∗ conf.pid[axis].P8)>>7;//计算比例项


    //计算积分项
    //在累积偏差的积分运算之前没有除法,因为这样精度会降低。保持计算精度可以防止时间
//漂移。因此要用 32 整型数据
    //积分计算中有积分系数和周期相乘,周期如采用标准的 2048,可以避免了不同的周期引起
//积分运算结果的不同
    errorGyroI[axis]   += (((int32_t) RateError ∗ cycleTime) >> 11) ∗
conf.pid[axis].I8;
    errorGyroI[axis]  = constrain(errorGyroI[axis],(int32_t) -GYRO_I_MAX<<
13,(int32_t) +GYRO_I_MAX<<13); //限定积分的饱和值
    ITerm = errorGyroI[axis]>>13;


    //计算微分项
    delta         = RateError - lastError[axis];   //两次连续检测值之差
    lastError[axis] = RateError;


    //更正周期的不同。不同的周期结果不同,除以就行了
    delta =((int32_t) delta ∗((uint16_t)0xFFFF ∕(cycleTime>>4)))>>6;
    //移动平均滤波
    deltaSum      = delta1[axis]+delta2[axis]+delta;
    delta2[axis]   = delta1[axis];
    delta1[axis]   = delta;


    DTerm =(deltaSum∗conf.pid[axis].D8)>>8;


    //计算总的 PID
    axisPID[axis] =  PTerm + ITerm + DTerm;
  }
#else
  #error "∗ ∗ ∗ you must set PID_CONTROLLER to one existing implementation"
#endif
```

图 7.12 是控制代码 2 程序控制图。

3. 飞控中的动态变参数 PID 控制代码

在不同的飞行状态有不同的 PID 参数,而飞行的状态是由遥控给定的,所以动态变参数 PID 放在对遥控数据的处理函数里

```
void annexCode() { //这段代码每次 loop()循环都执行,如果它运行的时间少于 650μs 则不
会影响飞控的控制
    uint16_t tmp,tmp2;
    uint8_t axis,prop1,prop2;
```

220

Calculate Roll or Pitch angle:

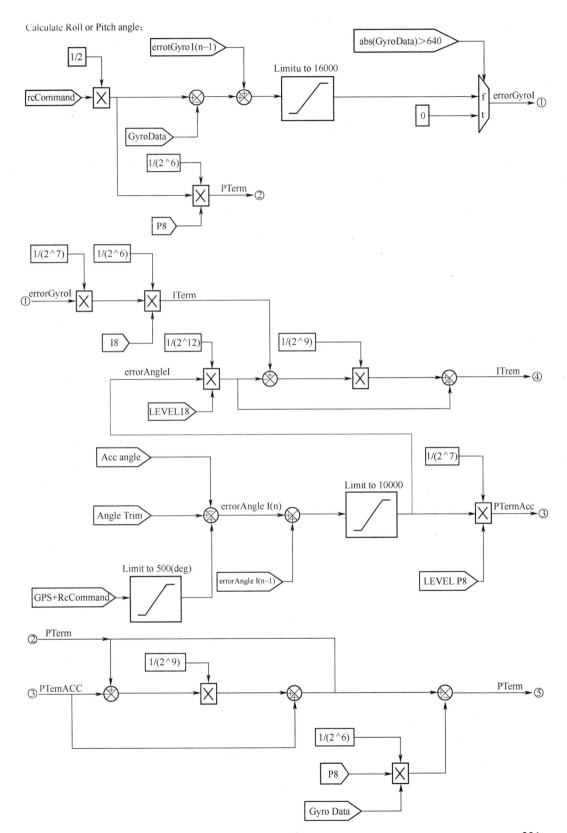

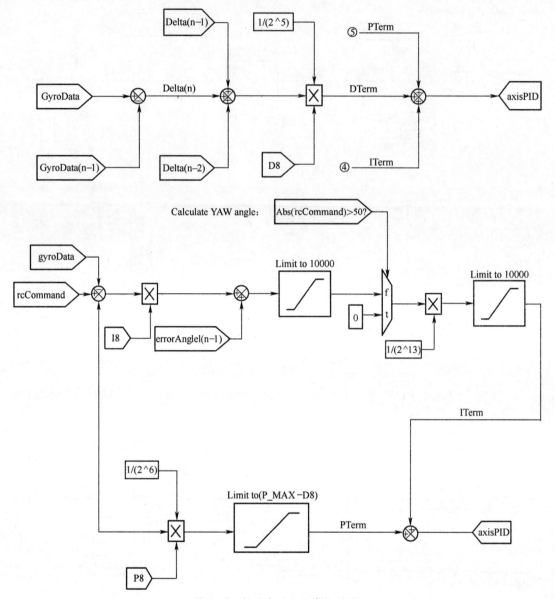

图 7.13　控制代码 1 程序控制图

　　//rcData[]是从遥控接收进来的值,范围为 1000~2000,MIDRC 是遥控中间值 1508,
//conf.pid[]是静态 PID,由 GUI 设定。油门动态 PID 参数对其他动态 PID 是有影响的
　　//依靠油门值对 PITCH & ROLL 进行动态 PID 调节
　　prop2 = 128; //推进量 2
　　if(rcData[THROTTLE]>1500) {
　　　if(rcData[THROTTLE]<2000) {
　　　　prop2 -= ((uint16_t)conf.dynThrPID*(rcData[THROTTLE]-1500)>>9);
//油门值在(1500,2000)之间,推进量 2 减少
　　　} else {
　　　　prop2 -= conf.dynThrPID;

222

```
        }
      }

    for(axis=0;axis<3;axis++) {
      tmp = min(abs(rcData[axis]-MIDRC),500);
      #if defined(DEADBAND)
        if(tmp>DEADBAND) { tmp -= DEADBAND; }
        else { tmp=0; }
      #endif
      if(axis! =2) { //ROLL & PITCH
        tmp2 = tmp>>7; //500/128 = 3.9  => range [0;3]
        prop1 = 128-((uint16_t)conf.rollPitchRate*tmp>>9); //
        prop1 =(uint16_t)prop1*prop2>>7; //prop1 最大 128   prop2 最大 128,结果:
//prop1 最大 128
          dynP8[axis] =(uint16_t)conf.pid[axis].P8*prop1>>7; //
          dynD8[axis] =(uint16_t)conf.pid[axis].D8*prop1>>7; //
      }
    }
  }
```

第八章　串口通信及其数据处理

串口通信将底层单片机采集的数据和飞行的状态传输给上位机,并将上位机的配置参数以及处理的数据传给单片机,以便控制底层的机器人;在上位机因为计算机资源丰富且运行快,可以进行各种各样复杂的分析和处理,包括人工智能等。所以有必要对串口通信的协议和过程进行详细介绍。

第一节　串口通信的底层协议

1. 异步通信

异步通信是采用异步传输方式实现数据交换的一种通信方式。在异步通信中,发送和接收双方要实现正常的通信,必须采取相同的约定,首先必须约定最底层,也是最基本的两个重要指标:采用相同的传输波特率和相同格式的数据帧。

首先,发送和接收方都必须采用相同的、一个约定好的串口通信波特率。确定了波特率,即是规定了数据帧中的一个数据位的宽度。

波特率的定义为每秒中传送二进制数码的位数(或叫比特率),单位为 bps。通常,异步通信采用的是 1200 的整数倍,如 2400,4800,9600,19200,38400 等。

当异步通信的波特率和数据帧的格式确定后,发送方就按照规定的数据帧格式、规定的位宽度发送数据帧。接收方则以传输线的空闲状态(逻辑"1")作为起点,不停地检测和扫描传输线,当检测到第一个逻辑"0"出现的时候(起始位到达),知道第一个数据帧开始了(实现数据同步),接下来依规定的位宽度,对已知格式的数据帧进行测试,获得数据帧中各个逻辑值,测试最后的停止位,如果出现规定的逻辑"1",则说明数据帧已经结束。

Arduino Uno 中有一个硬件的串口 USART 因此在应用异步通信的时候,首先必须正确地确定和设置双方设备所使用的波特率和数据帧格式。

AVR 电路板上每个串口的主要工作就是串行化和反串行化数据比特流,使得多比特数据(比如 8bit 的字节)能够通过一条线发送和接收。否则需要 8 条数据线和一条时钟线(或者选通线)才能发送或接收有一个字节,即并口。

串口的硬件还负责产生恰当的定时信号、帧操作、错误检测以及符合异步串行通信标准的同步位。除此之外,AVR 串口硬件还提供了一个小规模的缓冲。

一旦波特率确定了,数据帧中的每个位的宽度(传送的时间)则为波特率的倒数。例如,波特率为 9600bit/s 时。每个 bit 的宽度为 1/9600 = 0.10417ms。当数据帧采用 1 个起始位、8 个数据位、无校验位、1 个停止位这样的格式时,其格式的长度为 10 位。那么传送的这样的一个数据帧所需要的最少时间为 1.0417ms,1s 内可以传送的数据帧约为 959 个。

2. Arduino 异步传输接口 USART

Arduino 的内核是 AVR 单片机,所以其中集成了一个全双工的通用同步/异步串行收发器 USART。USART 收发模块分为三大部分:时钟发生器、数据发送器和接收器,控制寄存器为所有的模块共享。其中 USART 各个寄存器定义如下。

(1) UDR(表 8.1)——接收发送数据缓冲寄存器

表 8.1 URD 寄存器位表

RXB7	RXB6	RXB5	RXB4	RXB3	RXB2	RXB1	RXB0
TXB7	TXB6	TXB5	TXB4	TXB3	TXB2	TXB1	TXB0

UDR 寄存器实际是有两个物理上的分离寄存器 RXB、TXB 构成,它使用相同的 I/O 地址。只有在 UCSA 寄存器中的 UDRE 置为 1 时(数据寄存器空),UDR 才能被写入;否则写入的数据将被 USART 忽略。在发送的情况下,写入 UDR 的数据将进入发送器的移位寄存器,由引脚 TXD 串行输出。

(2) UCSRA(表 8.2)——USART 控制和状态寄存器 A

表 8.2 UCSRA 寄存器位表

RXC	TXC	UDRE	FE	DOR	PE	U2X	MPCM

RXC USART	接收结束标志
TXC USART	发送结束标志
UDRE USART	数据寄存器空标志
FE	帧错误标志
DOR	数据溢出标志
PE	奇偶校验错误标志
U2X	倍速发送
MPCM	多处理器通信模式

(3) UCSRB(表 8.3)——USART 控制和状态寄存器 B

表 8.3 UCSRB 寄存器位表

RXCIE	TXCIE	UDRIE	RXEN	TXEN	UCSZ2	RXB8	TXB8

RXCIE	接收结束中断使能
TXCIE	发送结束中断使能
UDRIE USART	数据寄存器空中断使能
RXEN	接收使能
TXEN	发送使能
UCSZ2	字符长度[2]
RXB8	接收数据位 8
TXB8	发送数据位 8

(4) UCSRC(表 8.4)——USART 控制和状态寄存器 C

表 8.4　UCSRC 寄存器位表

URSEL	UMSEL	UPM1	UPM0	USBS	UCSZ1	UCSZ0	UCPOL

URSEL		寄存器选择	
0		UBRRH	
1		UCSRC	

UMSEL		USART 模式选择	
0		异步模式	
1		同步模式	

UPM1	UPM0	
0	0	禁止
0	1	保留
1	0	偶校验
1	1	奇校验

USBS		停止位选择	
0		停止位数为 1	
1		停止位数为 2	

UCSZ2	UCSZ1	UCSZ0	字符长度
0	0	0	5
0	0	1	6
0	1	0	7
0	1	1	8
1	0	0	保留
1	0	1	保留
1	1	0	保留
1	1	1	9

UCPOL　时钟极性

UCPOL	发送数据的改变(TxD 引脚的输出)	接收数据的采样(RxD 引脚的输入)
0	XCK 上升沿	XCK 下降沿
1	XCK 下降沿	XCK 上升沿

（5）UBBRH(表 8.5)——波特率寄存器高 4 位

表 8.5　UBBRH 寄存器位表

URSEL	—	—	—	Bit11	Bit10	Bit9	Bit8

（6）UBBRL(表 8.6)——波特率寄存器第 8 位

表 8.6　UBBRL 寄存器位表

Bit7	Bit6	Bit5	Bit4	Bit3	Bit2	Bit1	Bit0

（7）波特率计算(表 8.7)方法

表 8.7　波特率计算表

使用模式	波特率计算公式	UBBR 值计算公式
异步正常模式(U2X=0)	Baud=F(osc)/16(UBBR+1)	UBBR=F(osc)/16Baud-1
异步倍速模式(U2X=1)	Baud=F(osc)/8(UBBR+1)	UBBR=F(osc)/8Baud-1
同步主机模式	Baud=F(osc)/2(UBBR+1)	UBBR=F(osc)/2Baud-1

注意:以上寄存器是单串口的寄存器标志位,因而在多串口时要在各个寄存器上标号来标识寄存器。

3. ISR( )选项

采用查询方式的串口传输效率低下,所以数据的接收和发射都采用中断方式。AVR的 avr-libc 函数库提供了几种选项用以传给中断服务向量(表 8.8)。传给 ISR 函数的参数是 avr-libc 库中预定义好的信号名。

中断必须在两个地方设置允许后才能使用,第一个是要告诉中断的硬件(如 USART外围设备);第二个是处理状态寄存器(SREG)中的全局中断允许位(global interruptenable bit,即 I)。如果这个 I 没有置位,就没有任何中断会被处理器识别、确认和响应。Arduino 软件提供了两个简单的宏来允许和禁止全局中断位:

```
interrupts();
nointerrupts();
```

这两个宏定义会相应地被翻译为单条机器语言指令:SEI(SREG 的 I 位置位)和 CLI(SREG 的 I 位复位)。

中断允许之后,如果具备的条件满足了,就会发生一次中断。这时处理器会发生一系列的动作。

首先,全局中断允许位 I 被复位,这就禁止了之后的中断被响应,除非当前的中断处理例程返回;中断处理例程主动重新置 I 位。

表 8.8　串口中断向量表

向量	中断	信号名称	描述
18	USART_RX	USART_RX_vect	USART 接收完成
19	USART_UDRE	USART_UDRE_vect	USART 数据寄存器空
20	USART_TX	USART_TX_vect	USART 发送完成

4. USART 的基本操作

1) USART 的初始化

在通信前,USART 接口必须首先进行初始化,初始化的过程包括波特率的设定,数据帧结构的设定和根据需要的接收器的使能。

全局中断允许应该清零(即全局中断屏蔽),然后进行初始化,改变波特率或帧的结构。注意重新改变 USART 的设置应该在没有数据传输的情况下进行。TXC 标志位是用来检验一个数据帧的发送是否已经完成。RXC 标志位是用来检验是否缓冲区中还有未读出的数据。每次发送数据前(在每次发送前),TXC 标志位必须清 0。

其例子程序如下:

```
void USART_Init(unsigned int baud)
```

```
    }
    /* 设置波特率 */
    UBRRH =(unsigned char )(baud >> 8);
    UBRRL =(unsigned char)(baud);
    /* 使能接收器和发送器 */
    UCSRB =(1<<RXEN) |(1<<TXEN);
    /* 设置帧格式:8 位数据格式,2 位停止位 */
    UCSRC =(1<<URSEL) |(1<<USBS) |(3<<UCSZ0);
}
```

2) USART 的数据发送

USART 的数据发送位是由 UCSRB 寄存器的发送允许位 TXEN 设置,当 TXEN 使能时,TXD 引脚的通用数字 I/O 功能将被 USART 功能代替,作为发送器的串行输出引脚。如果采用同步发送模式,则内部产生的时钟信号加在 XCK 引脚上面,作为串行输出的引脚的时钟。

数据传送时通过把将要传送的数据放到缓冲器来初始化。当移位寄存器为发送下一帧做准备就绪时,缓冲器中的数据将被移动到移位寄存器中。如果移位寄存器处于空闲状态或刚结束前一帧的最后一个停止位的发送,则它将装载新的数据,一旦移位寄存器中装载了新的数据,就会按照设定的数据帧格式和速率完成一帧数据的发送。

(1) 发送 5~8 位数据位帧

程序代码如下:

```
void USART_Transmit(unsigned char data)
{
    /* 等待发送缓冲器空 */
    while(! (UCSRA&(1<<UDRE)));
/* 将数据放入缓冲器,发送数据 */
UDR = data;
}
```

该程序采用的是轮询的方式发送数据。寄存器 R16 中为要发送的数据,程序循环检测数据寄存器标志位 UDRE,一旦标志位置位(表示数据寄存器空闲),则将数据写入数据寄存器 UDR 后由硬件自动将其发送。注意,发送的数据少于 8 位,则高位的数据将不会被移出发送而放弃。

(2) 发送 9 位数据位的帧

如果设置为发送 9 位数据的数据帧(UCSZ=7),则应先将数据的第九位写入寄存器 UCSRB 的 TXB8 标志位中,然后将低 8 位数据写入发送数据寄存器 UDR 中,第九位数据位的作用是:在多机通信中用于标识地址帧(1)和数据帧(0),在同步通信中作为握手协议使用。

代码如下:

```
void USART_Transmit(unsigned int data)
{
    /* 等待发送器缓冲器空 */
    while(! (UCSRA&(1<<UDRE)))
```

```
/* 复制第九位至 TXB8 */
UCSRB &= ~(1<<TXB8);
if(data&0x0100)
    UCSRB |=(1 << TXB8);
  /* 将数据放入缓冲器,发送数据 */
UDR = data;
}
```

3）USART 的数据接收

（1）接收 5~8 位数据的帧

当接收硬件单元电路检测到有效数据帧的起始位时,它将开始接收数据。起始位后的每一位都以波特率或 XCK 的时钟进行采样。并移入接收移位寄存器中,直到第一个停止位,而第二个停止位将被接收电路忽略。当第一个停止位被接收时,移位寄存器中的内容将被移到接收缓存寄存器中,接收寄存器能通过接收寄存器 UDR 进行读取。

以下程序段给出了一个轮询方式接收数据的例子。程序循环检测接收完成标志位 RXC,一旦该标志位被置位,则从数据寄存器 UDR 中读出接收的数据。如果接收的、数据帧的格式少于 8 位,则 UDR 相应的高位为"0"。

```
unsigned char USART_Recieve(void)
{
  /* 等待数据被接收 */
  while(!(UCSRA&(1<<RXC)));
  /* 返回得到从缓冲区接收的数据 */
  return UDR;
}
```

（2）接收 9 个数据为的帧

如果接收 9 个数据的数据帧(UCSZ = 7),那么必须先从寄存器 UCSRB 的 RXB8 位中读取第九位数据,然后从 UDR 中读取数据低 8 位。这一规则同样适用于读取 FE、DOR 和 PE 等状态标识寄存器。也就是说,应读取状态寄存器 UCSRA,再读取 UDR。这是因为读取 UDR 寄存器会改变状态寄存器总的各个标志位的值。这样最大程度地优化了接收缓冲器的性能。一旦 UDR 中的数据被读出,则缓冲器将自动开始下一个数据的接收。以下程序给出轮询方式接收 9 位数据帧的例子。程序循环检测接收完标志位 RXC,一旦该标志位置位,就先读出所有的状态标识位,最后将数据从数据寄存器 UDR 中读出。

```
unsigned int usART_Recieve()
{
  unsigned char status,resh,resl;
  /* 等待数据被接收 */
  while(!(UCSRA&(1<<RXC)));
  /* 获取第 9 位的状态,然后读取数据从缓冲区 */
  status = UCSRA;
  resh = UCSRB;
  resl = UDR;
  /* 如果错误,返回-1 */
```

```
    if(status&(1<<EE) |(1<<DOR) |(1<<PE))
      return -1;
    /* 编辑第九位,然后返回 */
    resh =(resh>>1)&(0x01);
    return((resh<<8) |resh);
}
```

5. 飞控串口程序解释

缓冲区示意图如图 8.1 所示。

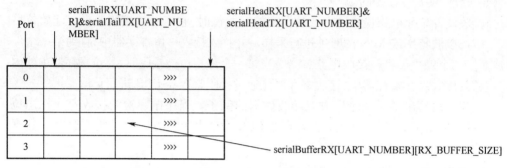

图 8.1　串口缓冲示意图

飞控的串口程序 serial. cpp 用了二维数组的数据结构(见图 8.1),采用循环队列对发送和接收的数据进行管理,其中 0,1,2,3 表示有四个串口的编号,serialTailRX 数组和 serialHeadRX 数组分别是对应串口循环缓冲队列的尾指针和头指针。UART_NUMBER 为串口数,RX_BUFFER_SIZE(TX_BUFFER_SIZE)为对应端口的缓冲区的大小。通过指针 serialHeadRX 和 serialTialTX 来完成数据队列的动态更新。当确定端口号和数据指针后用 serialBuffer RX 来具体访问缓冲区内的某个值。这样就完成了串口的缓冲的管理。

注:为了节省篇幅,将 serialBufferRX 缓冲数组中的 UART_NUMBER 和 RX_BUFFER_SIZE 行列颠倒。其意义一样。

程序讲解:

/* 以下寄存器及数据位后面的数字代表的是第几个端口,例如:RXEN0 表示是 0 端口的接收数据使能位 */

```
static volatile uint8_t serialHeadRX[UART_NUMBER],serialTailRX[UART_NUM-
BER];
```

/* 这里用的 volatile 关键字是防止编译器对所属变量进行优化,因为这里的 serialHead RX 和 serialTailRX 数组是临界变量,以下同理 */.

```
static uint8_t serialBufferRX[RX_BUFFER_SIZE][UART_NUMBER];/* */
static volatile uint8_t serialHeadTX[UART_NUMBER],serialTailTX[UART_NUMBER];
static uint8_t serialBufferTX[TX_BUFFER_SIZE][UART_NUMBER];

#if defined(PROMINI) ||defined(MEGA)//选择板子类型
  #if defined(PROMINI)//
  ISR(USART_UDRE_vect) {    //在 PROMINI 板子上的第一个串口 USART 数据寄存器空
  #endif
```

```
#if defined(MEGA) //
ISR(USART0_UDRE_vect) { //在MEGA板子上的第一个串口USART数据寄存器空
#endif
  uint8_t t = serialTailTX[0];
  if(serialHeadTX[0] ! = t) { //判断头尾是否相接
    if(++t >= TX_BUFFER_SIZE)  t = 0; //判断是否大于缓冲区的大小
    UDR0 = serialBufferTX[t][0] ;  //将缓冲区中的数据放到UDR0寄存器中
    serialTailTX[0] = t; //移动尾指针
  }
  if(t == serialHeadTX[0]) UCSR0B &= ~(1<<UDRIE0); //检查所有数据是否传输。
//如果是禁用,发射机UDRE中断
}
#endif
SerialOpen(uint8_t port, uint32_t baud) { //打开串口
  uint8_t h =((F_CPU  /4 /baud -1) /2) >> 8; //计算波特率高8位
  uint8_t l =((F_CPU  /4 /baud -1) /2); //计算波特率低8位
  switch(port) { /* 根据端口号来进行不同情况分析 */
    #if defined(PROMINI)
      case 0:
      UCSR0A  =(1<<U2X0); //倍速发送
      UBRR0H = h; //波特率高位设置
      UBRR0L = l; //波特率低位设置
      UCSR0B |=(1<<RXEN0) |(1<<TXEN0) |(1<<RXCIE0); break; //UCSR0B状态寄存器
//设置:发送使能:接收使能,接收结束中断使能
    /* 下同此段程序 */
    #endif
    #if defined(PROMICRO)
      #if(ARDUINO >= 100) && ! defined(TEENSY20)
        case 0: UDIEN &= ~(1<<SOFE); break; //禁用USB帧中断(它引起强烈的抖动,禁用它)
#endif
      case 1: UCSR1A  =(1<<U2X1);
UBRR1H = h; UBRR1L = l;
UCSR1B |=(1<<RXEN1) |(1<<TXEN1) |(1<<RXCIE1); break;
    #endif
    #if defined(MEGA)
//这里的h、l分别代表高、低电平
    case 0: UCSR0A  =(1<<U2X0); UBRR0H = h; UBRR0L = l; UCSR0B |=(1<<RXEN0) |(1<
<TXEN0) |(1<<RXCIE0); break;
    case 1: UCSR1A  =(1<<U2X1); UBRR1H = h; UBRR1L = l; UCSR1B |=(1<<RXEN1) |(1<
<TXEN1) |(1<<RXCIE1); break;
    case 2: UCSR2A  =(1<<U2X2); UBRR2H = h; UBRR2L = l; UCSR2B |=(1<<RXEN2) |(1<
<TXEN2) |(1<<RXCIE2); break;
    case 3: UCSR3A  =(1<<U2X3); UBRR3H = h; UBRR3L = l; UCSR3B |=(1<<RXEN3) |(1<
```

```
<TXEN3) |(1<<RXCIE3); break;
      #endif
    }
  }

  void SerialEnd(uint8_t port) { //串口结束
    switch(port) {
      #if defined(PROMINI)
        case 0: UCSR0B &= ~((1<<RXEN0) |(1<<TXEN0) |(1<<RXCIE0) |(1<<UDRIE0)); break;
/* 0 端口接收使能置位,发送数据使能置位,接收结束中断使能,USART 数据寄存器空中断使能 */
        /* 由上可知,数据的发送和接收停止,而且将数据位清零 */
      #endif
      #if defined(PROMICRO)
        case 1: UCSR1B &= ~((1<<RXEN1) |(1<<TXEN1) |(1<<RXCIE1) |(1<<UDRIE1)); break;
      #endif
      #if defined(MEGA)
        case 0: UCSR0B &= ~((1<<RXEN0) |(1<<TXEN0) |(1<<RXCIE0) |(1<<UDRIE0)); break;
        case 1: UCSR1B &= ~((1<<RXEN1) |(1<<TXEN1) |(1<<RXCIE1) |(1<<UDRIE1)); break;
        case 2: UCSR2B &= ~((1<<RXEN2) |(1<<TXEN2) |(1<<RXCIE2) |(1<<UDRIE2)); break;
        case 3: UCSR3B &= ~((1<<RXEN3) |(1<<TXEN3) |(1<<RXCIE3) |(1<<UDRIE3)); break;
      #endif
    }
  }


  uint8_t SerialRead(uint8_t port) { //读串口
    #if defined(PROMICRO)
      #if defined(TEENSY20)
        if(port == 0) return Serial.read();
      #else
        #if(ARDUINO >= 100)
          if(port == 0) USB_Flush(USB_CDC_TX);
        #endif
        if(port == 0) return USB_Recv(USB_CDC_RX);
      #endif
    #endif
    uint8_t t = serialTailRX[port];
    uint8_t c = serialBufferRX[t][port];
    if(serialHeadRX[port] ! = t) {
      if(++t >= RX_BUFFER_SIZE) t = 0;
      serialTailRX[port] = t;
    }
    return c;
  }
```

```
#if defined(SPEKTRUM)    //SPEKTRUM 接收机
  uint8_t SerialPeek(uint8_t port) {//监视串口
    uint8_t c = serialBufferRX[serialTailRX[port]][port];
    if((serialHeadRX[port] ! = serialTailRX[port])) return c; else return 0;
  }
#endif

uint8_t SerialAvailable(uint8_t port) {//串口是否可用
  #if defined(PROMICRO)
    #if ! defined(TEENSY20)
      if(port = = 0) return USB_Available(USB_CDC_RX);
    #else
      if(port = = 0) return T_USB_Available();
    #endif
  #endif
  return((uint8_t)(serialHeadRX[port] - serialTailRX[port]))% RX_BUFFER_SIZE;
}
void SerialSerialize(uint8_t port, uint8_t a) {//数据串行化
  uint8_t t = serialHeadTX[port];
  if(++t >= TX_BUFFER_SIZE) t = 0;
  serialBufferTX[t][port] = a;
  serialHeadTX[port] = t;
}

void SerialWrite(uint8_t port,uint8_t c){//写串口
  SerialSerialize(port,c);//将数据串行化
  UartSendData(port);//发送数据
}
```

第二节　串口通信应用过程(单片机端)

1. 飞控串口协议的应用特点

飞控串口协议的应用特点如下。

(1) 通常用法：在上位机上制作的配置、显示工具，如 GUI、OSD、telemetry 等，需要采用串口传输数据。

(2) 比特传输：要求只能以二进制格式传输的数据。

(3) 安全传输：为防止配置参数的破坏，采用校验和传输数据。

(4) 使用帧头：因为采用不同的帧头，串口传输的数据能把不同数据帧混合传输，如 GPS 数据帧，再如能在同一个串口，不用改变串口配置，可以同时传输给上位机的不同应用程序，如 GUI 或 GPS 监控。

(5) 协议兼容性：在协议变化的情况下，协议主要的内容将保持兼容，你开发的 GUI

版本依赖性很小。

（6）数据大小：传输的消息在帧头包含数据的长度，余下的数据位进行数据的透明传输（例如添加一个新的PID）。

注：MavLink（Micro Air Vehicle Link）是一种用于小型无人机的通信协议，于2009年首次发布。该协议广泛应用于地面站（Ground Control Station，GCS）与无人机（Unmanned vehicles）之间的通信，同时也应用在无人机内部子系统的内部通信中，协议以消息库的形式定义了参数传输的规则。MavLink协议支持无人固定翼飞行器、无人旋翼飞行器、无人车辆等多种载具。该协议在本飞控代码中部分采用。

（7）信息传输的规则是：飞控不发送本身的信息，必须在每进行恢复或设置时都要有数据请求，收到的每个消息即使没有内部数据都要求有应答信号。

有两个主要的消息：

（1）飞控的请求信号：没有参数简单数据请求、发送一些特殊的命令、添加新的飞控参数。数据的格式是：$M<[data length][code][data][checksum]。

（2）飞控的输出信息：数据的格式是：$M>[data length][code][data][checksum]，如果没有信息输出，则格式是：$M|[0][code][checksum]，注意一个[]代表一个字节。

2. 串口缓冲区数据的处理

1）向外提供的函数：

```
void serialCom();
void debugmsg_append_str(const char * str); //调试信息输出
```

2）飞控的串口协议ID

```
MultiWii Serial Protocol(MSP)
#define MSP_IDENT          100   //输出消息 飞控类型+版本
#define MSP_STATUS         101   //输出消息 循环时间、错误次数等状态
#define MSP_RAW_IMU        102   //输出消息 9 DOF
#define MSP_SERVO          103   //输出消息 8 servos
#define MSP_MOTOR          104   //输出消息 8 motors
#define MSP_RC             105   //输出消息 8 rc chan and more
#define MSP_RAW_GPS        106   //输出消息 GPS 相关的定位、卫星数、经纬度、高度、
                                 //速度、着落情况
#define MSP_COMP_GPS       107   //输出消息 返回距离、朝向
#define MSP_ATTITUDE       108   //输出消息 姿态
#define MSP_ALTITUDE       109   //输出消息 气压高度、爬升速度
#define MSP_ANALOG         110   //输出消息 电池电压、能量等
#define MSP_RC_TUNING      111   //输出消息 GUI 传输的 BOX 信息
#define MSP_PID            112   //输出消息 PID 参数
#define MSP_BOX            113   //输出消息 BOX 设置
#define MSP_MISC           114   //输出消息 电源触发
#define MSP_MOTOR_PINS     115   //输出消息 GUI 的电动机管脚安排
#define MSP_BOXNAMES       116   //输出消息 附加通道名
#define MSP_PIDNAMES       117   //输出消息 PID 名
#define MSP_WP             118   //输出消息 GPS 航点
```

```
#define MSP_BOXIDS              119    //输出消息 BOX 布置的 ID 号
#define MSP_SERVO_CONF          120    //输出消息 伺服配置
#define MSP_SET_RAW_RC          200    //输入消息 8 通道
#define MSP_SET_RAW_GPS         201    //输入消息 GPS 相关的定位、卫星数、经纬度、高度、
                                       //速度
#define MSP_SET_PID             202    //GPS 相关的定位、卫星数、经纬度、高度、速度、着
                                       //落情况 PID 参数
#define MSP_SET_BOX             203    //输入消息 BOX 配置
#define MSP_SET_RC_TUNING       204    //输入消息 GUI 传输的 BOX 信息
#define MSP_ACC_CALIBRATION     205    //输入消息 加速度校准
#define MSP_MAG_CALIBRATION     206    //输入消息 磁场传感器校准
#define MSP_SET_MISC            207    //输入消息 电源触发
#define MSP_RESET_CONF          208    //输入消息 配置复位
#define MSP_SET_WP              209    //输入消息 GPS 航点信息
#define MSP_SELECT_SETTING      210    //输入消息 配置种类数(0-2)
#define MSP_SET_HEAD            211    //输入消息 定义新的定向
#define MSP_SET_SERVO_CONF      212    //输入消息 伺服配置
#define MSP_SET_MOTOR           214    //输入消息 平衡功能
#define MSP_BIND                240    //输入消息
#define MSP_EEPROM_WRITE        250    //输入消息 EEPROM 写信息
#define MSP_DEBUGMSG            253    //输出消息 调试缓冲区
#define MSP_DEBUG               254    //输入消息调试信息
```

3)串口缓冲区的安排

采用循环队列进行管理,有队首、队尾、当前指针等参数;包含了三种缓冲区:调试信息缓冲区、接收缓冲区(TX)、发送缓冲区(RX),其中发送缓冲区由串口通信的底层协议进行管理。

```
#ifdef DEBUGMSG
  #define DEBUG_MSG_BUFFER_SIZE 128       //调试信息缓冲区的大小
  static char debug_buf[DEBUG_MSG_BUFFER_SIZE];//缓冲区
  static uint8_t head_debug;         //调试信息缓冲区的队首
  static uint8_t tail_debug;         //调试信息缓冲区的队尾
  static uint8_t debugmsg_available();
  static void debugmsg_serialize(uint8_t l);
#endif

static uint8_t CURRENTPORT = 0;    //当前串口号

#define INBUF_SIZE 64          //输入缓冲区的大小
static uint8_t inBuf[INBUF_SIZE][UART_NUMBER];   //多个串口输入缓冲区
static uint8_t checksum[UART_NUMBER];    //多个串口的校验和
static uint8_t indRX[UART_NUMBER];       //接收数据在缓冲区的指针
static uint8_t cmdMSP[UART_NUMBER];       //串口消息指令
```

```
//void evaluateOtherData(uint8_t sr);  //串口附加信息处理函数原型,与LCD有关,这
```
//里注释掉
```
    #ifndef SUPPRESS_ALL_SERIAL_MSP
    void evaluateCommand();                    //串口信息处理函数原型
    #endif


    #define BIND_CAPABLE 0;  //现在使用Spektrum传输;将来可能用任何一种串口类型接收
```
//并绑定到飞控模块里去
```
    #if defined(SPEK_BIND)
      #define BIND_CAPABLE 1;//如果将来绑定了则置为1
    #endif
```
//串口接收类型绑定位标志,将来会定义为2,4,8,…
```
    const uint32_t capability = 0+BIND_CAPABLE;  //串口接收类型绑定
```
4) 串口缓冲区的读(从 RX)写(到 TX)
```
uint8_t read8()  {   //从缓冲区读一个字节的数据
    return inBuf[indRX[CURRENTPORT]++][CURRENTPORT]&0xff;
}
uint16_t read16() {   //从缓冲区读两个字节的数据
    uint16_t t = read8();
    t+=(uint16_t)read8()<<8;
    return t;
}
uint32_t read32() {   //从缓冲区读四个字节的数据
    uint32_t t = read16();
    t+=(uint32_t)read16()<<16;
    return t;
}


    void serialize8(uint8_t a) {    //写一个字节到缓冲区
        SerialSerialize(CURRENTPORT,a);  //调用串口通信的底层协议函数将一个字节数据a
//存到 TX 缓冲区
        checksum[CURRENTPORT] ^= a;   //计算校验和,采用异或运算
    }
    void serialize16(int16_t a) {    //写两个字节
        serialize8((a   ) & 0xFF);
        serialize8((a>>8) & 0xFF);
    }
    void serialize32(uint32_t a) {    //写四个字节
        serialize8((a    ) & 0xFF);
        serialize8((a>> 8) & 0xFF);
        serialize8((a>>16) & 0xFF);
        serialize8((a>>24) & 0xFF);
```

```
                 }

void headSerialResponse(uint8_t err, uint8_t s) {  //写数据头
  serialize8('$');
  serialize8('M');
  serialize8(err ? '!' : '>');   //错误发!
  checksum[CURRENTPORT] = 0;  //校验和置0,准备计算校验和
  serialize8(s);
  serialize8(cmdMSP[CURRENTPORT]);  //发串口协议 ID
}

void headSerialReply(uint8_t s) {      //数据头正确
  headSerialResponse(0, s);
}

void inline headSerialError(uint8_t s) {      //数据头错误
  headSerialResponse(1, s);
}

void tailSerialReply() {  //写数据尾到缓冲区,并发送数据
  serialize8(checksum[CURRENTPORT]);UartSendData(CURRENTPORT);
}

void serializeNames(PGM_P s) {  //从程序存储器读pidnames、boxnames 信息并写到缓冲
//区准备发送出去
  headSerialReply(strlen_P(s));
  for(PGM_P c = s; pgm_read_byte(c); c++) {
    serialize8(pgm_read_byte(c));
  }
}

void  s_struct(uint8_t *cb,uint8_t siz) {
  headSerialReply(siz);
  while(siz--) serialize8(*cb++);
}

void s_struct_w(uint8_t *cb,uint8_t siz) {
headSerialReply(0);
  while(siz--) *cb++ = read8();
}
```

5) 串口调试信息管理

```
#ifdef DEBUGMSG
void debugmsg_append_str(const char *str) {  //添加调试信息到缓冲区
```

```
    while( * str) {
      debug_buf[head_debug++] = * str++;
      if(head_debug = = DEBUG_MSG_BUFFER_SIZE) {
        head_debug = 0;
      }
    }
  }


static uint8_t debugmsg_available() { //调试信息缓冲区队列管理
  if(head_debug >= tail_debug) {
    return head_debug-tail_debug;
  } else {
    return head_debug +(DEBUG_MSG_BUFFER_SIZE-tail_debug);
  }
}


static void debugmsg_serialize(uint8_t l) {    //写信息到调试信息缓冲区
  for(uint8_t i = 0; i<l; i++) {
    if( head_debug ! = tail_debug) {
      serialize8(debug_buf[tail_debug++]);
      if(tail_debug = = DEBUG_MSG_BUFFER_SIZE) {
        tail_debug = 0;
      }
    } else {
      serialize8('\0');
    }
  }
}
#else
void debugmsg_append_str(const char * str) {};//没有调试信息传输功能
#endif
```

3. 对写入 MWC 的原文件分析

数据处理状态转换图采用编译原理的知识,图 8.2 是数据处理的状态转换图。

```
void serialCom() {//①   MWC 通过 c = SerialRead(CURRENTPORT);解析缓冲区的数据
  uint8_t c,n;
  static uint8_t offset[UART_NUMBER];
  static uint8_t dataSize[UART_NUMBER];
  static enum _serial_state {    //串口的几种状态
    IDLE,                        //空闲?
    HEADER_START,                //数据头   开始   $
    HEADER_M,                    //数据头          M
    HEADER_ARROW,                //数据     箭头 < 或 >
    HEADER_SIZE,                 //数据多少
```

238

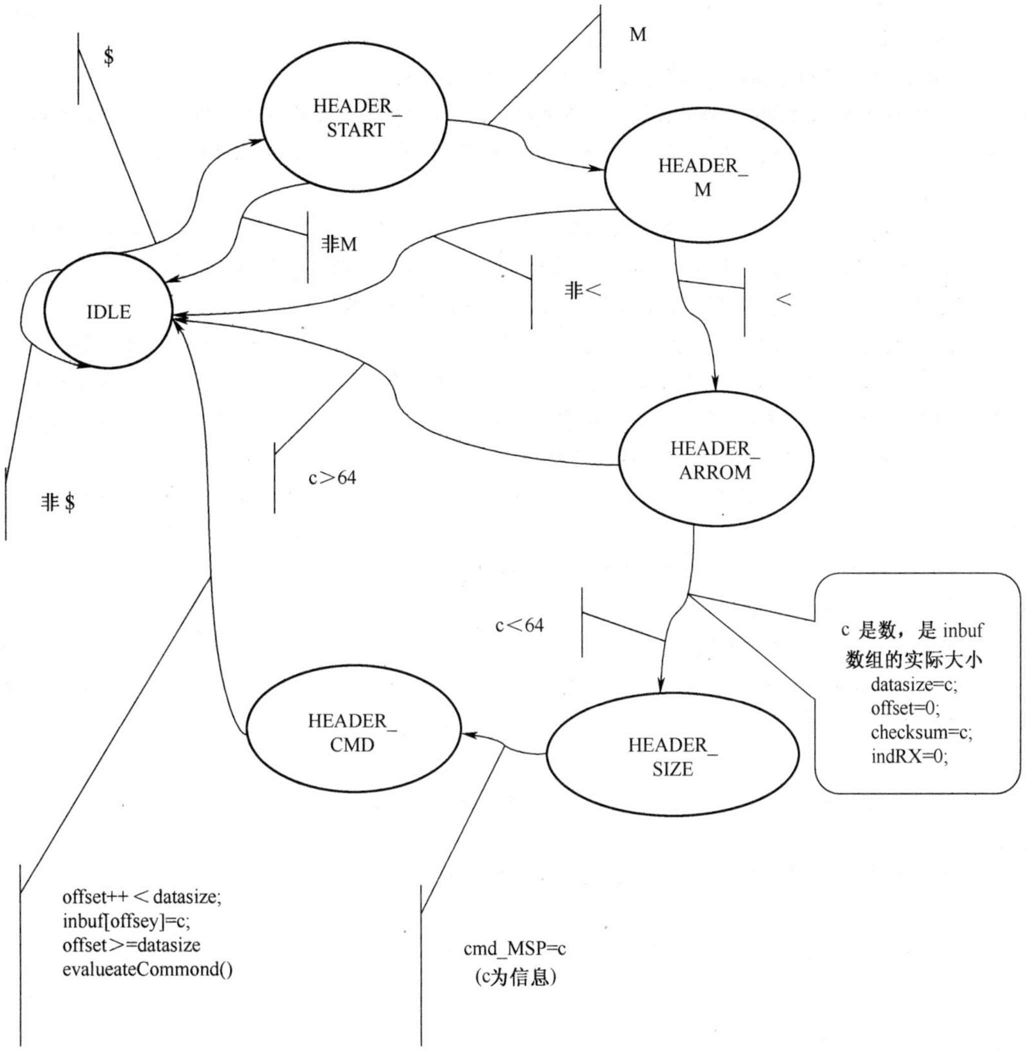

$
HEADER_
START
M
HEADER_
M
非M
非<
<
IDLE
HEADER_
ARROM
c>64
非 $
c<64
c 是数，是 inbuf
数组的实际大小
datasize=c;
offset=0;
checksum=c;
indRX=0;
HEADER_
CMD
HEADER_
SIZE
offset++ < datasize;
inbuf[offsey]=c;
offset>=datasize
evalueateCommond()
cmd_MSP=c
(c为信息)

图 8.2　串口协议识别状态转换图

```
  HEADER_CMD,                    //指令
} c_state[UART_NUMBER];          //状态数组 默认为空闲

for(n=0;n<UART_NUMBER;n++) { //②for 循环，多个串口轮循执行
  #if ! defined(PROMINI)         //假如不是 PROMINI 单片机执行该段代码
    CURRENTPORT=n;      //一般单片机有多个串口,唯一改变 CURRENTPORT 位置
  #endif
  #define GPS_COND                //定义 GPS_COND
  #if defined(GPS_SERIAL)  //假如定义了 GPS 串口,执行该段代码
    #if defined(GPS_PROMINI)
      #define GPS_COND
    #else
      #define GPS_COND  &&(GPS_SERIAL ! = CURRENTPORT)
```

```
                  #endif
              #endif
              #define SPEK_COND    //SPEKTRUM 是一种通信手段
              #if defined(SPEKTRUM) &&(UART_NUMBER > 1) //假如定义了SPEK_COND,执行该段代码
                #define SPEK_COND  &&(SPEK_SERIAL_PORT ! = CURRENTPORT)
              #endif
              while(SerialAvailable(CURRENTPORT) GPS_COND SPEK_COND) {//③while 循环
        uint8_t bytesTXBuff =((uint8_t)(serialHeadTX[CURRENTPORT]-serialTailTX
[CURRENTPORT]))% TX_BUFFER_SIZE; //发送缓冲区占用字节数
                if(bytesTXBuff > TX_BUFFER_SIZE - 50 ) return; //确保发送缓冲区有50字节的余量
                c = SerialRead(CURRENTPORT);   //读串口缓冲区 serialBufferRX[数据指针]
[串口端口号],该缓冲区的数据是由串口接收中断函数 inline store_uart_in_buf(uint8_t da-
ta, uint8_t portnum)获取的来自计算机的数据
                  if(c_state[CURRENTPORT] == IDLE)     //这是一组完整指令代码  24 4D 3C 00
64 64  $ M< \#0dd
        { //串口状态空闲 等待 HEADER_START 状态的到来
                  c_state[CURRENTPORT] =(c=='$' ) ? HEADER_START : IDLE;//判定是$字符
//吗? 是进入 HEADER_START 状态
        //if(c_state[CURRENTPORT] == IDLE) evaluateOtherData(c); //与LCD有关的处
//理,注释掉
        }
        else if(c_state[CURRENTPORT] == HEADER_START)
        {
        c_state[CURRENTPORT] =(c== 'M') ? HEADER_M : IDLE;
        }
        else if(c_state[CURRENTPORT] == HEADER_M)
        {
                  c_state[CURRENTPORT] =(c=='<' ) ? HEADER_ARROW : IDLE;//是字符<吗? 是表
//示有数据要进入 MWC,此前发送都是数据头
        }
        else if(c_state[CURRENTPORT] == HEADER_ARROW)
        {//是 ARROW 字符,判定缓冲区的大小
                  if(c > INBUF_SIZE)
        {  //有足够的数据占用缓冲区
                  c_state[CURRENTPORT] = IDLE;//数据位置不够 回到开始状态
                  continue; //不执行该 while 循环包含的后面的语句,跳出开始下一轮循环
        }
                  dataSize[CURRENTPORT] = c;//缓冲区足够,将收到的数据赋值给当前端口的数据
//尺寸数组 dataSize[串口端口号]
                  offset[CURRENTPORT] = 0;//设置数据指针的偏移位0
                  checksum[CURRENTPORT] = 0;//初始化数据的校验和为0。存入数组中
                  indRX[CURRENTPORT] = 0;//inBuf 指针清0
                  checksum[CURRENTPORT] ^= c;//说明数据长度是校验的第一个字母
```

240

```
            c_state[CURRENTPORT] = HEADER_SIZE; //MWC 收到数据长度,后面就是计算机发
//送的数据了。MWC 串口状态进入 HWADER_SIZE
    }
    else if(c_state[CURRENTPORT] == HEADER_SIZE)
    {//MWC 串口是在 HEADER_SIZE 状态吗?
            cmdMSP[CURRENTPORT] = c; //在 HEADER_SIZE 状态收到的第一个数据是指令
            checksum[CURRENTPORT] ^= c; //将该数据异或进入校验和的数组中去
            c_state[CURRENTPORT] = HEADER_CMD; //MWC 收到数据后,说明在指令状态,MWC
//进入 HEAFER_CMD 状态
    }
    else if(c_state[CURRENTPORT] == HEADER_CMD && offset[CURRENTPORT] <
dataSize[CURRENTPORT])
    {
            checksum[CURRENTPORT] ^= c; //进入校验和异或
            inBuf[offset[CURRENTPORT]++][CURRENTPORT] = c; //MWC 将收到的计算机数
//据存入缓冲区 inBuf 内。offset[CURRENTPORT]加 1
    }
    else if(c_state[CURRENTPORT] == HEADER_CMD && offset[CURRENTPORT] >= data-
Size[CURRENTPORT])
    {
            //判定偏移指针大于等于数据预留位置大小吗?
            if(checksum[CURRENTPORT] == c)
    {//偏移指针大于等于数据预留位置大小,就将从计算机这次收到的数据作为校验和,与已经累计
//异或的 checksum[]中的校验和数据对比,为真,表示该数据包是有效的,可以调用下面的函数
//evaluateCommand()进行,数据包的解析。
            evaluateCommand();  //我们获得了一个有效的数据包,解析评估这些数据。
    }
            c_state[CURRENTPORT] = IDLE; //MWC 串口开始进入空闲状态。
    }
    }//③while 循环
}//②for 循环
}①
```

4. MWC 处理指令的代码分析

```
void evaluateCommand() {
  switch(cmdMSP[CURRENTPORT]) {
   case MSP_SET_RAW_RC:
for(uint8_t i=0;i<8;i++) {
      rcData[i] = read16();
    }
    headSerialReply(0);
    break;
    #if GPS
    case MSP_SET_RAW_GPS:
```

```
        f.GPS_FIX = read8();
          GPS_numSat = read8();
          GPS_coord[LAT] = read32();
          GPS_coord[LON] = read32();
          GPS_altitude = read16();
          GPS_speed = read16();
          GPS_update |= 2;                    //新的数据信号给 GPS 函数
        headSerialReply(0);
        break;
      #endif
      case MSP_SET_PID:
      for(uint8_t i=0;i<PIDITEMS;i++) {
          conf.P8[i]=read8();  //处理来自计算机的数据 从 inBuf[]数组中
          conf.I8[i]=read8();
          conf.D8[i]=read8();
        }
        headSerialReply(0);    //处理完成后向计算机发送" $ M> \#0 \#0MSP_SET_PID"
        break;
      case MSP_SET_BOX:
        for(uint8_t i=0;i<CHECKBOXITEMS;i++) {
          conf.activate[i]=read16();
        }
        headSerialReply(0);
        break;
      case MSP_SET_RC_TUNING:
      conf.rcRate8 = read8();
        conf.rcExpo8 = read8();
        conf.rollPitchRate = read8();
        conf.yawRate = read8();
        conf.dynThrPID = read8();
        conf.thrMid8 = read8();
        conf.thrExpo8 = read8();
        headSerialReply(0);
        break;
      case MSP_SET_MISC:
    #if defined(POWERMETER)
          conf.powerTrigger1 = read16() / PLEVELSCALE;
        #endif
        headSerialReply(0);
        break;
      case MSP_IDENT:
    headSerialReply(7);
        serialize8(VERSION);   //multiwii version
```

242

```
          serialize8(MULTITYPE);   //type of multicopter
          serialize8(MSP_VERSION);              //MultiWii Serial Protocol Version
          serialize32(0);        //"capability"
          break;
       case MSP_STATUS:
     headSerialReply(10);
          serialize16(cycleTime);
          serialize16(i2c_errors_count);
          serialize16(ACC |BARO<<1 |MAG<<2 |GPS<<3 |SONAR<<4);
          serialize32(
                    #if ACC
                      f.ANGLE_MODE<<BOXANGLE |
                      f.HORIZON_MODE<<BOXHORIZON |
                    #endif
                    #if BARO &&(! defined(SUPPRESS_BARO_ALTHOLD))
                      f.BARO_MODE<<BOXBARO |
                    #endif
                    #if MAG
     f.MAG_MODE<<BOXMAG |f.HEADFREE_MODE<<BOXHEADFREE |rcOptions[BOXHEADADJ]<<
BOXHEADADJ |
                    #endif
                    #if defined(SERVO_TILT) || defined(GIMBAL)
                      rcOptions[BOXCAMSTAB]<<BOXCAMSTAB |
                    #endif
                    #if defined(CAMTRIG)
                      rcOptions[BOXCAMTRIG]<<BOXCAMTRIG |
                    #endif
                    #if GPS
                      f.GPS_HOME_MODE<<BOXGPSHOME |f.GPS_HOLD_MODE<<BOXGPSHOLD |
                    #endif
                    #if defined(FIXEDWING) || defined(HELICOPTER) || defined(IN-
FLIGHT_ACC_CALIBRATION)
                       f.PASSTHRU_MODE<<BOXPASSTHRU |
                    #endif
                    #if defined(BUZZER)
                      rcOptions[BOXBEEPERON]<<BOXBEEPERON |
                    #endif
                    #if defined(LED_FLASHER)
                      rcOptions[BOXLEDMAX]<<BOXLEDMAX |
                    #endif
                    #if defined(LANDING_LIGHTS_DDR)
                      rcOptions[BOXLLIGHTS]<<BOXLLIGHTS |
                    #endif
```

```
                    f.ARMED<<BOXARM);
        break;
    case MSP_RAW_IMU:
headSerialReply(18);
        for(uint8_t i=0;i<3;i++) serialize16(accSmooth[i]);
        for(uint8_t i=0;i<3;i++) serialize16(gyroData[i]);
        for(uint8_t i=0;i<3;i++) serialize16(magADC[i]);
        break;
    case MSP_SERVO:
headSerialReply(16);//发送数据头　包括数据长度 指令码 初始化校验和
        for(uint8_t i=0;i<8;i++)
          #if defined(SERVO)
          serialize16(servo[i]);
        #else
          serialize16(0);
          #endif
        break;
    case MSP_MOTOR:
    headSerialReply(16);
      for(uint8_t i=0;i<8;i++) {
        serialize16((i < NUMBER_MOTOR) ? motor[i] : 0 );
      }
        break;
    case MSP_RC:
    headSerialReply(16);
        for(uint8_t i=0;i<8;i++) serialize16(rcData[i]);
        break;
     #if GPS
    case MSP_RAW_GPS:
    headSerialReply(14);
        serialize8(f.GPS_FIX);
        serialize8(GPS_numSat);
        serialize32(GPS_coord[LAT]);
        serialize32(GPS_coord[LON]);
        serialize16(GPS_altitude);
        serialize16(GPS_speed);
        break;
     case MSP_COMP_GPS:
    headSerialReply(5);
        serialize16(GPS_distanceToHome);
        serialize16(GPS_directionToHome);
        serialize8(GPS_update & 1);
        break;
```

```
#endif
case MSP_ATTITUDE:
  headSerialReply(8);
   for(uint8_t i=0;i<2;i++) serialize16(angle[i]);
   serialize16(heading);
   serialize16(headFreeModeHold);
   break;
case MSP_ALTITUDE:
headSerialReply(4);
   serialize32(EstAlt);
   break;
case MSP_BAT:
headSerialReply(3);
   serialize8(vbat);
   serialize16(intPowerMeterSum);
   break;
case MSP_RC_TUNING:
headSerialReply(7);
   serialize8(conf.rcRate8);
   serialize8(conf.rcExpo8);
   serialize8(conf.rollPitchRate);
   serialize8(conf.yawRate);
   serialize8(conf.dynThrPID);
   serialize8(conf.thrMid8);
   serialize8(conf.thrExpo8);
   break;
case MSP_PID:
headSerialReply(3 * PIDITEMS);
   for(uint8_t i=0;i<PIDITEMS;i++) {
     serialize8(conf.P8[i]);
     serialize8(conf.I8[i]);
     serialize8(conf.D8[i]);
   }
   break;
case MSP_BOX:
  headSerialReply(2 * CHECKBOXITEMS);
   for(uint8_t i=0;i<CHECKBOXITEMS;i++) {
     serialize16(conf.activate[i]);
   }
   break;
case MSP_BOXNAMES:
headSerialReply(strlen_P(boxnames));
   serializeNames(boxnames);
```

```
            break;
        case MSP_PIDNAMES:
          headSerialReply(strlen_P(pidnames));
          serializeNames(pidnames);
          break;
        case MSP_MISC:
        headSerialReply(2);
          serialize16(intPowerTrigger1);
          break;
        case MSP_MOTOR_PINS:
        headSerialReply(8);
          for(uint8_t i=0;i<8;i++) {
            serialize8(PWM_PIN[i]);
          }
          break;
        #if defined(USE_MSP_WP)
        case MSP_WP:
        {
            uint8_t wp_no = read8();      //get the wp number
            headSerialReply(12);
            if(wp_no == 0) {
              serialize8(0);                        //wp0
              serialize32(GPS_home[LAT]);
              serialize32(GPS_home[LON]);
              serialize16(0);                       //altitude will come here
              serialize8(0);                        //nav flag will come here
            } else if(wp_no == 16)
            {
              serialize8(16);                       //wp16
              serialize32(GPS_hold[LAT]);
              serialize32(GPS_hold[LON]);
              serialize16(0);                       //altitude will come here
              serialize8(0);                        //nav flag will come here
            }
        }
          break;
        #endif
        case MSP_RESET_CONF:
          if(! f.ARMED) {
            conf.checkNewConf++;
            checkFirstTime();
          }
          headSerialReply(0);
```

```
      break;
    case MSP_ACC_CALIBRATION:
      if(! f.ARMED) calibratingA = 400;
      headSerialReply(0);
      break;
    case MSP_MAG_CALIBRATION:
      if(! f.ARMED) f.CALIBRATE_MAG = 1;
      headSerialReply(0);
      break;
    case MSP_EEPROM_WRITE:
      writeParams(0);
      headSerialReply(0);
      break;
    case MSP_DEBUG:
      headSerialReply(8);
      for(uint8_t i = 0;i<4;i++) {
        serialize16 ( debug [ i ]);  // 4 variables are here for general
monitoring purpose
      }
      break;
    #ifdef DEBUGMSG
    case MSP_DEBUGMSG:
      {
        uint8_t size = debugmsg_available();
        if(size > 16) size = 16;
        headSerialReply(size);
        debugmsg_serialize(size);
      }
      break;
    #endif
    default:  //we do not know how to handle the(valid) message, indicate error
MSP $ M!
      headSerialError(0);
      break;
    }
  tailSerialReply();//上面 case 执行完成后,发送最后一个数据,实际就是发送校验和。
}
```

第三节　串口通信应用过程(上位机端)

1. 包及串口声明

```
import processing.core. *;
```

```
import processing.serial.Serial;
public class MultiWiiConf extends PApplet {    //类,到本节结束
int GUI_BaudRate = 115200; //Default.
int SerialPort=0;
Serial g_serial;

public void setup() {
InitSerial(SerialPort);
//g_serial.clear();
}
```

2. 飞控串口协议及读数据的状态常数

```
/* * * * * * * * * * * * Multiwii Serial Protocol * * * * * * * * * * * * */
private static final String MSP_HEADER = " $ M<";     //串口协议头

private static final int
  MSP_IDENT               =100,
  MSP_STATUS              =101,
                              ::
  MSP_DEBUGMSG            =253,
  MSP_DEBUG               =254
;
public static final int
  IDLE = 0,
  HEADER_START = 1, //$
  HEADER_M = 2,      //M
  HEADER_ARROW = 3, //<
  HEADER_SIZE = 4, //数据尺寸
  HEADER_CMD = 5,   //指令
  HEADER_ERR = 6
;

int c_state = IDLE;      //初态
boolean err_rcvd = false;

byte checksum=0;
byte cmd;
int offset=0, dataSize=0;
byte[] inBuf = new byte[256];//输入缓冲区
```

3. 读串口函数

```
int p;
public int read32() {return(inBuf[p++]&0xff) +((inBuf[p++]&0xff)<<8) +
((inBuf[p++]&0xff)<<16) +((inBuf[p++]&0xff)<<24); }    //从缓冲区读四个字节
```

```
public int read16() {return(inBuf[p++]&0xff) +((inBuf[p++])<<8);}    //从缓
//冲区读两个字节
    public int read8()   {return  inBuf[p++]&0xff;}    //从缓冲区读一个字节
```

4. 写串口函数

```
//发送串口协议信息(无 List 集合 payload 时)
private List<Byte> requestMSP(int msp) {
  return   requestMSP( msp, null);
}


//发送串口协议信息函数重载 send multiple msp without payload
private List<Byte> requestMSP(int[] msps) {
  List<Byte> s = new LinkedList<Byte>();
  for( int m : msps) {
    s.addAll(requestMSP(m, null));
  }
  return s;
}
//发送串口协议信息函数重载 send msp with payload
private List<Byte> requestMSP(int msp, Character[] payload) {
  if(msp < 0) {
   return null;
  }
  List<Byte> bf = new LinkedList<Byte>();
  for(byte c : MSP_HEADER.getBytes()) {
    bf.add( c );
  }

  byte checksum=0;
  byte pl_size =(byte)((payload ! = null ? PApplet.parseInt(payload.length)
: 0)&0xFF);
  bf.add(pl_size);
  checksum ^=(pl_size&0xFF);

  bf.add((byte)(msp & 0xFF));
  checksum ^=(msp&0xFF);

  if(payload ! = null) {
    for(char c :payload){
      bf.add((byte)(c&0xFF));
      checksum ^=(c&0xFF);
    }
  }
  bf.add(checksum);
```

```
      return(bf);
}


public void sendRequestMSP(List<Byte> msp) {
  byte[] arr = new byte[msp.size()];
  int i = 0;
  for(byte b: msp) {
    arr[i++] = b;
  }
  g_serial.write(arr); //send the complete byte sequence in one go
}
```

5. 串口协议的处理

```
public void evaluateCommand(byte cmd, int dataSize) {// 串口接收到协议信息的处
```
理,注意:由于存放信息的变量太多,所以没有声明
```
  int i;
  int icmd = (int)(cmd&0xFF);
  switch(icmd) {
    case MSP_IDENT:        //版本信息
        version = read8();
        multiType = read8();
        read8(); //MSP version
        multiCapability = read32();
        break;
    case MSP_STATUS:      //状态信息
        cycleTime = read16();
        i2cError = read16();
        present = read16();
        mode = read32();
        setValue = read8();
        break;
    case MSP_RAW_IMU:    //传感器信息
        ax = read16();ay = read16();az = read16();
        if(ActiveTab == "Motors") { //Show unfilterd values in graph.
          gx = read16();gy = read16();gz = read16();
        magx = read16();magy = read16();magz = read16();
        }else{
        gx = read16()/8;gy = read16()/8;gz = read16()/8;
        magx = read16()/3;magy = read16()/3;magz = read16()/3;
        }
break;
    case MSP_SERVO:       //伺服信息
        for(i=0;i<8;i++)
```

250

```
      servo[i] = read16();
         break;
   case MSP_MOTOR：    //电动机信息
      for(i=0;i<8;i++){ mot[i] = read16();} //电动机顺序
            if(multiType == SINGLECOPTER)servo[7]=mot[0];
            if(multiType == DUALCOPTER){servo[7]=mot[0];servo[6]=mot[1];}
   break;
         case MSP_RC：//RC 通道卷/俯仰/偏航/油门/AUX1/AUX2/AUX3AUX4
         for(i=0;i<8;i++) {
           RCChan[i]=read16();
           //TX_StickSlider[i].setValue(RCChan[i]);
         }
         break;
   case MSP_RAW_GPS：    //GPS 位置信息
      GPS_fix = read8();
      GPS_numSat = read8();
      GPS_latitude = read32();
      GPS_longitude = read32();
      GPS_altitude = read16();
      GPS_speed = read16();
      break;
   case MSP_COMP_GPS：    //GPS 返航位姿信息
      GPS_distanceToHome = read16();
      GPS_directionToHome = read16();
      GPS_update = read8();
      break;
   case MSP_ATTITUDE：    //位姿信息
      angx = read16()/10;
      angy = read16()/10;
      head = read16();
      break;
   case MSP_ALTITUDE：    //气压高度信息
alt = read32(); break;
   case MSP_ANALOG：
      bytevbat = read8();
      pMeterSum = read16();
      rssi = read16(); //if(rssi! =0)VBat[5].setValue(rssi).show();  //rssi
      //VBat[4].setValue(bytevbat/10.0);    //Volt
      break;
   case MSP_RC_TUNING：    //接收 RC 的配置信息
      byteRC_RATE = read8();
      byteRC_EXPO = read8();
      byteRollPitchRate = read8();
```

```
        byteYawRate = read8();
        byteDynThrPID = read8();
        byteThrottle_MID = read8();
        byteThrottle_EXPO = read8();
        break;
    case MSP_ACC_CALIBRATION:
break;
    case MSP_MAG_CALIBRATION:
break;
    case MSP_PID:    //从单片机返回的 PID 信息
        for(i=0;i<PIDITEMS;i++) {
          byteP[i] = read8();byteI[i] = read8();byteD[i] = read8();
        }
        break;
    case MSP_BOX:    //接收 BOX 的配置信息
        for( i=0;i<CHECKBOXITEMS;i++) {
          activation[i] = read16();
        }
        break;
    case MSP_BOXNAMES:     //接收 BOX 的名称信息
        //create_checkboxes(new String(inBuf, 0, dataSize).split(";"));
break;
    case MSP_PIDNAMES:
        break;
    case MSP_SERVO_CONF:     //伺服配置信息
        //Bbox.deactivateAll();
        //min:2 /max:2 /middle:2 /rate:1
        for( i=0;i<8;i++){
          ServoMIN[i]   = read16();
          ServoMAX[i]   = read16();
          ServoMID[i]   = read16();
          servoRATE[i]  = read8() ;
        }
        break;
   case MSP_MISC:      //电源、日志、磁场方向等信息
        intPowerTrigger = read16(); //a
        for(i=0;i<4;i++) {
MConf[i]= read16();
        }
        MConf[4]= read16(); //confINF[4].setValue((int)MConf[4]);//f
        MConf[5]= read32(); //confINF[5].setValue((int)MConf[5]);//g

break;
```

```
        case MSP_MOTOR_PINS:    //电动机管脚信息
            for( i =0;i<8;i++) {byteMP[i] = read8();}
            break;
        case MSP_DEBUGMSG:      //串口调试信息
            while(dataSize-- > 0) {
              cc =(char)read8();
            }
            break;
    case MSP_DEBUG:
        debug1 = read16();debug2 = read16();debug3 = read16();debug4 = read16();
break;
            default:
            }
        }

    }
    private int present = 0;
    int time,time2,time3,time4,time5,time6;
```

6. draw( )函数,循环反复执行

```
public void draw() {
  List<Character> payload;
   int c;
time =millis();
payload = new ArrayList<Character>();
```

1) 向串口写数据

....

```
    if((time-time2)>40 && ! toggleRead && ! toggleWrite) {//不按读写按钮发送的 78
//个数据
        time2 =time;
        int[] requests = {MSP_IDENT, MSP_MOTOR_PINS, MSP_STATUS, MSP_RAW_IMU,
MSP_SERVO, MSP_MOTOR, MSP_RC, MSP_RAW_GPS, MSP_COMP_GPS, MSP_ALTITUDE, MSP_BAT,
MSP_DEBUGMSG, MSP_DEBUG};
    //100 =d 115 =s 102 =f 103 =g 104 =h 105 =i 106 =j 107 =k 109 =m 110 =n  253  254
        sendRequestMSP(requestMSP(requests));
    }
    if((time-time3)>20 && ! toggleRead && ! toggleWrite) {
        sendRequestMSP(requestMSP(MSP_ATTITUDE));//108 =l
        time3 =time;
    }
    if(toggleReset) {
        toggleReset =false;
        toggleRead =true;
```

```
            sendRequestMSP(requestMSP(MSP_RESET_CONF));//MSP_RESET_COF=208
        }
        if(toggleRead){//只要按读按钮 就发送下面的代码36个
            toggleRead=false;
            int[] requests ={MSP_BOXNAMES, MSP_PIDNAMES, MSP_RC_TUNING, MSP_PID,
MSP_BOX, MSP_MISC };//116=t  117=u 111=o   112=p 113=q 114=r
            sendRequestMSP(requestMSP(requests));
            buttonWRITE.setColorBackground(green_);
        }
        if(toggleCalibAcc){
            toggleCalibAcc=false;
            sendRequestMSP(requestMSP(MSP_ACC_CALIBRATION));
        }
        if(toggleCalibMag){
            toggleCalibMag=false;
            sendRequestMSP(requestMSP(MSP_MAG_CALIBRATION));
        }
        if(toggleWrite){
            toggleWrite=false;

            //MSP_SET_RC_TUNING
            payload = new ArrayList<Character>();
            payload.add(char( round(confRC_RATE.value()*100)) );
            payload.add(char( round(confRC_EXPO.value()*100)) );
            payload.add(char( round(rollPitchRate.value()*100)) );
            payload.add(char( round(yawRate.value()*100)) );
            payload.add(char( round(dynamic_THR_PID.value()*100)) );
            payload.add(char( round(throttle_MID.value()*100)) );
            payload.add(char( round(throttle_EXPO.value()*100)) );
            sendRequestMSP(requestMSP(MSP_SET_RC_TUNING,payload.toArray( new Char-
acter[payload.size()]) ));

            //MSP_SET_PID
            payload = new ArrayList<Character>();
            for(i=0;i<PIDITEMS;i++){
                byteP[i] =(round(confP[i].value()*10));
                byteI[i] =(round(confI[i].value()*1000));
                byteD[i] =(round(confD[i].value()));
            }
    ..............
```

2) 读串口字符数据处理

```
        while(g_serial.available()>0){
            c =(g_serial.read());
```

```
if(c_state == IDLE) {
  c_state =(c=='$') ? HEADER_START : IDLE;
} else if(c_state == HEADER_START) {
  c_state =(c=='M') ? HEADER_M : IDLE;
} else if(c_state == HEADER_M) {
  if(c == '>') {
    c_state = HEADER_ARROW;
  } else if(c == '! ') {
    c_state = HEADER_ERR;
  } else {
    c_state = IDLE;
  }
} else if(c_state == HEADER_ARROW || c_state == HEADER_ERR) {
  /*是一个错误的消息? */
  err_rcvd =(c_state == HEADER_ERR);
  dataSize =(c&0xFF);          /*重置数据大小 reset index variables */
  p = 0;
  offset = 0;
  checksum = 0;
  checksum ^=(c&0xFF);
  c_state = HEADER_SIZE;
} else if(c_state == HEADER_SIZE) {
  cmd =(byte)(c&0xFF);
  checksum ^=(c&0xFF);
  c_state = HEADER_CMD;
} else if(c_state == HEADER_CMD && offset < dataSize) {
    checksum ^=(c&0xFF);
    inBuf[offset++] =(byte)(c&0xFF);
} else if(c_state == HEADER_CMD && offset >= dataSize) {
  if((checksum&0xFF) ==(c&0xFF)) {    /* 校验和的比较 */
    if(err_rcvd) {
      //System.err.println("Copter did not understand request type "+c);
    } else {
      evaluateCommand(cmd,(int)dataSize);//有效应答,处理
    }
  } else {
      System.out.println ( " invalid checksum for command " + ((int)
(cmd&0xFF))+": "+(checksum&0xFF)+" expected, got "+(int)(c&0xFF));
      System.out.print("<"+(cmd&0xFF)+" "+(dataSize&0xFF)+"> {");
      for(i=0; i<dataSize; i++) {
        if(i! =0) { System.err.print("); }
        System.out.print((inBuf[i] & 0xFF));
```

255

```
            }
          System.out.println("} ["+c+"]");
          System.out.println(new String(inBuf, 0, dataSize));
        }
        c_state = IDLE;
      }
} //while(g_serial.available()>0)结束
}    //draw 结束
```

3）串口初始化

```
public void InitSerial(float portValue) {//初始化串口
  if(portValue < commListMax) {
    String portPos = Serial.list()[(int)portValue];//串口号
    g_serial = new Serial(this, portPos,GUI_BaudRate);
    g_serial.buffer(256);//申请缓冲区
  } else {
    g_serial.stop();
  }
}
} //InitSerial 结束

  static public void main(String args[]) {
    PApplet.main(new String[] { "--bgcolor=#ECE9D8", "MultiWiiConf" });
  }
} //MultiWiiConf 类结束
```

第九章　GPS 应用

中国北斗卫星导航系统(BeiDou Navigation Satellite System, BDS)是中国自行研制的全球卫星导航系统。

北斗卫星导航系统由空间段、地面段和用户段三部分组成,可在全球范围内全天候、全天时为各类用户提供高精度、高可靠定位、导航、授时服务,并具短报文通信能力,已经初步具备区域导航、定位和授时能力,定位精度 10m,测速精度 0.2m/s,授时精度 10ns。中国的卫星导航系统已获得国际海事组织的认可。

BDS 将逐渐应用到我们的日常生活,如果条件具备本书将采用 BDS 进行姿态控制和定位。

第一节　GPS 原理

GPS 是英文 Global Positioning System(全球定位系统)的简称。GPS 起始于 1958 年美国军方的一个项目,1964 年投入使用。20 世纪 70 年代,美国陆、海、空三军联合研制了新一代卫星定位系统 GPS,主要目的是为陆、海、空三大领域提供实时、全天候和全球性的导航服务,并用于情报收集、核爆监测和应急通信等一些军事目的,经过 20 余年的研究实验,耗资 300 亿美元,到 1994 年,全球覆盖率高达 98% 的 24 颗 GPS 卫星星座已布设完成。

我们今天所称的广义 GPS 也包括其他国家的全球定位系统,如俄罗斯的格洛纳斯全球卫星导航系统(GLONASS)、欧洲的伽利略卫星导航系统(Galileo Satellite Navigation System)和我国的北斗卫星导航系统。

由于本例程中所使用的硬件接收的是美国 GPS 系统的卫星信号,所以这里以 GPS 系统为例讲解卫星定位原理。

GPS 系统由 24 颗高度为 2 万 km 的卫星组成,它们以 6 个不同的运行轨道运行,可提供全球范围从地面到 9000km 高空之间任一物体的高精度三维位置、三维速度在精确时间的信息。从理论上说,地面上的接收单元只要能够收到来自 3 颗卫星的定位信号就可以算出自身的经纬度和时间。如图 9.1 所示,通过 3 颗卫星上的时间、接收机自身的时间和 3 颗卫星的坐标可以计算出自身位置坐标。详细的推导过程这里不进行介绍,有兴趣的读者可参阅相关书籍。

我们所说的 GPS 协议一般指 NMEA-0183 协议。NMEA 协议是为了在不同的 GPS (全球定位系统)导航设备中建立统一的 RTCM(海事无线电技术委员会)标准,由美国国家海洋电子协会(NMEA-The National Marine Electronics Associa-tion)制定的一套通讯协议。GPS 接收机根据 NMEA-0183 协议的标准规范,将位置、速度等信息通过串口传送到 PC 机、PDA 等设备。

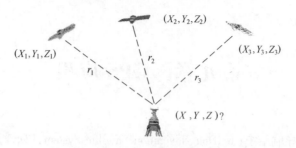

图 9.1　GPS 定位原理图

NMEA 协议有 0180、0182 和 0183 这 3 种,0183 可以认为是前两种的升级,也是目前使用最为广泛的一种。NMEA-0183 协议是 GPS 接收机应当遵守的标准协议,大多数常见的 GPS 接收机、GPS 数据处理软件、导航软件都遵守或者至少兼容这个协议。也有少数厂商或软件不支持 NMEA-0183,购买和使用的时候需要注意识别。

在不同的 GPS 导航设备中 NAEA 0183 GPS 协议建立了统一的 RTCM 标准。NAEA 0183 语句以 ASCII 格式输出,传输速率可自定义。

NMEA 通讯协议所规定的通讯语句都已是以 ASCII 码为基础的,NMEA-0183 协议语句的数据格式如下:"$"为语句起始标志;","为域分隔符;"＊"为校验和识别符,其后面的两位数为校验和,代表了"$"和"＊"之间所有字符的按位异或值(不包括这两个字符);"/"为终止符,所有的语句必须以回车换行来结束,也就是 ASCII 字符的"回车"(十六进制的 0D)和"换行"(十六进制的 0A)。在读取输出语句时数据之间最好用","区分,不要按位读取,以保证应用程序的兼容性。

对于不同的 GPS 模块来说,实际输出的语句是有一定的区别的,但不管怎么说,常见的几个语句一般都还是有的。

GPS 输出信号形式分为 5 种,使用哪一种形式,可以从传输过来的数据头中识别出来,这 5 种形式的信号格式包含的信息有:

GGA:时间、位置、定位类型

GLL:UTC 时间、经度、纬度

GSA:GPS 接收机操作模式、定位使用的卫星、DOP 值

GSV:可见 GPS 卫星信息、仰角、方位角、信噪比(SNR)

RMC:时间、日期、位置、速度

两种主要的形式 RMC 和 GGA 信息的具体内容为:

GGA

GPS 固定数据输出语句为($GPGGA),$GPGGA 语句包括 17 个字段:语句标识头,世界时间,纬度,纬度半球,经度,经度半球,定位质量指示,使用卫星数量,水平精确度,海拔高度,高度单位,大地水准面高度,高度单位,差分 GPS 数据期限,差分参考基站标号,校验和结束标记(用回车符<CR>和换行符<LF>),分别用 14 个逗号进行分隔。该数据帧的结构及各字段释义如下:

$GPGGA,<1>,<2>,<3>,<4>,<5>,<6>,<7>,<8>,<9>,M,<10>,M,<11>,<12>＊xx<CR><LF>

$GPGGA:起始引导符及语句格式说明(本句为 GPS 定位数据)

<1> UTC 时间,格式为 hhmmss.sss

<2>纬度,格式为 ddmm.mmmm(前导位数不足则补 0)

<3>纬度半球,N 或 S(北纬或南纬)

<4>经度,格式为 dddmm.mmmm(前导位数不足则补 0)

<5>经度半球,E 或 W(东经或西经)

<6> GPS 状态, 0 初始化, 1 单点定位,2 码差分, 3 无效 PPS, 4 固定解, 5 浮点解, 6 正在估算 7,人工输入固定值, 8 模拟模式, 9WAAS 查分

<7>使用卫星数量,从 00 到 12(前导位数不足则补 0)

<8>水平精确度,0.5 到 99.9

<9>天线离海平面的高度,-9999.9 到 9999.9M,M 指单位米

<10>大地水准面高度,-9999.9 到 9999.9M,M 指单位米

<11>差分 GPS 信息,即差分时间(从最近一次接收到差分信号开始的秒数,如果不是差分定位将为空)

<12>差分参考基站标号,从 0000 到 1023(前导位数不足则补 0)

*语句结束标志符

xx 从$开始到 * 之间的所有 ASCII 码的异或校验和

<CR>回车

<LF>换行

RMC

GPS 固定数据输出语句为($GPRMC),$GPRMC 语句格式如下:

$GPGGA,<1>, <2>, <3>, <4>, <5>, <6>, <7>, <8>, <9>,<10>,<11>, *, hh <CR><LF>

$GPRMC:起始引导符及语句格式说明

<1>定位时 UTC 时间,格式为 hhmmss.sss

<2>状态 A=定位 V=导航

<3>经度 ddmm.mmm 格式(前导位数不足则补 0)

<4>经度方向 N(北纬)或 S(南纬)

<5>纬度 dddmm.mmmm (前导位数不足则补 0)

<6>纬度方向 E(东经)或 W(西经)

<7>速率,节,Knots

<8>方位角(二维方向指向,相当于二维罗盘)

<9>当前 UTC 日期,格式为 ddmmyy

<10>磁偏角,(000- 180)度(前导位数不足则补 0)

<11>磁偏角方向,E=东经　W=西经

第二节　飞控中的代码介绍

GPS 在本飞控设计中的主要用于姿态的矫正。

在 GPS. h 中声明了主控程序所需调用的函数：

GPS_set_pids( )，为设置 pid 的参数，给定一组 P/I/D 的初始参数；

GPS_SerialInit( )，为串口初始化，选择板型以及串口波特率；

GPS_NewData( )，为获取 GPS 数据，每调用一次就读取即时数据；

GPS_reset_home_position( )，为设置原点位置，用于计算此刻飞机距离与方位；

GPS_reset_nav( )，重置导航，将一切导航参数置零。

上面的五个函数在 GPS. cpp 的函数定义中均分为 I2C_GPS 和 GPS_SERIAL 两部分进行讨论的，互相之间并无冲突。

GPS_set_next_wp( )，字面意思为设置下一个航点，但是在实际的运用中得先选用航点模式才有用；该函数只在 Serial 模式里用到。

GPS_I2C_command( )，I2C 模式下进行命令的写入，只在 I2C 模式里用到。

在 GPS. cpp 里还定义了很多函数，这些都是属于局部的函数，只是为 GPS. cpp 内部所调用，图形在图 9.2 中用细线框标明，下边将本代码中的各个函数之间的对应关系简略地表现一下。

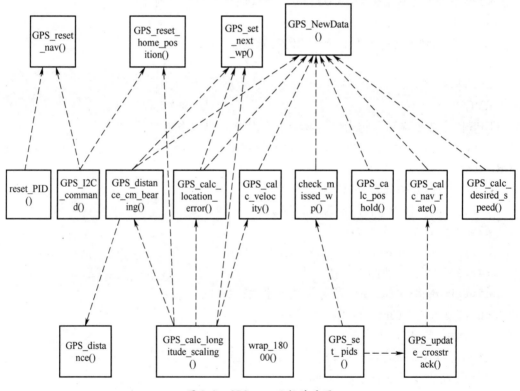

图 9.2　GPS. cpp 函数关系图

比对着图 9.2，我们按照顺序讲解一下 GPS. cpp 整个模块的框架：

从一开始就分为三个 GPS 芯片类型，分别为 NMEA、UBLOX、MTK，按照你选择的芯片来选择相应的程序块。接着声明了一些函数，为刚刚提到的程序所服务。如下：

（1）voidGPS_distance_cm_bearing(int32_t * lat1, int32_t * lon1, int32_t * lat2, int32_t * lon2,uint32_t * dist, int32_t * bearing)；计算两点间距离和方位；

（2）static void GPS_calc_velocity(void)；计算速度；

（3）static void GPS_calc_location_error(int32_t * target_lat, int32_t * target_lng, int32_t * gps_lat, int32_t * gps_lng)；计算定位误差；

（4）static void GPS_calc_poshold(void)；计算定点；

（5）static uint16_t GPS_calc_desired_speed(uint16_t max_speed, bool _slow)；计算所需速度（为停靠设定点时所用）；

（6）static void GPS_calc_nav_rate(uint16_t max_speed)；计算导航率；

（7）int32_t wrap_18000(int32_t ang)；角度转换；

（8）staticboolcheck_missed_wp(void)；检查是否错过航点；

（9）voidGPS_calc_longitude_scaling(int32_t lat)；计算经度缩减；

（10）static void GPS_update_crosstrack(void)；更新航迹；

（11）int32_t wrap_36000(int32_t ang)；角度转换。

随后声明 LeadFilter 类来获取当前位置，并设置经纬度滞后滤波器为 xLeadFilter 和 yLeadFilter。声明 PID 相关的两个结构体 PID_PARAM 和 PID，为 get_P( )、get_I( )、get_D( ) 三个获取 P、I、D 参数函数服务，当然也有重置 PID 的函数。

定义 GPS_I2C_command( )，用于在 I2C 模式下进行命令的写入；定义 GPS_SerialInit( ) 串口初始化程序，打开串口并设置相应波特率。

定义 GPS_NewData( )，获取数据函数。

GPS_NewData( )是 GPS 里最重要的函数,分为两部分:I2C_GPS 和（GPS_SERIAL）||（GPS_FROM_OSD）。

在第一个部分 I2C_GPS 内容中的主要获取数据形式为指针访问对应数据存放在 GPS 寄存器地址,然后将数据读出。下边一个数据为例。

```
uint8_t *varptr;
#if defined(I2C_GPS_SONAR)
  i2c_rep_start(I2C_GPS_ADDRESS<<1);
  i2c_write(I2C_GPS_SONAR_ALT);
  i2c_rep_start((I2C_GPS_ADDRESS<<1)|1);
  varptr =(uint8_t *)&sonarAlt;          //高度存放的地址
  *varptr++ = i2c_readAck();
  *varptr   = i2c_readNak();
#endif
```

定义指针变量 varptr,i2c_rep_start(I2C_GPS_ADDRESS<<1)为 I2C 起始函数,将地址左移一位,是为了将标志位置为 0 允许写入,然后 i2c_write(I2C_GPS_SONAR_ALT)写入数据地址。i2c_rep_start((I2C_GPS_ADDRESS<<1)|1)将地址和 1 相与,允许读取数据。然后将数据地址强制转换格式传给 varptr, * varptr++ = i2c_readAck( ),其中 i2c_readAck( )有应答的读取数据赋给 * varptr, * varptr++该指针地址自增。 * varptr = i2c_readNak( ),其中 i2c_readNak( )为无应答读取数据(和上边的区别在于该数据是对应地址最后数据,读完无需应答)。

I2C_GPS 中内其他数据的读取均是采用这种方式,数据依次有:nav_bearing、GPS_directionToHome、GPS_distanceToHome、GPS_coord[LAT]、GPS_coord[LON]、nav[LAT]、nav

[LON]、GPS_speed、GPS_altitude、GPS_ground_course。当然在数据读取的同时还会有相应的控制,在代码中有具体表现。

在第二个串口部分(GPS_SERIAL)||(GPS_FROM_OSD)中数据的获取分了两种情况:如果选择GPS_SERIAL形式,将会调用GPS_newFrame()函数,选择板型并读取串口数据;如果选择的是GPS_FROM_OSD形式,则数据都是从OSD中获取,OSD是在LCD已有的画面上显示通过串口传输来的GPS的相关信息。

当数据取得之后要进行滑动平均滤波,且滤波向量长度为5,将所读取的经纬度坐标的小数部分进行滑动平均,得到滤波后数据用于且只用于定点模式。

随后计算距离和方位,然后根据是导航模式还是定点模式进行相对应的计算。

定义GPS_reset_home_position()重置原点函数。

该函数分为两种方式进行控制:I2C_GPS模式和非I2C_GPS模式。在I2C_GPS中,只需使用一个命令函数就够了。GPS_I2C_command(I2C_GPS_COMMAND_SET_WP,0)将I2C_GPS_COMMAND_SET_WP的地址0X03发送给I2C GPS模块中,作用是复制当前位置给它的WP0,达到重置原点的目的。在非I2C_GPS中,直接将当前经纬度坐标赋给home原点坐标。

定义GPS_reset_nav()重置导航参数函数。

该函数同样分为I2C_GPS模式和非I2C_GPS模式。在I2C_GPS模式中用法和上函数相仿,同样调用写命令模式GPS_I2C_command(I2C_GPS_COMMAND_STOP_NAV,0),该语句作用为停止导航。非I2C_GPS模式则调用reset_PID()函数将posholdPID[i]、poshold_ratePID[i]、navPID[i]等均置为零。

定义GPS_set_pids()设置PID参数函数。

分为(GPS_SERIAL) ||(GPS_FROM_OSD)和I2C_GPS两种。两种方式的实质是一样的,前者是将值直接赋给对应变量,后者则是将对应值以命令方式写到模块中并更新。

几个主要程序之后是一个大的模块onboard GPS code,主要分为两部分内容:①为主要函数服务的函数集合;②芯片板型内部数据解析。

(1)函数集合如下:

```
GPS_calc_longitude_scaling(int32_t lat)
GPS_set_next_wp(int32_t * lat, int32_t * lon)
GPS_distance_cm_bearing()
check_missed_wp()
GPS_distance_cm_bearing()
GPS_distance()
GPS_calc_velocity()
GPS_calc_location_error()
GPS_calc_poshold()
GPS_calc_nav_rate()
GPS_update_crosstrack()
GPS_calc_desired_speed()
```

各函数作用在前边已经简单介绍了,接着说一些细节。

所有的这些函数的中心都是围绕着GPS的经纬度坐标进行的,例如:GPS_calc_

velocity(.),用 GPS 坐标来计算速度而不是直接从 GPS 读取速度,这样的话得到的速度数据更加精确;GPS_calc_location_error()计算航行落点误差,直接用坐标来进行计算。GPS_distance_cm_bearing()计算距离和方位,也是根据两点间的经纬度坐标进行计算的。而GPS_distance()同样是依据坐标并调用 GPS_distance_cm_bearing()函数,然后将距离和方位单位转换为 meters 和 degrees。

（2）GPS 芯片数据解析部分

在这里边分了 NMEA、UBLOX、MTK 三类 GPS 芯片,就每种芯片的数据解析进行编码。我们要用的部分是 GPS_NMEA_newFrame(char c)、GPS_UBLOX_newFrame(uint8_t data)、GPS_MTK_newFrame(uint8_t data)。当你选择不同的 GPS 芯片时选择不同的数据解析函数,为前边的 GPS 串口数据获取提供服务。

第三节 GPS 模块代码在飞控主函数中的作用

说了这么多都是 GPS 模块的代码,或许你会问这些都用在什么地方,怎么用的,这里简单讲述一下 GPS 模块代码在主控程序中的运用(图 9.3)。

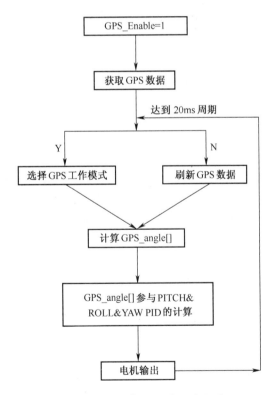

图 9.3 飞控中 GPS 应用过程图

整个过程中,如果装有 GPS,在 arduino 主体程序的 setup()中进行 GPS 的设置。首先调用 GPS_set_pids()函数,设置 GPS 相关 PID 参数,语句如下:

```
#if defined(I2C_GPS) ||defined(GPS_SERIAL) ||defined(GPS_FROM_OSD)
GPS_set_pids();
```

```
#endif
```

接着就是将 GPS_Enble 置 1,启用 GPS。分为两种情况:串口模式和非串口模式。

（1）串口模式

```
#if defined(GPS_SERIAL)
GPS_SerialInit();
for(uint8_t j=0;j<=5;j++){
GPS_NewData();
    LEDPIN_ON
delay(20);
    LEDPIN_OFF
delay(80);
    }
if(! GPS_Present){
SerialEnd(GPS_SERIAL);
SerialOpen(0,SERIAL0_COM_SPEED);
    }
    #if ! defined(GPS_PROMINI)
GPS_Present = 1;
    #endif
GPS_Enable = GPS_Present;
  #endif
```

（2）非串口模式

```
#if defined(I2C_GPS) ||defined(GPS_FROM_OSD)
GPS_Enable = 1;
#endif
```

接下来就是在 loop( )函数中实现 GPS 具体的作用。整个 loop 函数的中心思想是:一个周期内首先进行遥控操作杆位置的检测,从而进行各部分的设置和控制。其中包括 GPS 的相关模式设定参数 rcOptions[BOXGPSHOME]和 rcOptions[BOXGPSHOLD]。选择模式如下:

```
#if GPS
static uint8_t GPSNavReset = 1;
if(f.GPS_FIX&&GPS_numSat>= 5 ) {
if(rcOptions[BOXGPSHOME]) {
if(! f.GPS_HOME_MODE)  {
f.GPS_HOME_MODE = 1;
f.GPS_HOLD_MODE = 0;
GPSNavReset = 0;
        #if defined(I2C_GPS)
          GPS_I2C_command(I2C_GPS_COMMAND_START_NAV,0);
        #else //SERIAL
GPS_set_next_wp(&GPS_home[LAT],&GPS_home[LON]);
nav_mode    = NAV_MODE_WP;
```

```
                    #endif
                }
            } else {
    f.GPS_HOME_MODE = 0;
    if(rcOptions[BOXGPSHOLD] && abs(rcCommand[ROLL])< AP_MODE && abs(rcCommand
[PITCH]) < AP_MODE) {
    if(! f.GPS_HOLD_MODE) {
    f.GPS_HOLD_MODE = 1;
    GPSNavReset = 0;
                #if defined(I2C_GPS)
                   GPS_I2C_command(I2C_GPS_COMMAND_POSHOLD,0);
                #else
    GPS_hold[LAT] = GPS_coord[LAT];
    GPS_hold[LON] = GPS_coord[LON];
    GPS_set_next_wp(&GPS_hold[LAT],&GPS_hold[LON]);
    nav_mode = NAV_MODE_POSHOLD;
                #endif
                }
            } else {
    f.GPS_HOLD_MODE = 0;
    if(GPSNavReset == 0 ) {
    GPSNavReset = 1;
    GPS_reset_nav();
                }
            }
        }
    } else {
    f.GPS_HOME_MODE = 0;
    f.GPS_HOLD_MODE = 0;
        #if ! defined(I2C_GPS)
    nav_mode = NAV_MODE_NONE;
        #endif
    }
    #endif
```

在上述程序片段中我们可以看出,根据不同的判断条件,会选择不同的飞行模式,继而进行相关的设置,如设定坐标值、设定航点坐标、控制字改变等。

上面一部分完成之后接下来就是 GPS_angle[ ]的计算,这将会用在 PITCH&ROLL&YAW PID 的计算中。

```
#if GPS
// 与 GPS 有关,计算 GPS_angle[ROLL] 和 GPS_angle[PITCH],在第七章第二节已经介绍,这里
省略
    #endif
```

在这部分代码中,NAV [ ] 和 NAV_rated[ ]均是从 GPS 模块代码中的 GPS_reset_nav( )函数中获得初值,然后按步骤计算出 GPS_angle[ ],从而在接下来的 PID 控制中提供作用。

第十章 实例分析

第一节 机器人机械臂控制的代码开发

图 10.1 所示为通用的机械臂,有 4 个舵机实施机械臂的四自由度的控制,通过 Arduino 单片机的编程可以使用遥控对机械臂的灵活控制。

```
<config.h>
#include <avr/pgmspace.h>
#include <Servo.h>

/* 遥控 4 引脚定义 */
#define THR 2
#define ROLL 4
#define PITCH 5
#define YAW 6

/* 建立舵机对象 */
Servo myservoA;
Servo myservoB;
Servo myservoC;
Servo myservoD;
void configRx();
void DX_4axis();
```

图 10.1 机械臂图

```
<DX_4axis.ino>
#include "Config.h" //引脚和变量头文件定义

void setup()
{
  Serial.begin(57600);  //串口波特率初始化
  for(int i = 0; i < 4; i++)  //遥控引脚模式
  {
    pinMode(rxPin[i], INPUT); //输入
  }
  configRx();//此函数见第三章第二节的遥控部分。同时还要附上中断控制函数 ISR
//(PCINT2_vect)
  /* 连接舵机控制引脚 */
```

266

```
    myservoA.attach(8);   //控制腰部(A)的端口是 8 号
    myservoB.attach(9);   //控制大臂(B)的端口是 9 号
    myservoC.attach(10);  //控制小臂(C)的端口是 10 号
    myservoD.attach(11);  //控制小臂旋转(D)的端口是 11 号

    /* 给各个舵机初始角度,即机械臂的初始状态 */
    myservoA.write(66);
    myservoB.write(100);
    myservoC.write(80);
    myservoD.write(80);
}


void loop()
{
    /* 将各个通道的值映射到 10~170 之间,舵机角度为 1~180°,为了保护舵机,设置 10°的角度
差 */
    /* map( value, fromLow, fromHigh, toLow, toHigh)
     * 将一个数从一个范围映射到另外一个范围
     * 也就是说,会将 fromLow 到 fromHigh 之间的值映射到 toLow 在 toHigh 之间的值
     */
    sea = map(rcValue[2],1016,2020,10,170);
    seb = map(rcValue[4],1016,2020,10,170);
    sec = map(rcValue[5],1016,2020,10,170);
    sed = map(rcValue[6],1016,2020,10,170);

    DX_4axis();   //调用机械臂控制函数
}


/* 机械臂的控制 */
void DX_4axis() {
    delay(100);   //延时 100ms 消抖
    /* 判断腰部 A 的角度变化 */
    if(posa <= sea)
    {
      for(; posa <= sea; posa ++)
      {
        myservoA.write(posa); //将通道映射值写入腰部舵机
        delay(1);
      }
    }
    else
    {
      for(; posa > sea; posa --)
```

```
      }
      myservoA.write(posa);
      delay(1);
    }
  }
  /* 判断大臂 B 的角度变化 */
  if(posb <= seb)
  {
    for(; posb <= seb; posb ++)
    {
      myservoB.write(posb);
      delay(1);
    }
  }
  else
  {
    for(; posb > seb; posb --)
    {
      myservoB.write(posb);
      delay(1);
    }
  }
  /* 判断小臂 C 的角度变化 */
  if(posc <= sec)
  {
    for(; posc <= sec; posc ++)
    {
      myservoC.write(posc);
      delay(1);
    }
  }
  else
  {
    for(; posc > sec; posc --)
    {
      myservoC.write(posc);
      delay(1);
    }
  }
  /* 判断小臂(旋转)C 的角度变化 */
  if(posd < sed)
  {
    for(; posd <= sed; posd ++)
```

```
        {
            myservoD.write(posd);
            delay(1);
        }
    }
    else
    {
      for(; posd > sed; posd --)
      {
        myservoD.write(posd);
        delay(1);
      }
    }
}
```

第二节　四轴飞控的代码解读

1. 文件功能介绍

MultWii:

版权声明文件,包含了源代码的下载地址,符合通用性公开许可证(General Public License,GPL),GPL 协议最主要的几个原则如下:

(1)确保软件自始至终都以开放源代码形式发布,保护开发成果不被窃取用作商业发售。任何一套软件,只要其中使用了受 GPL 协议保护的第三方软件的源程序,并向非开发人员发布时,软件本身也就自动成为受 GPL 保护并且约束的实体。也就是说,此时它必须开放源代码。

(2)GPL 大致就是一个左侧版权(Copyleft,或译为"反版权""版权属左""版权所无""版责"等)的体现。你可以去掉所有原作的版权信息,只要你保持开源,并且随源代码、二进制版附上 GPL 的许可证就行,让后人可以很明确地得知此软件的授权信息。GPL 的精髓就是,只要使软件在完整开源 的情况下,尽可能使使用者得到自由发挥的空间,使软件得到更快更好的发展。

(3)无论软件以何种形式发布,都必须同时附上源代码。例如在 Web 上提供下载,就必须在二进制版本(如果有的话)下载的同一个页面,清楚地提供源代码下载的链接。如果以光盘形式发布,就必须同时附上源文件的光盘。

(4)开发或维护遵循 GPL 协议开发的软件的公司或个人,可以对使用者收取一定的服务费用。但还是一句老话——必须无偿提供软件的完整源代码,不得将源代码与服务做捆绑或任何变相捆绑销售。

config. h:

因为硬件生产厂家生产的硬件在驱动方面的差异性以及飞控模式的不同,需要针对不同情况进行软件的开发,因此采用了预编译的技术,制作者根据自己的情况选择地去掉或加上该文件注释项,这是飞控制作者首先要做的事情。

def. h：

飞控的测试配置（根据八种不同型号飞控，配置了哪些硬件），选用不同的 CPU 决定了单片机的型号，电动机和伺服的数目，不同的单片机 CPU 管脚定义/赋初值等功能常数的定义，各式开发板内传感器类型的定义及姿态角的存储，GUI 类型的声明，一些通用资源的定义，I2C GPS 寄存器地址常数的定义，LCD 显示模式定义，LCD 显示的错误信息。

types. h：

数据结构的定义，定义结果生成的变量都是全局性的变量，包含了全局性的配置 global_conf_t（放在 EEPROM 里变量结构）、conf_t（放在 EEPROM 里变量结构）、plog_t（放在 EEPROM 里变量结构）、analog_t、flags_struct_t、alt_t、imu_t、att_t、rc、pid、box、pid_、servo _conf_。

MultWii. h：

MultWii.cpp 的头文件，定义了常量 POSHOLD 定位模式的 PID 控制的权重，默认的导航 PID 权重，外部变量的声明，GPS 公用变量的声明，串口 GPS 变量的声明。

MultWii. cpp：

飞控主程序，程序存储器存储常数，公用变量的声明，三个全局公用函数的声明，setup() 函数的定义，loop() 函数的定义。

Alarms. h：

Alarms.cpp 的头文件，定义了关于报警功能的公有函数的函数原型。包含了 LED、LED 快闪、蜂鸣器、LED 环、着落灯、飞行灯等的处理，一般是对硬件的直接处理，所以大部分没有输入参数和输出参数。

Alarms. cpp：

报警功能的处理函数声明，见第三章。

EEPROM. h

EEPROM 存储器数据读写处理的公有函数的函数原型。

EEPROM. cpp

EEPROM 存储器数据读写处理的公有函数的函数声明，见第三章。

GPS. h

定义了 GPS 的 PID 控制参数配置函数、GPS 通过串口通信的初始化函数、获取 GPS 数据的函数、重置 GPS 返回模式返回位置的函数、设置 GPS 路径点的函数、重置 GPS 导航函数、GPS 的 I2C 通信函数等的公有函数的函数原型。

GPS. cpp

GPS 导航相关函数的定义，主要包含 I2C 通信和串口通信两大块。

IMU. h

定义了气压高度计算函数和传感器计算姿态的函数的函数原型。

IMU. cpp

是机器人位姿计算的主模块，见第六章。

LCD. h

LCD. cpp

Output. h

定义了电动机输出的初始化函数、各个电动机的设置函数、伺服舵机和无刷电动机的输出函数等的公有函数的函数原型。

Output. cpp

针对不同飞控模式以及不同的开发板,配合定时计数器、PWM 管脚定义了各式电动机输出函数,见第三章。

Protocol. h

定义了串口通信以及通过串口通信输出调试信息的函数的函数原型。

Protocol. cpp

定义了串口通信的函数,见第八章。

RX. h

定义了遥控接收及其处理的函数原型。

RX. cpp

遥控处理函数的声明。

Sensors. h

定义了 I2C 协议以及传感器数据传输的公有函数的函数原型。

Sensors. cpp

I2C 协议以及传感器数据传输的函数的声明。

2. 飞控主程序详解

1）程序存储器变量的赋值

定义了三个数组:

pidnames[ ]:GUI 中进行 pid 配置的参数名。

boxnames[ ]:GUI 中进行附加通道配置的参数名,附加通道是指 THR、PITCH、ROLL、YAW 四通道之外的 AUX1、AUX2 通道。

boxids[ ]:boxnames[ ]所对应参数的 ID 号,依靠 ID 号可以标识响应处理函数中的这些参数。

2）全局变量的声明和初始化

（1）时间、校准等相关的变量

uint32_tcurrentTime = 0;当前时间,单位:微秒(μs);

uint16_tpreviousTime = 0;上一次 loop()循环记载的时间;

uint16_t cycleTime = 0;loop()循环的时间,在 pid 控制中的积分、微分中要用到;

uint16_t calibratingA = 0;主循环中加速度校准标志变量,每次循环-1,直到减为 0,就进入到正常的非校准模式;

uint16_t calibratingB = 0;气压计校准标志变量,可获取地面上气压值;

uint16_t calibratingG;陀螺仪校准标志变量;

int16_t magHold,headFreeModeHold;磁场传感器定向变量,无头模式定向变量,所谓无头模式就是记住起飞时机头的朝向,打开此功能后,无论机头转向哪里,和起飞时机头朝向一致的那里就是机头!

uint8_t vbatMin = VBATNOMINAL;记载电池电压最低值,分辨率 0.1V;

```
uint8_t rcOptions[CHECKBOXITEMS];遥控附加通道选项变量,在输入输出报警设置中用到;
int32_t AltHold;定高变量,单位:cm;
int16_t sonarAlt;超声波测高变量;
int16_t BaroPID = 0;气压计 PID 控制变量;
int16_t errorAltitudeI = 0;海拔积分误差变量。
```

(2) 惯性测量单元(IMU)陀螺仪、加速度传感器相关变量

```
int16_t gyroZero[3] = {0,0,0};三轴陀螺仪零偏变量
imu_t imu;imu 结构变量,用于保存从惯性姿态传感器传输过来的姿态参数值或平滑过的值;
analog_t analog;电源有关的结构变量;
alt_t alt;与高度有关的结构变量;
att_t att;飞控飞行绝对偏角及飞行速度有关的结构变量;
  uint32_t ArmedTimeWarningMicroSeconds = 0;加锁时间报警变量,单位:微秒(μs);
int16_t  debug[4];与 LCD 显示有关,本书不作讨论;
flags_struct_t f;模式标记变量,见后面的飞控模式介绍。
```

(3) 通过 LED 报警相关变量

```
uint16_t cycleTimeMax = 0;                //每次循环的最长时间
uint16_t cycleTimeMin = 65535;            //每次循环的最长时间
int32_t  BAROaltMax;                      //气压计测高最大值
uint16_t GPS_speedMax = 0;                //GPS 测得速度的最大值
uint16_t powerValueMaxMAH = 0;            //电源能量消耗值
uint32_t armedTime = 0;                   //加锁时间

int16_t  i2c_errors_count = 0;            //I2C 发生的误传计数
int16_t  annex650_overrun_count = 0;      //遥控操作超限次数计数

int16_t throttleAngleCorrection = 0;      //飞行中有侧风时油门校正
int8_t  cosZ = 100;                       //cos(angleZ)∗100 因为取整,所以乘 100
```

(4) 飞行中的加速度自动偏移校准

```
uint16_t InflightcalibratingA = 0;      //飞行中的加速度校准
int16_t AccInflightCalibrationArmed;    //解锁飞行中的加速度校准
uint16_t AccInflightCalibrationMeasurementDone = 0; //飞行中的加速度校准测量
uint16_t AccInflightCalibrationSavetoEEProm=0;   //加速度校准存入 EEPROM
uint16_t AccInflightCalibrationActive = 0; //飞行中的加速度校准激活
```

(5) 电源测量遥测附加显示

```
uint32_t pMeter[PMOTOR_SUM + 1]; //用 [0:7]对应 8 个电动机,还有一位用于求和
uint8_t pMeterV; //在 ConfigurationLoop()中虚拟满足参数结构逻辑
uint32_t pAlarm; //将电压值换算成 eeprom 的[0:255] 的值以便和 pMeter[6]中的值直接
//比较报警
uint16_t powerValue = 0;                //最后已知的电流值
uint16_t intPowerTrigger1;  //
```

(6) 四通道控制标志位的设置以及遥控数据处理

四个通道,每个通道两位共 8 位,1 表示没超,0 表示超过范围,01 表示超低,11 表示

正常,10 表示超高。

```
#define ROL_LO  (1<<(2 * ROLL))
#define ROL_CE  (3<<(2 * ROLL))
#define ROL_HI  (2<<(2 * ROLL))
#define PIT_LO  (1<<(2 * PITCH))
#define PIT_CE  (3<<(2 * PITCH))
#define PIT_HI  (2<<(2 * PITCH))
#define YAW_LO  (1<<(2 * YAW))
#define YAW_CE  (3<<(2 * YAW))
#define YAW_HI  (2<<(2 * YAW))
#define THR_LO  (1<<(2 * THROTTLE))
#define THR_CE  (3<<(2 * THROTTLE))
#define THR_HI  (2<<(2 * THROTTLE))


int16_t failsafeEvents = 0;    //安全事件
volatile int16_t failsafeCnt = 0; //安全事件数


int16_t rcData[RC_CHANS];       //接收的遥控值,范围[1000;2000]
int16_t rcSerial[8];            //来自于串口的遥控值,范围[1000;2000]
int16_t rcCommand[4];                   //经过 annexCode()函数的去除死区以及油门曲线等
//的处理后的值, THROTTLE 范围[1000;2000],ROLL/PITCH/YAW 范围 [-500;+500]
uint8_t rcSerialCount = 0;      //当没有更多的串口数据时选择合法的遥控数据,发生这种
//事件的次数
int16_t lookupPitchRollRC[5];//根据接收的遥控值查 PITCH+ROLL 曲线所得的 PITCH+
//ROLL 值
int16_t lookupThrottleRC[11];//根据接收的遥控值查油门曲线所得的 THROTTLE 值


#if defined(SPEKTRUM)
  volatile uint8_t  spekFrameFlags;   //Spektrum 接收数据帧标志
  volatile uint32_t spekTimeLast;       //上次接收时间
#endif


#if defined(OPENLRSv2MULTI)    //遥控接收板
  uint8_t pot_P,pot_I;  //板上 OpenLRS 接收系统的 PI 控制参数
#endif
```

（7）电动机、伺服参数

```
int16_t axisPID[3];//PID 控制后三轴输出值,紧接着就是利用它计算电动机值
int16_t motor[8];   //电动机的输出值
int16_t servo[8] = {1500,1500,1500,1500,1500,1500,1500,1000};//伺服电动机值,
```
四轴没用到

（8）EEPROM

```
static uint8_t dynP8[2], dynD8[2];   //动态 PD 控制参数
```

```
global_conf_t global_conf;              //通用配置数据结构
conf_t conf;                            //传感器相关配置数据结构
#ifdef LOG_PERMANENT
  plog_t plog;                          //飞控飞行记录相关数据结构
#endif
```

(9) GPS 全局变量

```
int16_t  GPS_angle[2] = { 0, 0 };  //GPS 校正后提供的角度
int32_t  GPS_coord[2];    //GPS 经纬度坐标
int32_t  GPS_home[2];     //GPS 返航坐标
int32_t  GPS_hold[2];     //GPS 定位坐标
uint8_t  GPS_numSat;      //GPS 卫星数
uint16_t GPS_distanceToHome;    //GPS 返航距离,单位:米(m)
int16_t  GPS_directionToHome;     //GPS 返航方向,单位:度(°)
uint16_t GPS_altitude;    //GPS 高度,单位:米(m)
uint16_t GPS_speed;       //GPS 速度,单位:cm/s
uint8_t  GPS_update = 0;   //GPS 位置更新
uint16_t GPS_ground_course = 0;       //着落后 GPS 方向,单位:度 * 10
uint8_t  GPS_Present = 0;       //串口 GPS 校验和
uint8_t  GPS_Enable  = 0;   //GPS 在工作

int16_t  nav[2];      //经纬度坐标
int16_t  nav_rated[2];      //飞行导航速率控制

uint8_t nav_mode = NAV_MODE_NONE;  //导航模式

uint8_t alarmArray[16];              //报警数组

#if BARO
  int32_t baroPressure;      //气压
  int32_t baroTemperature;     //气压计温度,气压校准要用
  int32_t baroPressureSum;     //气压求和平均用
#endif
```

3) 全局函数 annexCode( )的声明

本函数对遥控传来的数据 rcData[ ]进行处理,处理的内容有:去除死区(超过范围的区域),根据油门曲线(把直线变化的油门,变为曲线变化,以此提供不同的飞行模式)、桨距曲线、油门值动态调整 PID 参数、在无头模式下对 rcData[ ]进行的优化。生成 rccommand[ ]值用于姿态控制。另外,记录最大/最小循环时间,解锁时间,最大气压值,用 LED 显示传感器的运动状态,若定义了低压报警则进行电压测量。

```
void annexCode() { //这段代码每次 loop()循环都执行,如果它运行的时间少于 650μs 则不
//会影响飞控的控制
    static uint32_t calibratedAccTime;    //加速度校准时间
    uint16_t tmp,tmp2;
```

274

```
uint8_t axis;
//这里去掉了关于动态变参数 PID 的程序代码
for(axis=0;axis<3;axis++) {
  tmp = min(abs(rcData[axis]-MIDRC),500);
  #if defined(DEADBAND)
    if(tmp>DEADBAND) { tmp -= DEADBAND; }
    else { tmp=0; }
  #endif
  if(axis! =2) { //ROLL & PITCH
    tmp2 = tmp>>7; //500/128 = 3.9  => range [0;3]
    rcCommand[axis] = lookupPitchRollRC[tmp2] +((tmp-(tmp2<<7)) * (look-
upPitchRollRC[tmp2+1]-lookupPitchRollRC[tmp2])>>7); //这里会查桨距曲线数组。该桨
//距曲线数组在 EEPROM.cpp 中定义,涉及斜率和截距
  } else {        //YAW
    rcCommand[axis] = tmp;
  }
  if(rcData[axis]<MIDRC) rcCommand[axis] = -rcCommand[axis];
}
tmp = constrain(rcData[THROTTLE],MINCHECK,2000);
tmp =(uint32_t)(tmp-MINCHECK) * 2559/(2000-MINCHECK); //范围发生变化[MIN-
CHECK;2000] -> [0;2559]
tmp2 = tmp/256; //范围[0;9]
rcCommand[THROTTLE] = lookupThrottleRC[tmp2] +(tmp-tmp2 * 256) * (look-
upThrottleRC[tmp2+1] - lookupThrottleRC[tmp2]) / 256; //[0;2559] -> expo ->
[conf.minthrottle;MAXTHROTTLE]


if(f.HEADFREE_MODE) { //无头模式优化处理,headFreeModeHold 无头模式定向角
  float radDiff =(att.heading - headFreeModeHold) * 0.0174533f; //PI/180 ~
=0.0174533
  float cosDiff = cos(radDiff);
  float sinDiff = sin(radDiff);
  int16_t rcCommand_PITCH = rcCommand[PITCH] * cosDiff + rcCommand[ROLL] *
sinDiff;
  rcCommand[ROLL] = rcCommand[ROLL] * cosDiff - rcCommand[PITCH] * sinDiff;
  rcCommand[PITCH] = rcCommand_PITCH;
}
```

下面是对 3 个模拟通道获取的值进行滑动平均滤波处理,每次 loop( )循环只处理一个通道。

```
static uint8_t analogReader =0;  //对哪个通道进行处理
switch(analogReader++% 3) {
#if defined(POWERMETER_HARD)  //电源能量检测通道
case 0:
```

```
{
    uint16_t pMeterRaw; //存放当前读到的值
    static uint32_t lastRead = currentTime; //记录上次的时间
    static uint8_t ind = 0;   //滑动数据的第几个数指针
    static uint16_t pvec[PSENSOR_SMOOTH], psum;
    uint16_t p = analogRead(PSENSORPIN);   //读取模拟值
    #if PSENSOR_SMOOTH ! = 1   //滑动平均的数据个数不为1。为1就没必要处理了
       psum += p;    //把当前值放到和里去
       psum -= pvec[ind];  //减去之前的一个值
       pvec[ind++] = p;  //把当前值放到队列里去
       ind % = PSENSOR_SMOOTH;   //滑动
       p = psum / PSENSOR_SMOOTH;  //平均
    #endif
powerValue = ( conf.psensornull > p ? conf.psensornull - p : p -
conf.psensornull);
    //去零偏,之所以没用abs()函数,是因为要消耗更多资源,还可能溢出
analog.amperage = powerValue * conf.pint2ma;
pMeter[PMOTOR_SUM] +=((currentTime-lastRead) *(uint32_t)((uint32_t) pow-
//erValue * conf.pint2ma)) /100000;保存起来,单位[10 mA * msec]
    lastRead = currentTime;   //记下当前时间
     break;
}
#endif // POWERMETER_HARD

#if defined(VBAT)    //电池电压检测通道
case 1:
{
    static uint8_t ind = 0;
    static uint16_t vvec[VBAT_SMOOTH], vsum;
    uint16_t v = analogRead(V_BATPIN);
    #if VBAT_SMOOTH == 1
       analog.vbat =(v<<4) /conf.vbatscale; //电压分辨率0.1V
    #else
       vsum += v;
       vsum -= vvec[ind];
       vvec[ind++] = v;
       ind % = VBAT_SMOOTH;
       #if VBAT_SMOOTH == 16
         analog.vbat = vsum /conf.vbatscale;
       #elif VBAT_SMOOTH < 16
         analog.vbat =(vsum *(16/VBAT_SMOOTH)) /conf.vbatscale;
       #else
         analog.vbat =((vsum /VBAT_SMOOTH) * 16) /conf.vbatscale;
```

```
        #endif
      #endif
      break;
  }
#endif //VBAT
#if defined(RX_RSSI)   //接收信号强弱检测通道
case 2：
{
    static uint8_t ind = 0;
    static uint16_t rvec[RSSI_SMOOTH], rsum;
    uint16_t r = analogRead(RX_RSSI_PIN);
    #if RSSI_SMOOTH == 1
      analog.rssi = r;
    #else
      rsum += r;
      rsum -= rvec[ind];
      rvec[ind++] = r;
      ind %= RSSI_SMOOTH;
      r = rsum /RSSI_SMOOTH;
      analog.rssi = r;
    #endif
    break;
  }
  #endif
  } //end of switch()
//以下是报警初始化
  #if defined(BUZZER)
    alarmHandler(); //蜂鸣器
  #endif


  if((calibratingA>0 && ACC ) ||(calibratingG>0) ) {
    LEDPIN_TOGGLE;   //初始化 LED 引脚 13
  } else {
    if(f.ACC_CALIBRATED) {LEDPIN_OFF;}   //ACC 校准结束,灯灭
    if(f.ARMED) {LEDPIN_ON;}   //解锁,灯亮
  }

  #if defined(LED_RING)
    static uint32_t LEDTime;
    if( currentTime > LEDTime ) {
      LEDTime = currentTime + 50000;   //50msLED 环闪烁一次
      i2CLedRingState();
```

```
    }
  #endif

  #if defined(LED_FLASHER)
    auto_switch_led_flasher();
  #endif

  if( currentTime > calibratedAccTime ) {    //每100ms 检测一次
  if(! f.SMALL_ANGLES_25) {//倾斜太大或者未校准 ACC
    f.ACC_CALIBRATED = 0;//校准标志清零
      LEDPIN_TOGGLE;
      calibratedAccTime = currentTime + 100000;
    } else {
      f.ACC_CALIBRATED = 1;
    }
  }

  #if ! (defined(SPEKTRUM) && defined(PROMINI))    //ProMini 板只有一个串口。
//如果卫星通信使用中,跳过串口。注:如果 GUI 检测到串口数据,卫星通信将自动调用串口 GPS
//(与之对应的是 I2C GPS)
    #if defined(GPS_PROMINI)
      if(GPS_Enable == 0) {serialCom();}
    #else
      serialCom();
    #endif
  #endif

  #if defined(POWERMETER)
    analog.intPowerMeterSum =(pMeter[PMOTOR_SUM]/PLEVELDIV);
    intPowerTrigger1 = conf.powerTrigger1 * PLEVELSCALE;
  #endif

  #ifdef LCD_TELEMETRY_AUTO
    static char telemetryAutoSequence []  = LCD_TELEMETRY_AUTO;
    static uint8_t telemetryAutoIndex = 0;
    static uint16_t telemetryAutoTimer = 0;
    if((telemetry_auto) &&(! (++telemetryAutoTimer % LCD_TELEMETRY_AUTO_
FREQ) ) ){
      telemetry = telemetryAutoSequence[++telemetryAutoIndex % strlen(te-
lemetryAutoSequence)];
      LCDclear(); //make sure to clear away remnants
    }
  #endif
```

```c
#ifdef LCD_TELEMETRY
  static uint16_t telemetryTimer = 0;
  if(! (++telemetryTimer % LCD_TELEMETRY_FREQ)) {
    #if(LCD_TELEMETRY_DEBUG+0 > 0)
      telemetry = LCD_TELEMETRY_DEBUG;
    #endif
    if(telemetry) lcd_telemetry();
  }
#endif


#if GPS & defined(GPS_LED_INDICATOR)    //modified by MIS to use STABL-
//EPIN LED for number of sattelites indication
  static uint32_t GPSLEDTime;           // - No GPS FIX -> LED blink at
//speed of incoming GPS frames
  static uint8_t blcnt;                 // - Fix and sat no. bellow 5 ->
//LED off
  if(currentTime > GPSLEDTime) {        // - Fix and sat no. >= 5 -> LED
//blinks, one blink for 5 sat, two blinks for 6 sat, three for 7 ...
    if(f.GPS_FIX && GPS_numSat >= 5) {
      if(++blcnt > 2 * GPS_numSat) blcnt = 0;
      GPSLEDTime = currentTime + 150000;
      if(blcnt >= 10 &&((blcnt%2) == 0)) {STABLEPIN_ON;} else {STABLEPIN_OFF;}
    }else{
      if((GPS_update == 1) && ! f.GPS_FIX) {STABLEPIN_ON;} else {STABLEPIN_OFF;}
      blcnt = 0;
    }
  }
#endif
//以下是记录最大最小值
#if defined(LOG_VALUES) &&(LOG_VALUES >= 2)
  if(cycleTime > cycleTimeMax) cycleTimeMax = cycleTime; //记录最大循环时间
  if(cycleTime < cycleTimeMin) cycleTimeMin = cycleTime; //记录最小循环时间
#endif
if(f.ARMED) {    //如果解锁了
  #if defined(LCD_TELEMETRY) ||defined(ARMEDTIMEWARNING) ||defined(LOG_
PERMANENT)
    armedTime +=(uint32_t)cycleTime;   //记录解锁时间
  #endif
  #if defined(VBAT)
    if((analog.vbat > NO_VBAT) && (analog.vbat < vbatMin) ) vbatMin =
analog.vbat;  //记录最低电压值
  #endif
  #ifdef LCD_TELEMETRY
```

```
    #if BARO
      if((alt.EstAlt > BAROaltMax)) BAROaltMax = alt.EstAlt; //记录最大气压值
    #endif
    #if GPS
      if((GPS_speed > GPS_speedMax)) GPS_speedMax = GPS_speed;//记录 GPS 最
//大速度值
    #endif
  #endif
  }
}
```

4) setup( )函数

```
void setup() {
  #if ! defined(GPS_PROMINI)
    SerialOpen(0,SERIAL0_COM_SPEED);
    #if defined(PROMICRO)
      SerialOpen(1,SERIAL1_COM_SPEED);
    #endif
    #if defined(MEGA)    //MEGA 是一款管脚多、串口多、存储器多的 Arduino 单片机
      SerialOpen(1,SERIAL1_COM_SPEED);
      SerialOpen(2,SERIAL2_COM_SPEED);
      SerialOpen(3,SERIAL3_COM_SPEED);
    #endif
  #endif
  LEDPIN_PINMODE;        //设置 LED 引脚状态      pinMode(13,OUTPUT);
  POWERPIN_PINMODE;      //设置 POWER 引脚状态   pinMode(12,OUTPUT);
  BUZZERPIN_PINMODE;     //设置 BUZZER 引脚状态   DDBR |=(1<<4);
  STABLEPIN_PINMODE;     //设置 STABLE 引脚状态          ;
  POWERPIN_OFF;          // POWER 引脚输出 0      PORTC& = ~(1<<0);
  initOutput();                //使能所有 PWM 引脚,启动电动机
  readGlobalSet();              //从 EEPROM 读出 global_conf 参数
  #ifndef NO_FLASH_CHECK   //否定之否定等于肯定,定义了校验和
    #if defined(MEGA)
      uint16_t i = 65000;//受到从程序存储器取字节函数 pgm_read_byte()的限制,首先
//只从 mega 板取出大约 64K 的数据
    #else
      uint16_t i = 32000;//取大约 32K 的数据
    #endif
    uint16_t flashsum = 0;   //计算 flash 也就是程序存储器数据的校验和,不是 EEPROM
//里存储的 global_conf.checksum
    uint8_t pbyt;
    while(i--) {
      pbyt =  pgm_read_byte(i);          //读出一个字节的数据
      flashsum += pbyt;
```

```c
      flashsum ^=(pbyt<<8);           //计算校验和
    }
  #endif
  #ifdef MULTIPLE_CONFIGURATION_PROFILES   //多配置支持
    global_conf.currentSet=2;     //EEPROM 里的 global_conf 参数可能有 3 项
  #else
    global_conf.currentSet=0;
  #endif
  while(1) {                       //校验和检验
  #ifndef NO_FLASH_CHECK
    if(readEEPROM()) {              //读出 EEPROM 内容
      if(flashsum ! = global_conf.flashsum) update_constants(); //flashsum
//是计算程序存储器中的数据校验和,global_conf.flashsum 是存储在 EEPROM 里的校验和,
//校验和不对,更新参数
    }
  #else
    readEEPROM();
  #endif
    if(global_conf.currentSet == 0) break; //global_conf 校验完成,退出死循环
    global_conf.currentSet--;
  }
  readGlobalSet();   //重新装入全局配置参数
  #ifndef NO_FLASH_CHECK
    if(flashsum ! = global_conf.flashsum) {       //校验和不对
      global_conf.flashsum = flashsum;       //重新赋值
      writeGlobalSet(1);              //然后更新 flash 里的内容
    }
  #endif
  readEEPROM();           //将上次处理数据装入设置数据
  blinkLED(2,40,global_conf.currentSet+1);//LED 闪烁几下
  configureReceiver();
  #if defined(PILOTLAMP)   //如果定义了飞行灯
  PL_INIT;    //初始化飞行灯,初始化过程为:
          //TCCR0A=0;TIMSK0 |=(1<<OCIE0B);
          //PL_CHANNEL=PL_IDLE;
          //PilotLamp(PL_GRN_OFF);
          //PilotLamp(PL_BLU_OFF);
          //PilotLamp(PL_RED_OFF);
          //PilotLamp(PL_BZR_OFF);
  #endif
  #if defined(OPENLRSv2MULTI)    //遥控接收板
    initOpenLRS();
  #endif
```

```
    initSensors();              //传感器初始化
  #if defined(I2C_GPS) || defined(GPS_SERIAL) || defined(GPS_FROM_OSD)
    GPS_set_pids();      //GPS 里也有 PID,设置其 PID 参数
  #endif
  previousTime = micros();   //存下时间,以便计算 ΔT
  #if defined(GIMBAL)      //两个电动机的飞控
   calibratingA = 512;          //加速度传感器准备校准
  #endif
  calibratingG = 512;        //陀螺仪准备校准
  calibratingB = 200;    //落地之前的延时:10s 初始化延时 + 200 * 25ms = 15s
  #if defined(POWERMETER)   //定义了电能表
    for(uint8_t j=0; j<=PMOTOR_SUM; j++) pMeter[j]=0;
  #endif
  /* * * * * * * * * * * * * * * * * * * * * * * * * * * * * * * * * * */
  #if defined(GPS_SERIAL)     //定义了串口 GPS
    GPS_SerialInit();           //串口 GPS 初始化
    for(uint8_t j=0;j<=5;j++){
      GPS_NewData();
      LEDPIN_ON
      delay(20);
      LEDPIN_OFF
      delay(80);
    }
    if(! GPS_Present){
      SerialEnd(GPS_SERIAL);
      SerialOpen(0,SERIAL0_COM_SPEED);
    }
    #if ! defined(GPS_PROMINI)
      GPS_Present = 1;
    #endif
    GPS_Enable = GPS_Present;
  #endif
  /* * * * * * * * * * * * * * * * * * * * * * * * * * * * * * * * * * */

  #if defined(I2C_GPS) || defined(GPS_FROM_OSD)
   GPS_Enable = 1;
  #endif

  #if defined(LCD_ETPP) || defined(LCD_LCD03) || defined(OLED_I2C_128x64) ||
defined(OLED_DIGOLE) || defined(LCD_TELEMETRY_STEP)
    initLCD();
  #endif
  #ifdef LCD_TELEMETRY_DEBUG
```

```
      telemetry_auto = 1;
    #endif
    #ifdef LCD_CONF_DEBUG
      configurationLoop();
    #endif
    #ifdef LANDING_LIGHTS_DDR    //如果定义了着落灯
      init_landing_lights();    //初始化着落灯
    #endif
    #ifdef FASTER_ANALOG_READS        //如果定义了快速模拟管脚读数
      ADCSRA |= _BV(ADPS2); ADCSRA &= ~_BV(ADPS1); ADCSRA &= ~_BV(ADPS0);
//读模拟管脚信号,不会花费太多的时间
    #endif
    #if defined(LED_FLASHER)    //如果定义了 LED 快闪
      init_led_flasher();    //初始化 LED 快闪
      led_flasher_set_sequence(LED_FLASHER_SEQUENCE);//设置快闪频率
    #endif
    f.SMALL_ANGLES_25 = 1; //陀螺仪的配置中使用
    #ifdef LOG_PERMANENT    //如果定义了日志
      readPLog();         //读上次的设置
      plog.lifetime += plog.armed_time /1000000;    //统计解锁工作时间
      plog.start++;           //电源循环/重设置/初始化事件号+1
      #ifdef LOG_PERMANENT_SHOW_AT_STARTUP
        dumpPLog(0);    //将数据在终端显示
      #endif
      plog.armed_time = 0;    //解锁时间清 0
    #endif

    debugmsg_append_str("initialization completed \n");//串口传输数据进行显示
}
```

5）全局解锁/加锁函数

```
void go_arm() {
    if(calibratingG == 0)                    //陀螺仪没有在校准
    #if defined(ONLYARMWHENFLAT)
&& f.ACC_CALIBRATED                  //且加速度传感器能校准
    #endif
    #if defined(FAILSAFE)
&& failsafeCnt < 2                    //且安全保护次数小于 3 次
    #endif //则执行下面的代码以解锁并登记相关参数
      ) {
      if(! f.ARMED && ! f.BARO_MODE) { //若没解锁,现在解锁
        f.ARMED = 1;        //解锁标志位置 1
        headFreeModeHold = att.heading; //定义无头模式的头 即此刻四轴头的朝向
        magHold = att.heading;
```

```
    //下面是解锁后重置一些参数
        #if defined(VBAT)
        if(analog.vbat > NO_VBAT) vbatMin = analog.vbat;//测电源电压的模拟管脚
//的电压最小值赋初值
        #endif
        #ifdef LCD_TELEMETRY //解锁时重置一些值
          #if BARO
            BAROaltMax = alt.EstAlt;
          #endif
          #if GPS
            GPS_speedMax = 0;//GPS速度最大值赋初值
          #endif
          #ifdef POWERMETER_HARD
            powerValueMaxMAH = 0;
          #endif
        #endif
        #ifdef LOG_PERMANENT
          plog.arm++;              //解锁事件数+1
          plog.running = 1;        //加锁时触发解锁以显示关机
          writePLog();//写入EEPROM
        #endif
      }
    } else if(! f.ARMED) {    //飞控不能解锁的情况
      blinkLED(2,255,1);         //LED闪烁
      alarmArray[8] = 1;          //报警
    }
  }

  void go_disarm() {
    if(f.ARMED) {
      f.ARMED = 0;//解锁标志位置0,加锁
      #ifdef LOG_PERMANENT
        plog.disarm++;            //加锁事件数+1
        plog.armed_time = armedTime ;    //解锁的时间
        if(failsafeEvents) plog.failsafe++;       //加锁引起安全保护本次活跃期结
//束,活跃号+1
        if(i2c_errors_count > 10) plog.i2c++;   //加锁也算引起了I2C错误,错误号+1
        plog.running = 0;//加锁时触发解锁以显示断电
        writePLog();//写入EEPROM
      #endif
    }
  }
```

6) loop()函数

/ * * * * * * * * Main Loop * * * * * * * * *

284

```
void loop() {
    static uint8_t rcDelayCommand;  //RC 接收到信号之后下一次信号来之前必须信号不变
//一段时间(多个数据测量的频率为50Hz),否则,电动机将会停止运行
    static uint8_t rcSticks;              //遥控操作杆位置超范围没有的变量
    uint8_t axis,i;
    int16_t error,errorAngle;     //PID 偏差控制变量
    int16_t delta;
    int16_t PTerm = 0,ITerm = 0,DTerm, PTermACC, ITermACC;     //PID 计算值
    static int16_t lastGyro[2] = {0,0};    //前一次陀螺仪的值
    static int16_t errorAngleI[2] = {0,0};     //偏差角
#if PID_CONTROLLER == 1             //有两种 PID 控制方法,方法一
    static int32_t errorGyroI_YAW;          //陀螺仪方向(YAW)偏差积分
    static int16_t delta1[2],delta2[2];
    static int16_t errorGyroI[2] = {0,0};          //陀螺仪 ROLL、PITCH 偏差积分
#elif PID_CONTROLLER == 2            //PID 控制方法二
    static int16_t delta1[3],delta2[3];
    static int32_t errorGyroI[3] = {0,0,0};        //陀螺仪三轴偏差积分
    static int16_t lastError[3] = {0,0,0};         //前一次偏差,作微积分用
    int16_t deltaSum;                       //积分求和
    int16_t AngleRateTmp, RateError;          //失调率 or 角速度、速度偏差
#endif
    static uint32_t rcTime   = 0;
    static int16_t initialThrottleHold;
    static uint32_t timestamp_fixated = 0;
    int16_t rc;
    int32_t prop = 0;

    #if defined(SPEKTRUM)    //SPEKTRUM 接收机
      if(spekFrameFlags == 0x01) readSpektrum();
    #endif

    #if defined(OPENLRSv2MULTI)    //遥控接收板
      Read_OpenLRS_RC();
    #endif

    if(currentTime > rcTime ) {  //50Hz
      rcTime = currentTime + 20000;    //T=20ms, f=50Hz
      computeRC();      //对已经接收的遥控信号进行循环滤波,取 4 组数据,算平均值,大于平
//均值的减小 2,小于平均值的增加 2。见滤波算法章节
      #if defined(FAILSAFE)      //安全保护处理
        if( failsafeCnt >(5 * FAILSAFE_DELAY) && f.ARMED) {//稳定,并设置油门到指
//定的水平
          for(i=0; i<3; i++) rcData[i] = MIDRC;   //丢失信号后,把所有通道数据设置
```
285

```
//为MIDRC =1500
        rcData[THROTTLE] = conf.failsafe_throttle;   //设置安全的油门值
        if(failsafeCnt > 5 * (FAILSAFE_DELAY+FAILSAFE_OFF_DELAY)) {
//在特定时间之后关闭电动机,单位:0.1s
          go_disarm();     //加锁,自动加锁处理,这将保护飞控
          f.OK_TO_ARM = 0; //进入锁定状态,之后起飞需要解锁
        }
        failsafeEvents++;   //掉落保护事件号+1
      }
      if( failsafeCnt >(5 * FAILSAFE_DELAY) && ! f.ARMED) {   //Turn of "Ok To
//arm to prevent the motors from spinning after repowering the RX with low throttle
//and aux to arm
          go_disarm();     //加锁,自动加锁处理,这将保护飞控
          f.OK_TO_ARM = 0; //进入锁定状态,之后起飞需要解锁
      }
      failsafeCnt++;//掉落保护计数+1,
    #endif
    //安全保护处理结束
    //------------------遥控操纵杆的处理--------------------
    //检查操纵杆的位置
  uint8_t stTmp = 0;//记载操纵杆超过操作范围的状态
    //   i     THR    YAW    PIT    ROLL
    //        0 0    0 0    0 0    0 0
    //   0    1 1    0 0    0 0    0 0
    //   1    1 1    1 1    0 0    0 0
    //   2    1 1    1 1    1 1    0 0
    //   3    1 1    1 1    1 1    1 1
    //        大 小  大 小  大 小  大 小
    //如果某个杆超过范围,则为0
      for(i=0;i<4;i++) {
      stTmp >>= 2;
      if(rcData[i] > MINCHECK) stTmp |= 0x80;   //MINCHECK=1100    1000 0000B
      if(rcData[i] < MAXCHECK) stTmp |= 0x40;  //MAXCHECK=1900   01000000B
//通过stTmp判断是否控制杆是否在最大最小之外
      }
      if(stTmp == rcSticks) {     //操纵杆位置在最大最小位置外的状态没有发生变化
        if(rcDelayCommand<250) rcDelayCommand++;   //250 * 20ms=5s
      } else rcDelayCommand = 0;     //否则清零
      rcSticks = stTmp;   //记下操纵杆位置的状态,以便下次判断状态
      //采取行动
      if(rcData[THROTTLE] <= MINCHECK) {   //油门在最小值
        #if ! defined(FIXEDWING) //不是固定翼,最低油门,失调值都为零(没有失调)
        errorGyroI[ROLL] = 0; errorGyroI[PITCH] = 0; //把陀螺仪 roll、pitch 偏
```

```
//差积分置 0
        #if PID_CONTROLLER == 1
          errorGyroI_YAW = 0;
        #elif PID_CONTROLLER == 2
          errorGyroI[YAW] = 0;        //把 yaw 偏差积分置 0
        #endif
        errorAngleI[ROLL] = 0; errorAngleI[PITCH] = 0; //把加速度测得的 roll、
//pitch 偏差积分置 0
      #endif
        if(conf.activate[BOXARM] > 0) {       //经由 ARM BOX 加锁/解锁,ARM BOX 是在
//GUI 中一个设置块。GUI 是用 JAVA 编写的图形用户接口界面,通过串口与 Arduino 通信
        if( rcOptions[BOXARM] && f.OK_TO_ARM ) go_arm(); else if(f.ARMED) go_
disarm();
        }
      }
    if(rcDelayCommand == 20) {          //若控制杆的状态 20 * 20ms 未作改变
      if(f.ARMED) {                     //解锁期间的动作
        #ifdef ALLOW_ARM_DISARM_VIA_TX_YAW    //经由方向舵加锁/解锁
          if(conf.activate[BOXARM] == 0 && rcSticks == THR_LO + YAW_LO + PIT_
CE + ROL_CE) go_disarm();       //油门方向打到最低(油门拉到最低、方向在左) 俯仰和滚动正
//常,加锁
        #endif
        #ifdef ALLOW_ARM_DISARM_VIA_TX_ROLL   //经由滚动舵加锁/解锁
          if(conf.activate[BOXARM] == 0 && rcSticks == THR_LO + YAW_CE + PIT_
CE + ROL_LO) go_disarm();       //油门滚动打到最低(油门拉到最低、滚动在左) 俯仰和方向正
//常,加锁
        #endif
      } else {                          //加锁期间
        i = 0;
        if(rcSticks == THR_LO + YAW_LO + PIT_LO + ROL_CE) {      //油门、方向、俯仰
//打到最低(油门拉到最低、方向俯仰在左)滚动正常,进行陀螺仪校准
          calibratingG = 512; //校准陀螺仪时设置的参数,具体的处理见传感器章节
          #if GPS
            GPS_reset_home_position();//重置 GPS 返回位置
          #endif
          #if BARO
            calibratingB = 10;   //气压计将当前高度校准为着落地面基准气压(10 * 25
//ms = ~250 ms 不变)
          #endif
        }
        #if defined( INFLIGHT_ACC_CALIBRATION) //飞行中的加速度校准
        else if(rcSticks == THR_LO + YAW_LO + PIT_HI + ROL_HI) {      //油门方向
//最低、俯仰滚动最高校准开始/停止 START/STOP
```

```
                if(AccInflightCalibrationMeasurementDone){          //着落后储存
到 EEPROM
                    AccInflightCalibrationMeasurementDone = 0;
                    AccInflightCalibrationSavetoEEProm = 1; //存到 EEPROM 标志置 1
                }else{
                    AccInflightCalibrationArmed = ! AccInflightCalibrationArmed;
                    #if defined(BUZZER)
                     if(AccInflightCalibrationArmed) alarmArray[0]=2; else  alar-
mArray[0]=3;
                    #endif
                }
            }
        #endif
        #ifdef MULTIPLE_CONFIGURATION_PROFILES //在 EEPROM 中支持有多个配置参数
            if  (rcSticks == THR_LO + YAW_LO + PIT_CE + ROL_LO) i=1;    //ROLL 最
//左-> 配置 1
            else if(rcSticks == THR_LO + YAW_LO + PIT_HI + ROL_CE) i=2;  //PITCH 最
//上-> 配置 2
            else if(rcSticks == THR_LO + YAW_LO + PIT_CE + ROL_HI) i=3;   //ROLL 最
//右-> 配置 3
            if(i) {
              global_conf.currentSet = i-1;    //配置号,从 0 开始
              writeGlobalSet(0);
              readEEPROM();
              blinkLED(2,40,i);
              alarmArray[0] = i;
            }
        #endif
        if(rcSticks == THR_LO + YAW_HI + PIT_HI + ROL_CE) {              //启动
//LCD 的配置
            #if defined(LCD_CONF)
              configurationLoop(); //开始 LCD 的配置
            #endif
            previousTime = micros();   //记下当前时间
        }
        #ifdef ALLOW_ARM_DISARM_VIA_TX_YAW    //允许使用 YAW 进行解锁
            else if(conf.activate[BOXARM] == 0 && rcSticks == THR_LO + YAW_HI +
PIT_CE + ROL_CE) go_arm();        //经由方向(YAW)解锁
        #endif
        #ifdef ALLOW_ARM_DISARM_VIA_TX_ROLL
            else if(conf.activate[BOXARM] == 0 && rcSticks == THR_LO + YAW_CE +
PIT_CE + ROL_HI) go_arm();        //经由滚动 ROLL 解锁
        #endif
```

288

```
        #ifdef LCD_TELEMETRY_AUTO      //与 LCD 有关 telemetry 遥测
        else if(rcSticks = = THR_LO + YAW_CE + PIT_HI + ROL_LO) {//遥测自动开/
//关 ON/OFF
            if(telemetry_auto) {
              telemetry_auto = 0;
              telemetry = 0;
            } else
              telemetry_auto = 1;
          }
        #endif
        #ifdef LCD_TELEMETRY_STEP
        else if( rcSticks = = THR_LO + YAW_CE + PIT_HI + ROL_HI) {
  //Telemetry next step
            telemetry = telemetryStepSequence[++telemetryStepIndex % strlen
(telemetryStepSequence)];
            #if defined( OLED_I2C_128x64)
              if(telemetry ! = 0) i2c_OLED_init();
            #elif defined(OLED_DIGOLE)
              if(telemetry ! = 0) i2c_OLED_DIGOLE_init();
            #endif
            LCDclear();
          }
        #endif
        #if ACC
        else if(rcSticks = = THR_HI + YAW_LO + PIT_LO + ROL_CE) calibratingA =
512; //throttle=max, yaw=left, pitch=min 加速度校准
        #endif
        #if MAG
        else if(rcSticks = = THR_HI + YAW_HI + PIT_LO + ROL_CE) f.CALIBRATE_
MAG = 1;   //throttle=max, yaw=right, pitch=min 磁场传感器校准
        #endif
        i=0;//角度校准在 PID 控制时有用
        if  (rcSticks = = THR_HI + YAW_CE + PIT_HI + ROL_CE) {conf.angleTrim
[PITCH]+=2; i=1;}
        else if(rcSticks = = THR_HI + YAW_CE + PIT_LO + ROL_CE) {conf.angleTrim
[PITCH]-=2; i=1;}
        else if(rcSticks = = THR_HI + YAW_CE + PIT_CE + ROL_HI) {conf.angleTrim
[ROLL] +=2; i=1;}
        else if(rcSticks = = THR_HI + YAW_CE + PIT_CE + ROL_LO) {conf.angleTrim
[ROLL] -=2; i=1;}
        if(i) {
          writeParams(1);
          rcDelayCommand = 0;      //允许自动重复
```

```
                #if defined(LED_RING)
                  blinkLedRing();                        //循环灯闪烁，使用 I²C 接口
                #endif
              }
          }
      }
      #if defined(LED_FLASHER)
          led_flasher_autoselect_sequence();    //选择 LED 闪烁频率
      #endif

      #if defined( INFLIGHT_ACC_CALIBRATION)
          if(AccInflightCalibrationArmed && f.ARMED && rcData[THROTTLE] > MIN-
      CHECK && ! rcOptions[BOXARM] ){ //飞控在运转,你经由 GUI 关闭它,开始测量
              InflightcalibratingA = 50;    //飞行中的加速度校准
              AccInflightCalibrationArmed = 0; //飞行中的加速度校准加锁
          }
          if(rcOptions[BOXCALIB]) {            //利用 GUI 的校准选项进行标定:Calib = TRUE
      //开始测量,着落且 Calib =FALSE 存储测量值
              if(! AccInflightCalibrationActive && ! AccInflightCalibrationMea-
      surementDone){    //若飞行中的校准未运行
                  InflightcalibratingA = 50;    //进行校准
              }
          }else if(AccInflightCalibrationMeasurementDone && ! f.ARMED){//若结
      //束,则保存
              AccInflightCalibrationMeasurementDone = 0;
              AccInflightCalibrationSavetoEEProm = 1;
          }
      #endif

          uint16_t auxState = 0; //测量辅助通道位置的变量,每通道用三位表示,16 位可存 5 个
      //通道,实际存了 4 个通道
          for(i=0;i<4;i++)    //小于 1300  1300 到 1700  大于 1700
          auxState |=(rcData[AUX1+i]<1300)<<(3 * i) |(1300<rcData[AUX1+i] && rc-
      Data[AUX1+i]<1700)<<(3 * i+1) |(rcData[AUX1+i]>1700)<<(3 * i+2);
          for(i=0;i<CHECKBOXITEMS;i++)
              rcOptions[i] =(auxState & conf.activate[i])>0;
          //注意:如果安全保护无效, failsafeCnt > 5 * FAILSAFE_DELAY 总是假
      #if ACC
          if( rcOptions[BOXANGLE] ||(failsafeCnt > 5 * FAILSAFE_DELAY) ) {
              //开启自稳模式(切换到水平模式)
              if(! f.ANGLE_MODE) {
                  errorAngleI[ROLL] = 0; errorAngleI[PITCH] = 0;
                  f.ANGLE_MODE = 1;
```

290

```
      }
    } else {
      //failsafe 模式时的动作
      f.ANGLE_MODE = 0;
    }
    if( rcOptions[BOXHORIZON] ) {        //开启 horizon 模式 rc 选择
      f.ANGLE_MODE = 0;             //关闭 angle 模式
      if(! f.HORIZON_MODE) {          //若 horizon 模式未开启
        errorAngleI[ROLL] = 0; errorAngleI[PITCH] = 0;
        f.HORIZON_MODE = 1;      //开启 horizon 模式
      }
    } else {                   //否则
      f.HORIZON_MODE = 0;       //关闭 horizon 模式
    }
#endif
if(rcOptions[BOXARM] == 0) f.OK_TO_ARM = 1;
#if ! defined(GPS_LED_INDICATOR)
  if(f.ANGLE_MODE || f.HORIZON_MODE) {STABLEPIN_ON;} else {STABLEPIN_OFF;}
#endif

#if BARO
  #if(! defined(SUPPRESS_BARO_ALTHOLD))    //若未宏定义 SUPPRESS_BARO_ALTHOLD
    if(rcOptions[BOXBARO]) {                //rc 若选择 baro
      if(! f.BARO_MODE) {                 //若 baro 模式未开启
        f.BARO_MODE = 1;                //开启 baro 模式 气压计定高
        AltHold = alt.EstAlt;
        #if defined(ALT_HOLD_THROTTLE_MIDPOINT)
        initialThrottleHold=ALT_HOLD_THROTTLE_MIDPOINT;//储存此时 rc 油
//门输出值
        #else
          initialThrottleHold = rcCommand[THROTTLE];
        #endif
        errorAltitudeI = 0;                    //重置 PID 输出和高度误差
        BaroPID=0;
      }
    } else {                                  //若 RC 未选择 baro 模式
      f.BARO_MODE = 0; //关闭 baro 模式
    }
  #endif
  #ifdef VARIOMETER        //若定义了 VARIOMETER
    if(rcOptions[BOXVARIO]) {        //rc 若选择 vario 模式
      if(! f.VARIO_MODE) {
        f.VARIO_MODE = 1;        //开启 vario 模式
```

```
    }
  } else {                          //rc 未选择 vario 模式
    f.VARIO_MODE = 0;              //关闭 vario 模式
  }
  #endif
#endif
#if MAG                            //若配置了磁场传感器
  if(rcOptions[BOXMAG]) {//开启磁场传感器 与上面开启各种模式一样
    if(! f.MAG_MODE) {
      f.MAG_MODE = 1;
      magHold = att.heading;
    }
  } else {
    f.MAG_MODE = 0;
  }
  if(rcOptions[BOXHEADFREE]) {       //开启无头模式与上面开启各种模式一样
    if(! f.HEADFREE_MODE) {
      f.HEADFREE_MODE = 1;
    }
#if defined(ADVANCED_HEADFREE)
  if((f.GPS_FIX && GPS_numSat >= 5) && (GPS_distanceToHome > ADV_HEADFREE_
RANGE)) {
        if(GPS_directionToHome < 180)  {headFreeModeHold = GPS_direc-
tionToHome + 180;} else {headFreeModeHold = GPS_directionToHome - 180;}
      }
    #endif
  } else {
    f.HEADFREE_MODE = 0;
  }
  if(rcOptions[BOXHEADADJ]) {
    headFreeModeHold = att.heading; //获取新的 heading
  }
#endif

#if GPS
  static uint8_t GPSNavReset = 1;
  if(f.GPS_FIX && GPS_numSat >= 5 ) {
    if(rcOptions[BOXGPSHOME]) {   //若 GPS_HOME 和 GPS_HOLD 都被选择了 GPS_
//HOME 具有优先权
      if(! f.GPS_HOME_MODE)  {
        f.GPS_HOME_MODE = 1;
        f.GPS_HOLD_MODE = 0;
        GPSNavReset = 0;
```

```
        #if defined(I2C_GPS)
          GPS_I2C_command(I2C_GPS_COMMAND_START_NAV,0);      //waypoint zero
        #else //SERIAL
          GPS_set_next_wp(&GPS_home[LAT],&GPS_home[LON]);
          nav_mode    = NAV_MODE_WP;
        #endif
      }
    } else {
      f.GPS_HOME_MODE = 0;
      if(rcOptions[BOXGPSHOLD] && abs(rcCommand[ROLL])< AP_MODE && abs
(rcCommand[PITCH]) < AP_MODE) {
        if(! f.GPS_HOLD_MODE) {
          f.GPS_HOLD_MODE = 1;
          GPSNavReset = 0;
          #if defined(I2C_GPS)
            GPS_I2C_command(I2C_GPS_COMMAND_POSHOLD,0);
          #else
            GPS_hold[LAT] = GPS_coord[LAT];
            GPS_hold[LON] = GPS_coord[LON];
            GPS_set_next_wp(&GPS_hold[LAT],&GPS_hold[LON]);
            nav_mode = NAV_MODE_POSHOLD;
          #endif
        }
      } else {
        f.GPS_HOLD_MODE = 0;
        //两个都没有选择,导航复位
        if(GPSNavReset == 0 ) {
          GPSNavReset = 1;
          GPS_reset_nav();
        }
      }
    }
  } else {
    f.GPS_HOME_MODE = 0;
    f.GPS_HOLD_MODE = 0;
    #if ! defined(I2C_GPS)
      nav_mode = NAV_MODE_NONE;
    #endif
  }
#endif

#if defined(FIXEDWING) ||defined(HELICOPTER)      //另外的机型的模式与四轴无关
  if(rcOptions[BOXPASSTHRU]) {f.PASSTHRU_MODE = 1;}
```

293

```
          else {f.PASSTHRU_MODE = 0;}
    #endif
    //RC 循环到此为止
} else {  //not in rc loop    //若未进入 RC 则依次进行以下 5 个任务
    static uint8_t taskOrder=0;  //不把所有的任务放在一个循环中,避免高延迟使得 RC
//循环无法进入
    if(taskOrder>4) taskOrder-=5;
    switch(taskOrder) {
      case 0:
        taskOrder++;
        #if MAG        //获取 MAG 数据
          if(Mag_getADC()) break;  //max 350μs(HMC5883)
        #endif
      case 1:
        taskOrder++;
        #if BARO        //获取 BARO 数据
          if(Baro_update()! = 0 ) break;
        #endif
      case 2:
        taskOrder++;
        #if BARO        //获取 BARO 数据
          if(getEstimatedAltitude()! =0) break;
        #endif
      case 3:
        taskOrder++;
        #if GPS        //获取 GPS 数据
          if(GPS_Enable) GPS_NewData();
          break;
        #endif
      case 4:
        taskOrder++;
        #if SONAR        //获取 SORNAR(声纳)数据
          Sonar_update(); //debug[2] = sonarAlt;
        #endif
        #ifdef LANDING_LIGHTS_DDR
          auto_switch_landing_lights();
        #endif
        #ifdef VARIOMETER
          if(f.VARIO_MODE) vario_signaling();
        #endif
        break;
    }
}
```

```
computeIMU();          //计算 IMU(惯性测量单元)
//Measure loop rate just afer reading the sensors
currentTime = micros();
cycleTime = currentTime - previousTime;
previousTime = currentTime;


// * * * * * * * * * * * * * * * * * * * * * * * * * * * * * * *
// * * * *实验的飞行模式 * * * * *
// * * * * * * * * * * * * * * * * * * * * * * * * * * * * * * *
#if defined(ACROTRAINER_MODE)    //固定翼训练者模式
  if(f.ANGLE_MODE){
    if(abs(rcCommand[ROLL]) + abs(rcCommand[PITCH]) >= ACROTRAINER_MODE ) {
      f.ANGLE_MODE = 0；//取消自稳定向定高 GPS 回家 GPS 定点
      f.HORIZON_MODE = 0；
      f.MAG_MODE = 0；
      f.BARO_MODE = 0；
      f.GPS_HOME_MODE = 0；
      f.GPS_HOLD_MODE = 0；
    }
  }
  #endif


// * * * * * * * * * * * * * * * * * * * * * * * * * * * * * * * *

  #if MAG              //磁场定向的算法   保持机头方向不变
    if(abs(rcCommand[YAW]) <70 && f.MAG_MODE) {
      int16_t dif = att.heading - magHold;
      if(dif <= - 180) dif += 360；        //转过头了从另一方向转回去
      if(dif >= + 180) dif -= 360；        //转过头了从另一方向转回去
      if( f.SMALL_ANGLES_25 ) rcCommand[YAW] -= dif * conf.pid[PIDMAG].P8>>5;
    } else magHold = att.heading;
  #endif

  #if BARO &&(! defined(SUPPRESS_BARO_ALTHOLD))       //气压计定高算法
    /*气压定高测量时要缓慢进行 * /
    if(f.BARO_MODE) {          //若开启了气压定高
      static uint8_t isAltHoldChanged = 0;
      static int16_t AltHoldCorr = 0;
  if( abs ( rcCommand [ THROTTLE ] - initialThrottleHold) > ALT _ HOLD _ THROTTLE _
NEUTRAL_ZONE) {
          // initialThrottleHold = 开启气压定高时的油门值 ALT _HOLD _THROTTLE _
NEUTRAL_ZONE = 40；   控制量超过死区则开始执行
```

```
//缓慢增加或减少气压定高的高度,其值与操作杆位移有关(+100 的油门(与开启定高时相比)
//使其 1s 升高 50cm(程序循环时间 3~4ms))
            AltHoldCorr+= rcCommand[THROTTLE] - initialThrottleHold; //每个循环累加
            if(abs(AltHoldCorr) > 512) {        //累加大于 512
              AltHold += AltHoldCorr /512;      //改变气压定高高度。单位 cm
              AltHoldCorr % = 512;
            }
            isAltHoldChanged = 1; //气压定点改变标志位
          } else if( isAltHoldChanged) {
            AltHold = alt.EstAlt; //改变定高高度为现在估计高度,单位 cm
            isAltHoldChanged = 0;
          }
          rcCommand[THROTTLE] = initialThrottleHold + BaroPID; //油门控制量=ini-
//tialThrottleHold +PID 控制量非增量式 PID 控制
        }
      #endif
      #if defined(THROTTLE_ANGLE_CORRECTION)
        if( f.ANGLE_MODE || f.HORIZON_MODE) {
          rcCommand[THROTTLE]+ = throttleAngleCorrection;      //减去或者加上死区
        }
      #endif
    #if GPS
    //与 GPS 有关,计算 GPS_angle[ROLL] 和 GPS_angle[PITCH],在第七章第二节已经介绍,这
//里省略
      #endif

    //PID 控制代码已经在第七章进行了讲解,这里省略
      mixTable();        //设置各个电动机的输出
      //传感器对振动比较敏感,在没有校准时不要更新舵机
      if((f.ARMED) ||((! calibratingG) &&(! calibratingA)) ) writeServos();
//舵机输出
      writeMotors();   //电动机输出
    }
```

3. 飞控模式介绍

可变距直升机需要使用不同的飞行模式,Flight Modes(飞行模式)是为了针对直升机的不同飞行性能与动作要求而产生的。飞行模式包含了两个关键的参数:油门曲线与桨距曲线。不同的飞行模式是由不同的油门曲线与桨距曲线组合而成的。一般中高端遥控器会提供 3~4 种飞行模式,每一种飞行模式都有独立的油门曲线与桨距曲线,通过专用的飞行模式开关进行切换。通常人为地定义为稳定模式 Stabilize、定高模式 ALT_HOLD、悬停模式 Loiter、混合模式 Pos_HOLD、简单模式 Simple Mode、自动模式 AUTO、返航模式 RTL、绕圈模式 Circle、指导模式 Guided、跟随模式 FollowMe 和比率控制模式 Acro 等。

其中 ThrottleCurves(油门曲线)目的是把直线变化的油门,变为曲线变化,以此提供

不同的飞行模式。以最简单的 3 点曲线来说明,我们把油门摇杆从下底端、中段、上顶端分为 3 个点,普通的发射机对应的油门量分别是 0%、50%、100%,如果具有油门曲线的遥控,则可对这 3 个点单独进行设定。比如,我们将下底端的 0% 设定为 100%。这时,油门摇杆的位置在中段时油门量为 50%,向上向下推动油门摇杆都是不断的增加油门量直到100% 油门。这时我们看到的是一个 V 字形变化的油门曲线了(这是 3D 模式的油门变化要求)。5 点曲线就是在 3 点之间插入 2 个点,以提供更接近曲线的平滑设定。当然还有一些高端的遥控器提供了 7 点甚至更多的设定点。桨距曲线 Pitch Curves 目的是把直线变化的桨距,变为曲线变化,以此提供不同的飞行模式。以最简单的 3 点曲线来说明,我们把发射机油门摇杆(桨距的变化是依附于油门遥杆的)从下底端、中段、上顶端分为 3个点,普通的发射机对应的桨距量分别是 0%(-10°)、50%(0°)、100%(+10°),如果具有桨距曲线的遥控,则可对这 3 个点单独进行设定。比如,我们将下底端的 0% 设定为 50%,中段设为 80%,从下底端推动油门摇杆到上顶端桨距量分别是 50%(0°)、80%(+6°)、100%(+10°)。这时我们看到的是一个只走了上半段行程的桨距曲线(这是普通模式的桨距变化要求)。5 点曲线就是在 3 点之间插入 2 个点,以提供更接近曲线的平滑设定。

(1)稳定模式 Stabilize

稳定模式是使用得最多的飞行模式,也是最基本的飞行模式,起飞和降落都应该使用此模式。此模式下(陀螺仪、加速度计介入解算姿态,气压计、GPS 不介入解算姿态),飞控会让飞行器保持稳定,是初学者进行一般飞行的首选。一定要确保遥控器上的开关能很方便无误地拨到该模式,这对抢救紧急情况十分重要。

(2)定高模式 ALT_HOLD

初次试飞之后就可以尝试定高模式,此模式不需要 GPS 支持,飞行器会根据气压传感器的数据保持当前高度。(陀螺仪、加速度计、气压计介入解算姿态)定高时如果不会定点,因此飞行器依然会漂移。可以用遥控来移动或保持位置。定高时就是 APM 控制油门来保持飞行器高度。但仍然可以用遥控油门来调整高度。稳定模式和定高模式之间切换时,要让遥控发射机的油门在同一位置,避免因模式切换、油门控制方式发生变化造成飞行器突然上升或者下降。

(3)悬停模式 Loiter

悬停模式就是 GPS 定点模式。应该在起飞前先让 GPS 定点,避免在空中突然定位发生问题。(陀螺仪、加速度计、气压计、GPS 介入解算姿态),理论上飞行器不会漂移。可以遥控来移动位置,手感很涩,难以操控,Pos_HOLD 模式可弥补。

(4)Pos_HOLD(最近加入模式,2014 年中下旬)

它可以叫做混合模式,带有定点,可以比作定高模式 ALT_HOLD 和悬停模式 Loiter 的混合,手感接近定高模式,松杆可自动刹车并定点悬停。

(5)简单模式 Simple Mode

简单模式相当于一个无头模式,在此模式下,飞机将解锁起飞前的机头指向恒定作为遥控器前行摇杆的指向,这种模式下无需担心飞行器的姿态,新手非常有用。此模式下磁罗盘正确校准以及设置很重要。

(6)自动模式 AUTO

自动模式下,飞行器将按照预先设置的任务规划控制它的飞行,由于任务规划依赖

GPS 的定位信息,所以在解锁起飞前,必须确保 GPS 已经完成定位。切换到自动模式有两种情况:

如果使用自动模式从地面起飞,飞行器有一个安全机制防止你误拨到自动模式时误启动发生危险,所以需要先手动解锁并手动推油门起飞。起飞后飞行器会参考你最近一次 ALT Hold 定高的油门值作为油门基准,当爬升到任务规划的第一个目标高度后,开始执行任务规划飞向目标。

如果是空中切换到自动模式,飞行器首先会爬升到第一目标的高度然后开始执行任务。

(7) 返航模式 RTL

返航模式需要 GPS 定位。GPS 在每次解锁前的定位点,就是当前的"家"的位置;GPS 如果在起飞前没有定位,在空中首次定位的那个点,就会成为"家"。

进入返航模式后,飞行器会升高到 15m,或者如果已经高于 15m,就保持当前高度,然后飞回"家"。还可以设置高级参数选择到"家"后是否自主降落,和悬停多少秒之后自动降落。

(8) 绕圈模式 Circle

当切入绕圈模式时,飞行器会以当前位置为圆心绕圈飞行。而且此时机头会不受遥控器方向舵的控制,始终指向圆心。如果遥控器给出横滚和俯仰方向上的指令,将会移动圆心。与定高模式相同,可以通过油门来调整飞行器高度,但是不能降落。圆的半径可以通过高级参数设置调整。

(9) 指导模式 Guided

此模式需要地面站软件和飞行器之间通信。连接后,在任务规划器 MissionPlanner 软件地图界面上,在地图上任意位置点鼠标右键,选弹出菜单中的"Fly tohere"(飞到这里),软件会让你输入一个高度,然后飞行器会飞到指定位置和高度并保持悬停。

(10) 跟随模式 FollowMe

跟随模式基本原理是:操作者手中的便携式计算机带有 GPS,此 GPS 会将位置信息通过地面站和数传电台随时发给飞行器,飞行器实际执行的是"飞到这里"的指令。其结果就是飞行器跟随操作者移动。

(11) 比率控制模式 Acro

这个是非稳定模式,这时飞行器将完全依托遥控器遥控的控制,所有传感器不介入解算姿态,一般用于特技飞行,新手慎用。

4. 硬件配置介绍

```
#ifndef CONFIG_H_
#define CONFIG_H_
/* * * * * * * * * * * * * * * * * * * * * * * * * * * * * * * * * * */
/* * * *          可配置参数              * * * */
/* * * * * * * * * * * * * * * * * * * * * * * * * * * * * * * * * * */
/* 这个文件由 8 个部分组成,要构建一台飞行器,你必须至少每个部分中做出选择。
 * 1 - 基本设置——分了很多块,在每一块中必须选择一项。这里假定电调(ESC)和伺服通过四
个通道的连接到你的控制板上
 * 2 - 飞行器类型特定的选项,你可能要检查你的飞行器类型选项的设置
```

* 3 - 无线遥控系统的设置

* 4 - 替代的 CPU 和主板

* 5 - 替代设置——选择替代的 RX(SBUS、PPM 等),替代 ESC 范围等

* 6 - 可选功能——这里有一些很好的功能可以启用(飞行的模式、LCD、遥测、电池监控等)

* 7 - 调试和开发——你必须对飞控的程序和硬件有一定的了解,包含了电调的校准、电动机/机架动态平衡、诊断、内存的节省等

* 8 - 不推荐使用——这些功能将在将来的版本中删除

* /

/* 注意:

* 1. 在注释中用(*)标记的参数被储存在 eeprom 中,并且可以通过串口监控器或 LCD 调节。

* 2. 在注释中用(**)标记的参数被储存在 eeprom 中,并且可以通过 GUI 调节

* /

/* /
/* * * *   第 1 部分   基本设置   * * * * /
/* /
/*多旋翼飞行器种类*/
//#define GIMBAL   //自稳云台
//#define BI   //两轴
//#define TRI   //三轴
//#define QUADP   //四轴十字模式
#define QUADX   //四轴 X 模式
//#define Y4   //四轴 Y 模式
//#define Y6   //六轴 Y 模式
//#define HEX6   //六轴
//#define HEX6X   //六轴 X 模式
//#define HEX6H   //新型六轴 H 模式
//#define OCTOX8   //八轴
//#define OCTOFLATP   //八轴十字
//#define OCTOFLATX   //八轴 X
//#define FLYING_WING   //飞翼
//#define VTAIL4   //四轴 V 尾
//#define AIRPLANE   //固定翼
//#define SINGLECOPTER   //单旋翼
//#define DUALCOPTER   //双旋翼
//#define HELI_120_CCPM   //120°CCPM 直升机
//#define HELI_90_DEG   //90°斜盘直升机
/*电动机最小油门,设定发送至电调的最小油门命令,该最小值允许电动机运行在息速上的最低油门值 . */
#define MINTHROTTLE 1150 //(*)
/*电动机最大油门。ESC 全功率工作的最大值,该值最大可增至 2000 */
#define MAXTHROTTLE 1850
/*最小命令。该值用于未解锁时的 ESC,一些特殊的电调该值必须降至 900,否则电调会初始化失败*/

299

```
#define MINCOMMAND  1000
/* I2C 频率 */
// #define I2C_SPEED 100000L //100kHz 普通模式,正品 I2C 传感器必须使用该值
#define I2C_SPEED 400000L //400kHz 快速模式,一些山寨 I2C 传感器可用


/* 主控板与传感器定义 */
/* 传感器组合板(传感器集成板)。这里只列举部分,详细的列表见最新源代码,如果你生产了特
定的传感器板,调试好后请提交改动到这个列表。*/
// #define SIRIUS_MEGAv5_OSD //Paris_Sirius™ ITG3050,BMA280,MS5611,HMC5883,
uBlox http://www.Multiwiicopter.com
// #define CITRUSv2_1 //CITRUS from qcrc.ca
#define CRIUS_SE_v2_0  //Crius MultiWii SE 2.0 含 MPU6050,HMC5883 和 BMP085
// #define GY_88          //中国造 10DOF 含 MPU6050 HMC5883L BMP085, LLC
// #define GY_521 //中国造 6DOF 含 MPU6050, LLC
// #define HK_MultiWii_328P //板上有"Hobbybro" 含 ITG3205 + BMA180 + BMP085 +
//NMC5583L + DSM2
// #define RCNet_FC_GPS //RCNet FC with MPU6050 + MS561101BA + HMC5883L + UBLOX
//GPS http://www.rcnet.com
/* 独立的传感器。如果你已选择了相应的组合板子,请跳过,保持以下注释状态即可,这里是用来
设置你单独连接在 I2C 上的传感器模块。当然,每样都单独买,价格会高一些 */
// #define ITG3200 /* I2C 陀螺仪 */
// #define MPU6050        //带了加速度
// #define ADXL345 /* I2C 加速度计 */
// #define BMA180
// #define BMP085 /* I2C 气压计 */
// #define MS561101BA
// #define HMC5883 /* I2C 磁力计 */
// #define MAG3110
// #define SRF02 /* 声纳使用 Devantech SRF( I2C 协议的传感器) */

// #define ADCACC   /* ADC 加速度计用于来自 sparkfun 的 5DOF,使用模拟管脚 A1/A2/A3 */

/* 板子方向转移。如果你的机架设计仅用于+模式,并且你不能物理上将飞控旋转至用于 X 模式
飞行(反之亦然),你可以使用其中一个选项虚拟旋转传感器 45°,然后通过飞行模式设定多旋翼飞行器
的类型。检查电动机顺序与旋转方向是否与新的"前方"匹配! 仅使用其中一项注释! */
// #define SENSORS_TILT_45DEG_RIGHT          //将"前方"顺时针旋转 45°
// #define SENSORS_TILT_45DEG_LEFT          //将"前方"逆时针旋转 45°


/* * * * * * * * * * * * * * * * * * * * * * * * * * * * * * * * * * */
/* * * *      第 2 部分  飞行器类型特定的选项      * * * */
/* * * * * * * * * * * * * * * * * * * * * * * * * * * * * * * * * * */
/* PID 控制算法。选择一个 PID 控制算法
* 1 = 演进 oldschool 算法(类似于 V2.2)
```

* 2 = 新的实验算法，来自 Alex Khoroshko - http://www.multiwii.com/forum/viewtopic.php? f = 8 &t = 3671&start = 10#p37387 * /

#define PID_CONTROLLER 1
#define ONLYARMWHENFLAT //阻止飞行器倾斜时解锁

/*加锁/解锁。可以禁止使用摇杆组合进行加锁/解锁电动机。
* 在多数情况下，选择其中一种通过遥控锁定/解锁电动机的选项 * /
#define ALLOW_ARM_DISARM_VIA_TX_ROLL //通过翻滚(副翼)解锁
//#define ALLOW_ARM_DISARM_VIA_TX_YAW   //通过转向(尾舵)解锁(默认)

/*舵机的调节。舵机连接在哪里以及如何设置可以在这里找到
* http://www.multiwii.com/wiki/index.php? title = Config.h#Servos_configuration
预定义伺服最小/中间/最大值，限制伺服行程的设置，如需要必须同时启用以下三选项 * /
//#define SERVO_MIN {1020, 1020, 1020, 1020, 1020, 1020, 1020, 1020}
//#define SERVO_MAX {2000, 2000, 2000, 2000, 2000, 2000, 2000, 2000}
//#define SERVO_MID {1500, 1500, 1500, 1500, 1500, 1500, 1500, 1500}
//#define FORCE_SERVO_RATES {30,30,100,100,100,100,100,100} //0 = 正向 1 = 反向

/*摄像头的稳定。以下几行仅用于 pitch/roll 倾斜稳定系统。去除注释第一或第二行来激活它 * /
//#define SERVO_MIX_TILT   //混合模式(用于十字模式)
//#define SERVO_TILT   //普通 x 模式适用

/* 摄像头触发设置:在 GUI 中触发，在 promini 板中使用 A2 管脚作为舵机触发输出 * /
//#define CAMTRIG
#define CAM_TIME_HIGH 1000   //高电平时间(毫秒)
/* * * * * * * * * * * *   直升机与飞机通用稳定性配置   * * * * * * * * * * * * * /
/* 调节器:试图通过操控 pitch 和改变电压保持电动机的转速
* 预测方法:观察输入信号与电压并进行适当的修正电动机转速。
* (油门曲线必须为调节器留有空间，所以 0-50-75-80-80 是可以的，不可以为 0-50-95-100-100。可以通过 aux 开关切换 * /
//#define GOVERNOR_P 7 //(*) 比例系数。值越大油门增量越大。必须>=1;0 = 关闭
//#define GOVERNOR_D 4 //(*) 微分系数。值越大油门回到正常时间越长。必须>=1;
//#define VOLTAGEDROP_COMPENSATION //电压影响校正

/* /
/* * * *   第 3 部分   无线遥控系统设置   * * * * /
/* /
/* 提示:如果你使用的是标准接收机，不必取消本节的一些注释 * /
/* Spektrum 卫星接收机。以下几行仅用于 Spektrum 卫星接收机
Spektrum 卫星系列是 3V 设备。不要连接至 5V!
对于 MEGA 板，将灰线连接到 RX1(19 管脚)上，黑线接地，橙线连接到 Mega 板的 3.3V 上(或其他

3V 至 3.3V 的电源）。对于 PROMINI,将灰线连接到 RX0,黑线接地 */

```
   // #define SPEKTRUM 1024
   // #define SPEKTRUM 2048
   // #define SPEK_SERIAL_PORT 1       // Pro Mini 与其他单串口的板子上只能设为 0;在所有
基于 Mega 的板子上设为你选择的 0、1、2(在 Mega 上默认为 1)
```

```
   // 定义此项允许 Spektrum 或兼容机远程接收机(也就是卫星),通过配置 GUI 对频
   // 对频模式与上述的相同,只要你的发射机支持
   // 接地,电源,信号必须来自三个邻近的针脚
   // 默认下,它们为接地 = 4,电源 = 5,信号 = 6。这些针脚在多数 MultiWii 扩展板上都为一排。可
在下方覆盖针脚
   // 通常需要在电源针脚上使用 3.3V 稳压器!! 如果你的卫星在对频时停摆(闪烁,但不会常亮停
止闪烁),将所有的针脚连接至 5V
   // * * * * * * * * * * * * * * * * * * * * *
   // 对于 Pro Mini,用于卫星的属于 FTDI 的连接器可以拔掉,并移至那三个相邻针脚
   // #define SPEK_BIND                 // 解除注释以开启 Spektrum 卫星对频支持。没有它代
// 码可节省约 420 字节
   // #define SPEK_BIND_GROUND 4
   // #define SPEK_BIND_POWER  5
   // #define SPEK_BIND_DATA   6
```

```
   /* * * * * * * * * * * * * * * * * * * * * * * * * * * * * * * * * * * * */
   /* * * *          第 4 部分   替代的 CPU 和主板        * * * */
   /* * * * * * * * * * * * * * * * * * * * * * * * * * * * * * * * * * * * */
   // 关于 Promini 板、Teensy2.0 板、Promicro 板、Leonardo 板等
   // #define PROMINI      // 如 Promini 板的支持
   // #define TEENSY20     // 如 Teensy2.0 支持
```

```
   /* * * * * * * * * * * * * * * * * * * * * * * * * * * * * * * * * * * * */
   /* * * *               第 5 部分   替代设置          * * * */
   /* * * * * * * * * * * * * * * * * * * * * * * * * * * * * * * * * * * * */
   /* 串行速率 */
   #define SERIAL0_COM_SPEED 115200   /* 此为每个串口的波特率 */
```

```
   /* 几款陀螺仪的低通滤波器配置 */
   /* ITG3200 & ITG3205 的低通滤波设置。你可以尝试逐步降低低通滤波器的频率,如果你不能
来减小飞行器震动,一旦抖动消失就可以保持相应滤波设置,它对反馈引起的摆动不起作用,所以只在
飞行器随机抖动并且所有抑制和平衡设置失效的时候才修改它。只取消注释其中一项!
   注意:改变低通滤波器设置将会改变 PID 的行为,所以在改变 LPF 后重新调整你的 PID。
   支持低通滤波的陀螺仪模块:ITG3050、ITG3200、MPU3050、MPU6050 */
   // #define GYRO_LPF_256Hz        // 此为默认设置,不需要取消注释,只作为参考
   // #define GYRO_LPF_188Hz
   // #define GYRO_LPF_98Hz
```

// #define GYRO_LPF_42Hz

#define GYRO_LPF_20Hz

// #define GYRO_LPF_10Hz

// #define GYRO_LPF_5Hz //只在极端情况下使用此项,更换电动机和/或螺旋桨时不需要使用此配置——此设置不能在 ITG3200 陀螺仪上工作

/*陀螺仪平滑滤波。GYRO_SMOOTHING,在你尝试了低通滤波器选项之后还不能消除振动的情况下,可以尝试此平滑滤波法不适用于多旋翼飞行器! 在有大振动的直升机、飞机和飞翼(泡沫的)上可获得良好结果 */

// #define GYRO_SMOOTHING {20, 20, 3}   //(＊)分别为 roll、pitch、yaw 的平均范围
/*陀螺仪滑动平均滤波法 */

// #define MMGYRO 10   //(＊)激活用于陀螺仪的滑动平均函数

// #define MMGYROVECTORLENGTH 15   //滑动平均向量的长度(用于可调节的 MMGYRO 的最大值

/*模拟数据的读取。如果你想更快地读取模拟数据,注释它。它可能会导致不准确的结果,特别是对多个模拟通道 */

// #define FASTER_ANALOG_READS

/* ＊ /
/* ＊ /
/* ＊ ＊ ＊   第 6 部分 可选功能   ＊ ＊ ＊ /
/* ＊ /
#define ALTITUDE_RESET_ON_ARM   //解锁后重置气压计高度

// #define THROTTLE_ANGLE_CORRECTION 40   //油门随着角度补偿,可以让你飞行器倾斜
//的时候不产生高度偏差。

#define HEADFREE   /* ＊ ＊ ＊ 无头模式:起飞点和飞行器的连线为控制方向 ＊ ＊ ＊ /

/* 在高级无头模式下,当飞行机超过 ADV_HEADFREE_RANGE 定义的范围,起飞点和飞行器的连线将成为控制方向,当飞行器飞入 ADV_HEADFREE_RANGE 定义范围,那么控制方向将锁定为原点和飞行器飞入 ADV_HEADFREE_RANGE 范围内时位置的连线 */

// #define ADVANCED_HEADFREE   //去掉注释开启高级无头模式

// #define ADV_HEADFREE_RANGE 15 //高级无头模式范围(m)。

// #define GYROCALIBRATIONFAILSAFE //连续的陀螺仪校准,如果在校准过程中飞行器被移动,陀螺仪校准将须重做

#define AP_MODE 40 //AP 飞行模式,临时禁用 GPS_HOLD_MODE(GPS 保持模式),让移动摇杆时可以调整定点位置

/* 辅助特技练习器。在自动复原辅助下训练特技。该值设定 ANGLE_MODE 接管的点。
记住首先激活 ANGLE_MODE! 值为 200 将会给你一个很明显的转换 */

// #define ACROTRAINER_MODE 200   // http://www.multiwii.com/forum/viewtopic.php? f=16&t=1944#p17437

/*失控保护设置。失控保护检查四个控制通道 CH1~CH4 的脉冲。如果脉冲丢失或低于 985μs (在这四个通道的任意一个上),失控保护程序就会启动。从失控保护检测到后,再经过 FAILSAFE_DE-

LAY 的时间,自稳模式就会开启(如果加速度或鸡腿柄可用),PITCH、ROLL 和 YAW 被置中,油门设为 FAILSAFE_THROTTLE 的值。你必须设定该值使下降速度在 1m/s 左右,以获得最佳结果。该值取决于你的配置、总重量和一些其他参数。接下来,在 FAILSAFE_OFF_DELAY 之后,飞行器会被锁定,并且电动机会停止。如果遥控脉冲在到达 FAILSAFE_OFF_DELAY 时间之前恢复,在很短的保护时间之后遥控就会恢复正常 ＊／

　　..　//#define FAILSAFE　　　　　　//解除注释以激活 failsafe 函数

　　#define FAILSAFE_DELAY　10　　//用于丢失信号之后失控保护激活之前的保护时间。1 步 = 0.1s——示例中为 1s

　　#define FAILSAFE_OFF_DELAY 200　　//用于电动机停止前的着落时间,以 0.1s 为单位。1 步 = 0.1s——示例中为 20s

　　#define FAILSAFE_THROTTLE　(MINTHROTTLE + 200)　　//(＊)用于降落的油门级别 //——可与 MINTHROTTLE 相关联——如本例所示

　　#define FAILSAFE_DETECT_TRESHOLD　985

　　/＊ DFRobot LED 环。用 I2C 与 DFRobot LED 环通信 ＊/

　　//#define LED_RING

　　/＊ LED 闪光灯 ＊/

　　//#define LED_FLASHER

　　//#define LED_FLASHER_DDR DDRB

　　//#define LED_FLASHER_PORT PORTB

　　//#define LED_FLASHER_BIT PORTB4

　　//#define LED_FLASHER_INVERT

　　//#define LED_FLASHER_SEQUENCE　　　0b00000000　　　　//leds 关闭

　　//#define LED_FLASHER_SEQUENCE_ARMED　0b00000101　　　//创建双闪

　　//#define LED_FLASHER_SEQUENCE_MAX　0b11111111　　　　//全照明

　　//#define LED_FLASHER_SEQUENCE_LOW　0b00000000　　　　//无照明

　　/＊ 着落灯。使用一个输出管脚控制着落灯。与从声纳获得的高度数据结合时,可以自动开关。＊/

　　//#define LANDING_LIGHTS_DDR DDRC

　　//#define LANDING_LIGHTS_PORT PORTC

　　//#define LANDING_LIGHTS_BIT PORTC0

　　//#define LANDING_LIGHTS_INVERT

　　/＊ 依据声纳传来的数据计算高度(以 cm 为单位) ＊/

　　//#define LANDING_LIGHTS_AUTO_ALTITUDE 50

　　/＊ 让闪光灯的样式应用于着落灯 LED ＊/

　　//#define LANDING_LIGHTS_ADOPT_LED_FLASHER_PATTERN

　　/＊ 飞行时加速度计校准,此项会激活加速度计飞行时校准 ＊/

　　//#define INFLIGHT_ACC_CALIBRATION

　　/＊OSD 切换。此项会添加一个可被 OSD 解读的激活状态的选框 ＊/

　　//#define OSD_SWITCH

　　/＊ 遥控相关。在摇杆中点周围引入一个死区(无作用控制区),必须大于零,如果你不需要在 roll、pitch 和 yaw 上的死区就注释掉它 ＊/

　　#define DEADBAND 6

　　/＊ GPS。启用 GPS 模拟器(只支持 NMEA 协议) ＊/

// #define GPS_SIMULATOR

/* GPS 使用一个串口,如果启用,在此定义 Arduino 串口号与 UART 速度。注:如在 NMEA 模式只有 RX 管脚是被使用的,GPS 不可被 multiwii 配置。在 NMEA 模式下,GPS 必须配置为输出 GGA 与 RMC NMEA 语句(在大部分 GPS 设备中通常为默认配置),至少为 5Hz 更新速率。解除第一行注释来选择用于 GPS 的 arduino 串口 */

// #define GPS_SERIAL 2 //flyduino v2 应设为 2。此为 arduino MEGA 上的串口号;PRO-
//MINI 必须为 0

//提示:现在 GPS 可以共享同一端口的 MSP。唯一的限制是不同时使用它,并使用相同的端口
//速度

//避免使用 115200 波特,因为 16MHz Arduino 115200 波特率超过 2% 速度误差(57600 有
//0.8% 的误差)

// #define GPS_BAUD   38400   //对选择的端口 GPS_BAUD 将覆盖 SERIALx_COM_SPEED

/* GPS 协议有:

NMEA ——标准 NMEA 协议。需要 GGA、GSA 与 RMC 语句

UBLOX —— U - Blox 二进制协议,使用来自源码树的 ublox 配置文件(u - blox - config.ublox.txt)

MTK_BINARY16 与 MTK_BINARY19 - 基于 MTK3329 芯片的 GPS,使用 DIYDrones 二进制固件(v1.6 或 v1.9)

在使用 UBLOX 与 MTK_BINARY 时你不需要在 multiwii 代码中使用 GPS_FILTERING!!! */
#define NMEA

// #define UBLOX

// #define MTK_BINARY16

// #define MTK_BINARY19

// #define INIT_MTK_GPS   //初始化 MTK GPS。使其使用选定的速度,5Hz 更新速率与 GGA
//& RMC 语句或二进制的设置

/* I2C GPS 设备,使用一个独立的 arduino + GPS 设备制作,包含一些导航函数,由 EOSBandi
贡献 http://code.google.com/p/i2c-gps-nav/。你必须使用 I2CGpsNav r33 以上版本 */
/* 所有的 GPS 串口有的功能函数都可以用 I2C GPS 实现:所有相关的导航计算都在 I2C 里
有 */
#define I2C_GPS

//如果你的 I2C GPS 板有声纳支持

// #define I2C_GPS_SONAR

/* 通过 LED 闪烁表明 GPS 搜到了至少 5 颗有效的卫星——由 MIS 修改——使用常亮的 LED
(CRIUS AIO 上为黄色)作为星数指示器

—— GPS 无定位 -> LED 闪烁速度为收到 GPS 帧的速度

——定位并且星数小于 5 -> LED 关闭

——定位并且星数 >= 5 -> LED 闪烁,闪一下表示 5 颗星,闪两下表示 6 颗星,三下表示 7,… */
#define GPS_LED_INDICATOR

#define USE_MSP_WP //启用 MSP_WP 命令,用于 WinGUI 显示与记录起航点与定点的位置,起航
点(HOME position)会在每次解锁时重置,解除注释此项来禁用它(你可以通过校准陀螺仪来设置起
航点)

// #define DONT_RESET_HOME_AT_ARM

/* 允许 GPS 导航控制头部方向 */

// 飞行器面对着航点飞行,磁场保持必须为此开启
```
#define NAV_CONTROLS_HEADING       1     //( * * )
```
//true - 飞行器以尾部首先飞来
```
#define NAV_TAIL_FIRST             0     //( * * )
```
//true - 当飞行器到达"家"的位置时它会旋转至起飞时的角度
```
#define NAV_SET_TAKEOFF_HEADING    1     //( * * )
```
/* 从这里获取你的磁偏角:http://magnetic-declination.com/
转换度+分至小数的角度,通过 = = > 度+分 * (1/60)
注意磁偏角的符号,它可为负或正(西或东) * /
```
#define MAG_DECLINATION  -1.55f   //(中国广西南宁市江南区)
```
//添加向前预测滤波以补偿 GPS 延迟。代码基于 Jason Short 领导的滤波器实现
```
#define GPS_LEAD_FILTER            //( * * )
```
//添加 5 元素移动平均滤波器至 GPS 坐标,帮助消除 GPS 噪波但会增加延时,注释以禁用
//仅支持 NMEA 协议的 GPS
```
#define GPS_FILTERING              //( * * )
```
//如果与航点在此距离以内,我们则认为已到达航点(以 cm 为单位)
```
#define GPS_WP_RADIUS             100    //( * * )
```
//安全的航路点的距离,如果第一个航路点的距离大于这个数,将不执行任务(单位:米)
//同时,下一个航点间的距离大于这个数任务也会被终止(也就是两个航点间距离不能大于这个数)
```
#define SAFE_WP_DISTANCE         500    //( * * )
```
//最大允许航行高度(米)高度自动控制不会超过这个高度
```
#define MAX_NAV_ALTITUDE         100    //( * * )
```
//接近航点时的最小速度
```
#define NAV_SPEED_MIN            100    //cm/sec //( * * )
```
//最大速度达到之前的航点
```
#define NAV_SPEED_MAX            400    //cm/sec //( * * )
```
//到达航点时减速到零(与 nav_speed_min = 0 类似)
```
#define NAV_SLOW_NAV               0     //( * * )
```
//在导航计算中偏航误差的权重因子(别改)
```
#define CROSSTRACK_GAIN           0.4    //( * * )
```
//导航时的最大倾斜输出
```
#define NAV_BANK_MAX 3000               //( * * )
```
//定义返回点高度。0 是在返回点保持当时高度(米)
```
#define RTH_ALTITUDE              15     //( * * )
```
//前往导航点前等待升高到预定高度(0-否,1-是)
```
#define WAIT_FOR_RTH_ALT           1     //( * * )
```
//导航引擎接管气压定高模式工作
```
#define NAV_TAKEOVER_BARO          1     //( * * )
```
//忽略油门杆的输入(只在气压定高模式)
```
#define IGNORE_THROTTLE            1           //( * * )
```
//如果定义的范围大于 0,飞行器将在超出此距离时自动切换到自动返航模式返回定义的返回点。
```
#define FENCE_DISTANCE           600
```
//这参数控制自动降落模式的降落速度。100 表示下降速度为 50cm/s

```
#define LAND_SPEED        100
// #define ONLY_ALLOW_ARM_WITH_GPS_3DFIX        //限制飞控只能在 GPS 获取到三维定
//位数据后解锁


/* RSSI */
// #define RX_RSSI
// #define RX_RSSI_PIN A3
// #define RX_RSSI_CHAN 8    //RSSI 注入指定的通道
/* 蜂鸣器(BUZZER) */
#define BUZZER
#define RCOPTIONSBEEP    //如果你想在遥控选项在通道 Aux1 至 Aux4 改变时让蜂鸣器响
起,解除注释此项
#define ARMEDTIMEWARNING 480    //(*) 在解锁一段时间[s]后触发警报以保护锂电
// #define PILOTLAMP    //如果你在使用 X-Arcraft 导航灯,那么解除注释
/* 电池电压监控。用于 VBAT(电池电压)监控,在电阻分压后,在模拟 V_BAT 针脚上应获得[0V;
5V]->[0;1023],通过 R1 = 33k 和 R2 = 51k,vbat = [0;1023]*16/VBATSCALE. 必须与#define
BUZZER 结合! */
#define TanVBAT            //增加的电压测量功能,需要同时启用 VBAT
#define VBAT            //解除注释本行以激活 vbat 代码
#define VBATSCALE    131 //(*) 如果读取到的电池电压与真实电压不同,修改该值
#define VBATNOMINAL        126 //12,6V 满电标准电压——仅用于 LCD 遥测
#define VBATLEVEL_WARN1 110 //(*)(**) 10.7V
#define VBATLEVEL_WARN2    100 //(*)(**) 9.9V
#define VBATLEVEL_CRIT    99 //(*) 9.3V ——临界情况:如果 vbat 持续低于该值,就会
触发警报长响
#define NO_VBAT            16 //(*) 避免在没有电池时响起
#define VBAT_OFFSET        0 //抵消 0.1V,加入有用的齐纳二极管的电压值
/* 对多个电池进行监控,必须同时启用 VBAT,VBAT_CELLS */
// #define VBAT_CELLS
#define VBAT_CELLS_NUM 0 //设置连接在模拟阵脚 pin 上的电池数量
#define VBAT_CELLS_PINS {A0, A1, A2, A3, A4, A5} //将此设置为模拟引脚序列
#define VBAT_CELLS_OFFSETS {0, 50, 83, 121, 149, 177} //电压按 0.1V 递增——对齐
纳二极管是有用的
#define VBAT_CELLS_DIVS {75, 122, 98, 18, 30, 37} //电阻的分压因子——电压越小
//值越大
/* 功率计(电池容量监控)。启用电池能量消耗监控(mAh),全部描述与操作方法请见 http://
www.multiwii.com/wiki/index.php? title = Powermeter
有两个选项:
1 - 硬件:——(使用硬件传感器,配置后将获得相当不错的结果)
2 - 软件:——(使用 plush 与 mystery 电调效果较好,使用 SuperSimple 电调效果不佳)
*/
// #define POWERMETER_SOFT
// #define POWERMETER_HARD
```

#define PSENSORNULL 510 //（＊）设置 0 电流时 analogRead()的值；I＝0A 时,传感器得到 1／2 Vss;约为 2.49V;

#define PINT2mA 132 //（＊）用于遥测显示:一个用在 arduino 模拟转换为 mA 时的整数/＊ 软件: 开始用 100 虚拟。对于硬件和软件:PINT2mA 值越大电源的 mAh 越大＊/

//#define WATTS // 计算并显示实际功率,瓦（＝伏特×安培）,需要 powermeter_hard 和 VBAT

/＊高度保持。定高模式（AltHold）是使用自动油门,试图保持目前的高度的稳定模式。定高模式时高度仍然可以通过提高或降低油门控制,但中间会有一个油门死区,油门动作幅度超过这个死区时,飞行器才会响应你的升降动作,当进入任何带有自动高度控制的模式,你目前的油门将被用来作为调整油门保持高度的基准。在进入高度保持前确保你悬停在一个稳定的高度。飞行器将随着时间补偿不良的数值。只要它不会下跌过快,就不会有什么问题。离开高度保持模式时请务必小心,油门位置将成为新的油门,如果不是在飞行器的中性悬停位置,将会导致飞行器迅速下降或上升。默认设置是 +/- 50 ＊/

#define ALT_HOLD_THROTTLE_NEUTRAL_ZONE   50
//#define ALT_HOLD_THROTTLE_MIDPOINT   1500   //在美国,这个值在定高模式中油门操纵杆在中间位置,而不是初始位置

/＊ 解除注释以禁用高度保持特性。此项可用于所有下列应用:
＊ ＋你有一个气压传感器
＊ ＋想要高度值输出
＊ ＋不需要使用高度保持特性
＊ ＋想要节省储存空间
＊/
//#define SUPPRESS_BARO_ALTHOLD

/＊高度爬升率测定器(高度仪)。启用以获得来自上升/下降中的飞行器/飞机的声频反馈。
＊ 需要工作中的气压计。
＊ 目前,输出会通过串行线发送至启用中的 vt100 终端程序。
＊ 有两种方式可选(启用其中一个或同时启用)
＊ 方式 1:使用来自气压计的短期移动(更大的代码尺寸)
＊ 方式 2:使用来自气压计的长期高度观察(更小的代码尺寸)
＊/
//#define VARIOMETER 12   //可用值:12 = 方式 1 & 2 ;1 = 方式 1;2 = 方式 2
//#define SUPPRESS_VARIOMETER_UP   //如果不期望有用于向上移动的信号
//#define SUPPRESS_VARIOMETER_DOWN //如果不期望有用于向下移动的信号
//#define VARIOMETER_SINGLE_TONE   //仅使用一个声调(响铃);对未打补丁的 vt100 终
//端是必需的

/＊板子命名
＊ 这个名字会与 MultiWii 版本号一起显示
＊ 在打开电源时显示在 LCD 上。
＊ 如果你没有显示设备,那么你可以启用 LCD_TTY 并
＊ 使用 arduino IDE 的串口监控器来查看此信息。
＊ 你必须保持此处文本的格式!

* 它必须总共有 16 个字母,

* 最后 4 个字母将会被版本号覆盖。

* /

#define BOARD_NAME "MultiWii   V-.--" //123456789.123456

// #define MULTIPLE_CONFIGURATION_PROFILES   /* 在 EEPROM 中支持多个配置参数文件 * /

/* 当闪烁的规程发生变化时,不要重置常量 * /

#define NO_FLASH_CHECK

/* /

/* * * *   第 7 部分   调试 & 开发者   * * * * /

/* /

#define MIDRC 1500   /* 一些遥控器的中立点不是 1500。可以在此修改 * /

/* 针对 Flash 和 RAM 内存资源有限,可以通过禁用串口处理命令。它不会对 RXserial、Spek-trum、GPS 的处理产生影响。启用下列选项中其中一项或两项移除所有新 MultiWii 串行协议命令的处理。这将会禁用 GUI、winGUI、android 应用以及其他所有使用 MSP 的程序。* /

// #define SUPPRESS_ALL_SERIAL_MSP // 节省约 2700 字节

/* 移除其他串行命令处理。包含通过串口操作 LCD 配置菜单,LCD 遥测与永久 . 日志。通过在发射机上摇杆输入进行操作不会受到影响,操作起来是一样的 * /

// #define SUPPRESS_OTHER_SERIAL_COMMANDS // 节省约 0 至 100 字节,取决于启用的特性

// 保证代码中无初始设置和复位的缺陷。这需要一个手动初始设置的 PID 等.

// #define SUPPRESS_DEFAULTS_FROM_GUI

/* 记录最大周期与其他可能的值

    设为 1,启用'R'选项来重置值,最大电流,最大高度

    设为 2,添加最大 /最小周期

    设为 3,以每个电动机为单位添加额外的功耗 * /

// #define LOG_VALUES 1

/* 永久记录至 eeprom ——可在(多数)升级与参数重置中保留下来。常用于追踪控制板生命周期中的飞行次数等。写入至 eeprom 末端——不应与已储存的参数冲突。记录的值:

    #累积的生存时间,#重启 /重置 /初始化事件,#解锁事件,#锁定事件,最后解锁时间, #失控保护@锁定,#i2c_errs@ 锁定。设置你的 mcu 的 eeprom 的大小:promini 328p:1023;2560:4095。可以启用一项或更多选项 * /

// #define LOG_PERMANENT_SHOW_AT_STARTUP // 启用以在启动时显示记录

// #define LOG_PERMANENT_SHOW_AT_L // 启用以在接收到 L 时显示记录

// #define LOG_PERMANENT_SHOW_AFTER_CONFIG // 启用以在退出 LCD 配置菜单之后显示记录

// #define LOG_PERMANENT_SERVICE_LIFETIME 36000 // 以秒为单位;在 10 小时的解锁时

// 间之后,在启动时响起服务警告

/* 添加调试代码,不需要并且也不推荐在平常运行时开启。添加额外代码,可能会使主循环变慢或使飞行器不可飞行 * /

```
// #define DEBUG
// #define DEBUG_FREE  //使用此项在没有发射机时触发LCD配置——仅用于调试——不要在
//此项激活的情况下飞行
// #define LCD_CONF_DEBUG    //使用此项在没有发射机时触发遥测——仅用于调试——不要
//在此项激活的情况下飞行
// #define LCD_TELEMETRY_DEBUG //该形式在所有的屏幕间轮换,LCD_TELEMETRY_AUTO必
须同时被定义。
// #define LCD_TELEMETRY_DEBUG 6    //该形式停在特定的屏幕上
// #define DEBUGMSG //启用从飞行器到GUI的字符串传送
/*电调校准。同时校准所有连接到MWii的电调(可以避免来回连接每一个电调)。警告:这将产
生一个特别版本的MultiWii代码,这个特殊的版本是不可以用来飞行的。它只可以用来校准电调使
用方法详见http://code.google.com/p/multiwii/wiki/ESCsCalibration */
#define ESC_CALIB_LOW  MINCOMMAND
#define ESC_CALIB_HIGH 2000
// #define ESC_CALIB_CANNOT_FLY   //解除注释激活此项,千万注意,校准电调时请拆卸下
//你的螺旋桨!


/*在主循环中的一些操作并不在每个loop()都执行,这些操作的频率是执行周期的倒数,时间
基数为主循环周期时间,值为6意味着每六个主循环触发一次操作。示例:如果周期时间大约在3ms,
执行操作就在每6*3ms=18ms,取值范围[1;65535]。下面是一些操作的周期*/,


#define PSENSOR_SMOOTH 16 //传感器读数滑动平均滤波的平均向量长度,也就是周期数,因
//为一个周期取一个值,要取16个值就得16个周期
#define VBAT_SMOOTH 16    //电源电压读数滑动平均滤波的平均向量长度
#define RSSI_SMOOTH 16      //RSSI读数滑动平均滤波的平均向量长度


/* * * * * * * * * * * * * * * * * * * * * * * * * * * * * * * * * * * * * * * /
/* * * *          第8部分   不推荐使用         * * * * /
/* * * * * * * * * * * * * * * * * * * * * * * * * * * * * * * * * * * * * * * /
//这些功能将在未来被移除的。不再更新基于这样的特点功能。所有这些功能默认是关闭的
/* * * * * * * * * * * * * * * *         WMP的电源引脚   * * * * * * * * * * * * * /
// #define D12_POWER   //PROMINI上使用D12电源检测传感器
#define DISABLE_POWER_PIN
#endif /* CONFIG_H_ */
```

5. 航模知识介绍

随着科学技术的发展,航模已越来越为人们所熟悉,在国际航联制定的竞赛规则里明确规定航空模型是一种重于空气的,有尺寸限制的,带有或不带有发动机的,不能载人的航空器,就叫航空模型。

航模飞机一般与载人的飞机一样,主要由机翼、尾翼、机身、起落架和发动机五部分组成。其中,机翼是模型飞机在飞行时产生升力的装置,并能保持模型飞机飞行时的横侧安定。尾翼包括水平尾翼和垂直尾翼两部分。水平尾翼可保持模型飞机飞行时的俯仰安定,垂直尾翼保持模型飞机飞行时的方向安定。水平尾翼上的升降舵能控制模型飞机的

升降，垂直尾翼上的方向舵可控制模型飞机的飞行方向。将模型的各部分连接成一个整体的主干部分叫机身。同时机身内可以装载必要的控制机件、设备和燃料等。起落架是供模型飞机起飞、着陆和停放的装置。前部一个起落架、后面两面三个起落架叫前三点式，前部两面三个起落架、后面一个起落架叫后三点式。发动机是模型飞机产生飞行动力的装置。模型飞机常用的动力装置有：橡筋束、活塞式发动机、喷气式发动机、电动机。航模每部分主要是由一些电子元器件组成的，主要的电子配件如图 10.2 所示。其中对舵机、无刷电动机、遥控器、电池等相关参数要求较高。

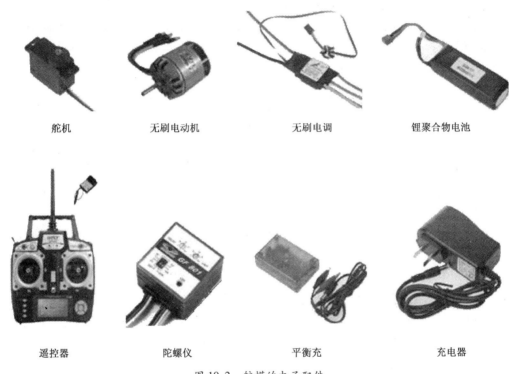

舵机　　　　　　无刷电动机　　　　　　无刷电调　　　　　锂聚合物电池

遥控器　　　　　　陀螺仪　　　　　　　平衡充　　　　　　充电器

图 10.2　航模的电子配件

1）舵机

舵机主要是由外壳、电路板、无刷电动机、齿轮与位置检测器所构成。其工作原理是由接收机发出信号给舵机，经由电路板上的 IC 判断转动方向，再驱动无刷电动机转动，透过减速齿轮将动力传至摆臂，同时由位置检测器送回信号，判断是否已经到达定位。位置检测器其实就是可变电阻，当舵机转动时电阻值也会随之改变，藉由检测电阻值便可知转动的角度；

2）无刷电动机

对于无刷电动机，不仅要了解无刷电动机的定义、无刷电动机的 KV 值，还要知道无刷电子调速器。顾名思义就是没有任何刷！它的空载阻力主要来自转子与定子的旋转接触点，所以一般的无刷电动机在转子两端都使用了滚珠轴承来减小摩擦！这样就不会有大量的摩擦阻力与热量（其实还是会发热，只是热源来自于线圈上的电阻损耗），具有极高（80%~90%以上）的效率与高转速！KV 是一个转速单位等同于 RPM/V，就是每 1V 电压获得的每一分钟的空载转速。例如一个无刷电动机的转速是 2500kV，那么给它输入

10V 电压时它可以达到 2500×10 = 25000 转每分钟。无刷电子调速器与有刷电子调速器的根本区别在于无刷电子调速器将输入的直流电源转变为三相交流电源,为无刷电动机提供电源。

3) 遥控器

对于遥控器,我们需要知道遥控器通道、通道反向开关、EPA、D/R、EXP 及其相互关系、日本手/美国手及其特点。

一个通道可以控制一个舵机,也可以说是一个动作,拿四通来说,4 个通道,分别来控制油门、左右平衡、升降、方向转弯,而且模型的遥控器都是比例的,就是说你的遥控器的摇杆推多少幅度,那么飞机的舵面就动多大的幅度;六通道以上的控什么飞机都可以玩了。通道反向开关简称 REV,全称 SERVO(伺服器) REVERSING(反向),由于不同的遥控设备(舵机/调速器等)的接收信号存在不同的方向,我们可以简单地理解为不同的正负极性。如,某个舵机在本来推杆是向左转,但是换了一个舵机它却是向右转。为了解决这个问题,一般在发射机上为每个通道都提供了正反向开关,入门级遥控设备一般在面板的右或左下角,也可能是其他的地方设置了一组拨动开关与通道一一对应,上下拨动开关就可以改变相应通道的信号方向。在具有 LCD 屏幕的高端设备中一般会有专门的 SERVO REVERSING 或 REV 菜单,可在菜单中进行设定。

EPA 全称 End Point(终点) Adjustments(调整),用于调整通道的两端终点的最大行程,一般用于限制超出模型要求范围的舵机动作量! 每个通道分为上下两个终点,可以独立调整终点的(舵机)行程! 如,升降通道舵杆推到上顶端(假设上端 UP EPA 是 100%),舵机向左旋转 30°,重新设定 UP EPA 是 50%,那么推到上顶端舵机向左旋转只有 15°,如果重新设定 UP EPA 是 0%,那么推到上顶端舵机根本不会转动! 升降通道舵杆推到下底端的舵机动作量是由 DOWN EPA 的数值决定的。

D/R 全称 Dual(双向) Rates(舵量比率),同样用于调整通道的两端终点的最大行程,但不同于 EPA,D/R 只有一个设定值,所以是同时作用于两端终点并且双向对称,D/R 功能可以通过专用的 D/R 开关切换不同的参数值,一般用于切换大小舵量的控制,适应模型在不同飞行要求时对舵机动作量的不同要求! 如,升降通道舵杆推到上或下顶端(假设 D/R 是 100%),舵机向左或右旋转 30°,重新设定 D/R 是 50%,那么推到上或下顶端舵机向左或右旋转只有 15°。

EXP 全称 Exponential(指数曲线),EXP 也只有一个设定值,同时作用于两端并且双向对称,但是这个参数是不会改变(舵机)最大行程的,它的作用是将原先的摇杆与舵量的直线关系转换为指数曲线的关系,改变摇杆在中点至上下 1/2 位置内与 1/2 到上下顶端的舵量敏感度。EXP 功能一般合用 D/R 开关切换不同的参数值。如假设 EXP 是 0%,相当于关闭了曲线,此时上下推动摇杆,舵机同时会做出对应的(直线关系)动作,重新设定 EXP 是 50%(-50%),那么再上下推动摇杆,可以发现在上下推杆到 1/2 位置以内时,舵机的动作量明显比 0% 小了很多,而推杆大于上下 1/2 位置时,舵机的动作量明显比 0% 大了很多,摇杆与舵量的直线关系已经转换为一条向下弯曲的指数曲线关系了。重新设定 EXP 是-50%(50%)那么再上下推动摇杆,可以发现在上下推杆到 1/2 位置以内时,舵机的动作量明显比 0% 大了很多,而推杆大于上下 1/2 位置时,舵机的动作量明显比 0% 小了很多,摇杆与舵量的直线关系已经转换为一条向上弯曲的指数曲线关系了,但是最大舵量还是一样的！参数设定越高，曲线变化越明显。

由此可见，D/R 与 EXP 关系密切，如何使 D/R 与 EXP 发挥最佳的作用呢？假设我们为升降舵设定了两个 D/R 值，100%用于筋斗飞行，50%用于普通的练习飞行，看似好像解决了大小舵量的控制，但是忽略了最大舵量的确定同时改变了摇杆敏感度。如，D/R 100%时需要舵机旋转 10°，只需要推杆 1/3 即可，但 D/R 50%时需要舵机旋转 10°，就需要推杆到 2/3！如此大的差别，显然使飞行者难以适应，而且也不合理！此时如果配合 EXP 的使用就可以很好地解决这个问题！我们为两个 D/R 值分别对应设定两个 EXP 值。如，D/R 100%配合 EXP 60%（-60%），D/R 50%配合 EXP 0%，如此需要舵机旋转 10°，在两种 D/R 模式下的推杆位置可能就差不多了。保持了两种 D/R 模式在正常飞行小幅度（小于 1/2）杆量修正时的摇杆敏感度的一致性而又不会影响到最大的舵量（筋斗飞行）！例子只是说明了 D/R 和 EXP 的配合效果，如果要达到最好的效果还是需要经过多次的飞行尝试后确定。

日本手/美国手是操控飞机的两种手法。所谓日本手就是右手油门副翼，左手升降尾舵。美国手则是右手俯仰副翼，左手油门尾舵。日本手以 F3C 见长，美国手以 3D 见长。美国手比较直观，一个手控制十字盘，而日本手则分开到两个手。个人认为美国手 3D 比较有优势，动作反应比较快些，建议想进军 3D 的新手用美国手。其实两种手法都有高手，所以已经是日本手的朋友也不必灰心，两种手法都可以造就高手。

4）电池

电池虽然很简单，但其使用的基本常识我们必须知道。1C 充电电流：例如一节 5 号镍氢电池的电容量为 1200mAh，而另一节则为 600mAh。我们把一节电池的电容量称为 1C，可见 1C 只是一个逻辑概念，同样的 1C 并不相等，1C 充电电流可以是 1200mA，也可以是 1600mA。快速充电：充电电流大于 0.2C、小于 0.8C 则是快速充电。充电电流大于 0.8C 时，我们称之为超高速充电。与其相对应，充电电流在 0.1C~0.2C 之间时，称为慢速充电。而充电电流小于 0.1C 时，称为涓流充电。还有其他的一些充电方式，恒流充电法是保持充电电流强度不变的充电方法。恒流充电器通常使用慢速充电电流。快速自动充电方式，通常所使用的是余弦法充电，也就是说并非用恒定的大电流充电，而是像余弦波那样电流强度随之变化，这样能缓解热量的积聚，从而将温度控制在一定范围内。脉冲充电方式首先是用脉冲电流对电池充电，然后让电池停充一段时间，如此循环。事实上大电流充电对电池寿命的影响是很小的，在很多情况下我们都要用到快速充电甚至超高速充电，充电电流有时可以达到 2C 或更高。大电流并不是电池杀手，真正对电池寿命产生影响的是大电流充电时产生的高热。过高的温度对充电电池是有害的，在慢速恒流充电器中，由于是慢速充电，产生的热量在可控制范围内，因此并不需要采取特殊的措施。但在快速自动充电器中，采用快速电流就会产生更高的温度。因此目前市场上的快速自动充电器都采用了各种方法来降低充电时的温度，通常所使用的是余弦法。一些充电器甚至加装散热风扇来解决发热问题。

由于超高速充电器需要极大的充电电流，有些甚至使用了 2C~3C 的充电电流，其发热问题尤为严重，仅仅采用余弦波充电还不够，因此这类充电器很多都采用在一个余弦波后插入一个很短暂的放电这种方法。这种做法可以缓解由于反电势消耗充电电流所产生的热量积累，从而进一步控制温度。

5）飞行情况

对于遥控直升机模型或许我们最关心的倒不是之前这些参数，而是模型直升机的飞行情况和其技术参数。

由于高度越高，空气密度就越低，所以直升机的飞行高度一般比固定翼飞机的要低很多，即使是这样也已经远远大于我们的目视控制距离和遥控距离，所以可以这样来讲，飞机的飞行高度与飞行距离是由遥控设备的安全遥控距离和目视距离所决定的。

飞行的时间（留空时间）多少主要是由动力系统决定的。如电动直升机使用的电动机功率大小和携带的电池的电压与容量，油动直升机使用的发动机排气量和携带的燃料容积。无论是电动还是油动，一次充电或加油后的留空时间一般在 6min~15min 左右。一是能源重量的限制，其二也是考虑到避免操控者长时间精神高度集中的过度疲劳而造成操控失误。

以下是 PHANTOM 3 PROFESSIONAL 的相关技术参数：

重量（含电池及桨）　　　　1280g

对角线距离（不含桨）　　　350mm

最大上升速度　　　　　　　5m/s

最大下降速度　　　　　　　3m/s

悬停精度　　　　　　　　　垂直：+/- 0.1m（超声波工作范围内）；+/- 0.5m，水平：
+/- 1.5m

最大水平飞行速度　　　　　16m/s（ATTI 模式下，海平面附近无风环境）

最大飞行海拔　　　　　　　6000m

工作环境温度　　　　　　　0℃~40℃

卫星定位模块　　　　　　　GPS/GLONASS 双模

飞行时间　　　　　　　　　23min

6. MultiWii 频率分析

loop()函数执行的周期为 20ms，读取遥控的数据频率是 50Hz，它们是同步的，即一次 loop()读一次遥控。通过 I2C 协议读取传感器的频率至少是 100kHz，远远高于 loop()函数执行频率，它们分在不同的频道。PWM 的频段在 490Hz，每次执行 loop()函数也可以多次访问电调，而由电调控制的无刷电动机则频率要高很多，和 loop()函数的数据在不同的总线上。

图 10.3 所示为飞控频率关系。

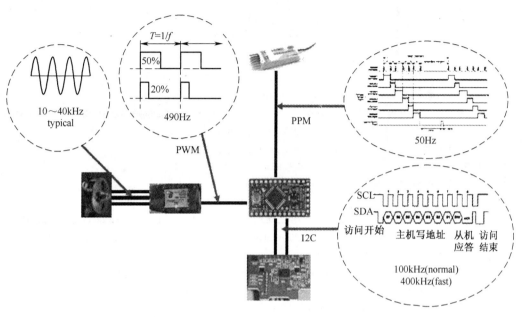

图 10.3　飞控频率关系图

参 考 文 献

［1］http:// www. multiwii. com/wiki/index. php? title=Main_Page.

［2］ATmega32中文手册［EB/OL］,http:// wenku. baidu. com/link? url=uT-h4o6jLf0uwNPIKI3QvlGHVmEZz5qaKm3V5j 1UUqV09odsDS6iJX _ 9sp _ DeikMeUwGpoXfz8GrLDv05WqhEMp1fV-nTXUjtkk3UfGC1m_,2012-10-28.

［3］Dale Wheat.Arduino 技术内幕［M］,翁恺,译.北京:人民邮电出版社,2013.

［4］北京龙凡汇众机器人科技有限公司培训教程.Arduino 控制器使用教程［EB/OL］.2012.

［5］avr 寄存器说明［DB/OL］.http:// www. docin. com,2015-07-13.

［6］何处不江南的博客.http:// blog. sina. com. cn/u/1703922654［EB/OL］,2013.

［7］四旋翼飞行器的结构形式和工作原理［EB/OL］,http:// wenku. baidu. com/link? url=4Ut0AZdz_rn6n401D-xCK-xZWOC5zbjROzm4krpSjUb2gW0r2a9TqaOHGytGjmybSP3wKxq7-s_8QveLDoxPhc2GW-uxCoWGOopgsvBNXeGi,2012-10-22.

［8］动力老男孩的博客［EB/OL］,http:// www. diy-robots. com/,2014-12-10.

［9］马潮.AVR 单片机嵌入式系统原理与应用实践［M］.北京:北京航空航天大学出版社,2010.

［10］百度百科［EB/OL］,http:// baike. baidu. com/.

［11］InvenSense ,MPU-6000 and MPU-6050 Product Specification Revision［DB/OL］3. 1,2011-11-24.

［12］Freescale Semiconductor Application Note ,3-Axis, Digital Magnetometer,2011-05-05.

［13］数字气压传感器 BMP085 应用笔记［EB/OL］. http:// wenku. baidu. com/link? url=QfBPbS2oM6M4pJjhpxTlOos2-1fI9wgsNAuKUanP6y3a0vIygvC7ZPECDnCY3Q91p2wN9WV1mHX1njinFMY_hKpmlG3uEHxAndvvwsBnNmhW,2012-02-24.

［14］十大滤波算法程序大全(Arduino 精编无错版)［EB/OL］,极客工坊.http:// www. geek-workshop. com/thread-7694-1-1. html,2013-11-01.

［15］中文版互补滤波器［EB/OL］. http:// wenku. baidu. com/link? url=2Tbf8XplFjMuVS1t3Z1OcsKQIXK_m30TqNacl-W6jJ_NMB1vuKtT-SgDTbPs36eeO-N1bohIN9BYVZQyKz6jP5dYwXjb96l7KazodIZXS1GC, 2011-11-15.

［16］Kalman 滤波器从原理到实现［EB/OL］,http:// xiahouzuoxin. github. io/notes/,2015-10-06.

［17］刘极峰,丁继斌.机器人技术基础［M］.北京:高等教育出版社,2012.

［18］Mark Pedley ,Freescale Semiconductor Application Note, Tilt Sensing Using a Three-Axis Accelerometer［DB/OL］, 2013-06-03

［19］Talat Ozyagcilar, Freescale Semiconductor Application Note, Implementing a Tilt-Compensatede Compass using Accelerometer and Magnetometer Sensors［DB/OL］,2012-03-01.

［20］四元数和旋转矩阵［EB/OL］.http:// blog. csdn. net/wangjiannuaa/article/details/895219 6, 2013-05-20.

［21］许方官.四元数物理学［M］.北京:北京大学出版社,2012.

［22］张元林,等.积分变换［M］.北京:高等教育出版社,2009.

［23］黄兴汉.机器人原理及控制技术［EB/OL］. http:// wenku. baidu. com/link? url=NJoTQimFvfEK7qLFurXjtqIVdFus-Q04tyLqbCT5HZbrYRJbAip9i44PiPj9Lh8Cgb7UMQBFKKtoOYA52GgV0oAJR42G6Wp 7OvNuZNhqAOxm,2012-03-05.

［24］自动控制原理_北航课件(八章全)［EB/OL］. http:// wenku. baidu. com/link? url=DeP8KPEh3HD4HKdPmrzEn-mveTb0o46IdGaiv6i3uMmGPNMjT7cGjGw3FJefOF _ C7BxgW1tiSnIrwOLc b7－Vr9nROfz _ ZGV1amG0D29n6WPW, 2014-02-24.

［25］冯巧玲.自动控制原理［M］.北京:北京航空航天大学出版社,2003.

［26］张毅,罗元,徐晓东. 移动机器人技术基础与制作［M］.哈尔滨:哈尔滨工业大学出版社,2013.

［27］朱建公,张俊俊.变参数 PID 控制器设计［J］.西北大学学报,2003, 04(33),0397-04.

[28] 解析 MWC 的串口通讯正式版 20130407[EB/OL]. http:// wenku. baidu. com/link？ url = kHVVtlhXO_6ajl2 - pIErVmCP2jLJrLz5cmXmkEBNnbA3tbdeIHWvjHNLctL29QNGK7eK3WluReangCBKN2WzwIyLp kD7r63s0lVFkJAoYG,2013 - 11 - 01.

[29] 直 升 机 培 训 资 料 [EB/OL]. http:// wenku. baidu. com/link？ url = xyzK _ oiDlUba2SYtZq - uh6czhZpvnI8AYlSb9DPJBbv8AGdpKQfL30LhKoqSNMcxtZH102WjN28SAmElVpOPoc2GsC59CYPfaUNT JoLLrqW,2011 - 04 - 08.

[30] 王寿荣.硅微型惯性器件理论及应用[M].南京:东南大学出版社,2000 - 10 - 1.